새로운 배움, 더 큰 즐거움

미래엔이 응원합니다!

수학 6·1

WRITERS

미래엔콘텐츠연구회
No.1 Content를 개발하는 교육 콘텐츠 연구회

COPYRIGHT

인쇄일 2024년 11월 25일(1판4쇄)
발행일 2022년 10월 17일

펴낸이 신광수
펴낸곳 (주)미래엔
등록번호 제16–67호

융합콘텐츠개발실장 황은주
개발책임 김보나 **개발** 장지현, 김현숙, 박미라, 유별아

디자인실장 손현지
디자인책임 김기욱 **디자인** 장병진

CS본부장 강윤구
제작책임 강승훈

ISBN 979-11-6841-386-3

초등에서 고등까지
수학 한눈에 보기

초등

	1학년	2학년	3학년	4학년	5학년	6학년
수와 연산	• 9까지의 수 • 50까지의 수 • 100까지의 수	• 세 자리 수 • 네 자리 수	• 분수와 소수	• 큰 수	• 약수와 배수 • 약분과 통분	
	• 덧셈과 뺄셈	• 덧셈과 뺄셈	• 덧셈과 뺄셈	• 곱셈과 나눗셈	• 자연수의 혼합 계산	• 분수의 나눗셈 • 소수의 나눗셈
		• 곱셈 • 곱셈구구	• 곱셈 • 나눗셈	• 분수의 덧셈과 뺄셈 • 소수의 덧셈과 뺄셈	• 분수의 덧셈과 뺄셈 • 분수의 곱셈 • 소수의 곱셈	
문자와 식						
도형 (기하)	• 여러 가지 모양	• 여러 가지 도형	• 평면도형 • 원	• 예각과 둔각 • 평면도형의 이동	• 합동과 대칭	• 각기둥과 각뿔 • 공간과 입체 • 원기둥, 원뿔, 구
				• 삼각형, 사각형 • 다각형	• 직육면체	
측정	• 비교하기	• 길이 재기	• 길이와 시간	• 각도	• 다각형의 둘레와 넓이	• 직육면체의 겉넓이와 부피
	• 시계 보기	• 시각과 시간	• 무게와 들이		• 수의 범위와 어림하기	• 원의 둘레와 넓이
규칙성	• 규칙 찾기	• 규칙 찾기		• 규칙 찾기	• 규칙과 대응	• 비와 비율 • 비례식과 비례배분
함수						
자료와 가능성 (확률과 통계)		• 분류하기	• 그림그래프	• 막대그래프 • 꺾은선그래프	• 평균과 가능성	• 여러 가지 그래프
		• 표와 그래프				

1 매일 꾸준히 학습하고 싶다면 수학 학습 계획표를 사용하여 스스로 공부하는 습관을 길러 보세요!

2 계획에 맞춰 학습하고, 학습이 끝나면 ☐에 √표시를 하세요.

~차
~3
~22쪽
월 일

5일차
응용 1~5
023~027쪽
월 일
학습 완료

6일차
단원평가 1, 2회
028~033쪽
월 일
학습 완료

2 각기둥과 각뿔

7일차
개념 1~2
036~039쪽
월 일
학습 완료

13일차
단원평가 1, 2회
058~063쪽
월 일
학습 완료

3 소수의 나눗셈

14일차
개념 1~2
066~069쪽
월 일
학습 완료

15일차
개념 3, 유형 1~2
070~073쪽
월 일
학습 완료

16일차
유형 3~4, 개념 4
074~077쪽
월 일
학습 완료

4 비율

21일차
개념 1~2
098~101쪽
월 일
학습 완료

22일차
유형 1~2
102~103쪽
월 일
학습 완료

23일차
개념 3~4
104~107쪽
월 일
학습 완료

24일차
개념 5~6
108~111쪽
월 일
학습 완료

3일차
개념 1~2
~131쪽
월 일
완료

29일차
유형 1~4
132~135쪽
월 일
학습 완료

30일차
개념 3~4
136~139쪽
월 일
학습 완료

31일차
개념 5
140~141쪽
월 일
학습 완료

32일차
유형 1~4
142~145쪽
월 일
학습 완료

37일차
개념 4~5
166~169쪽
월 일
학습 완료

38일차
유형 1~4
170~173쪽
월 일
학습 완료

39일차
응용 1~4
174~177쪽
월 일
학습 완료

40일차
단원평가 1, 2회
178~183쪽
월 일
학습 완료

초코가 추천하는
수학 6-1 학습 계획표

1
분수의
나눗셈

1일차
개념 1~2
008~011쪽
월 일
학습 완료 ☐

2일차
개념 3, 유형 1~2
012~015쪽
월 일
학습 완료 ☐

3일차
개념 4~5
016~019쪽
월 일
학습 완료 ☐

4일차
유형
020~0
월
학습 완료

8일차
개념 3
040~041쪽
월 일
학습 완료 ☐

9일차
유형 1~4
042~045쪽
월 일
학습 완료 ☐

10일차
개념 4~5
046~049쪽
월 일
학습 완료 ☐

11일차
유형 1~4
050~053쪽
월 일
학습 완료 ☐

12일차
응용 1~4
054~057쪽
월 일
학습 완료 ☐

17일차
개념 5~6
078~081쪽
월 일
학습 완료 ☐

18일차
유형 1~4
082~085쪽
월 일
학습 완료 ☐

19일차
응용 1~4
086~089쪽
월 일
학습 완료 ☐

20일차
단원평가 1, 2회
090~095쪽
월 일
학습 완료 ☐

비와

25일차
유형 1~4
112~115쪽
월 일
학습 완료 ☐

26일차
응용 1~4
116~119쪽
월 일
학습 완료 ☐

27일차
단원평가 1, 2회
120~125쪽
월 일
학습 완료 ☐

5
여러 가지
그래프

2
128
학습

33일차
응용 1~4
146~149쪽
월 일
학습 완료 ☐

34일차
단원평가 1, 2회
150~155쪽
월 일
학습 완료 ☐

6
직육면체의
겉넓이와
부피

35일차
개념 1, 유형 1~2
158~161쪽
월 일
학습 완료 ☐

36일차
개념 2~3
162~165쪽
월
학습 완료

초등 수학은 수와 연산, 도형, 측정, 규칙성, 자료와 가능성 영역으로 구성되어 있습니다. 초중고 모든 학년이 다음 학년과 연관되어 있으므로 모든 영역을 완벽하게 학습해 두어야 합니다.

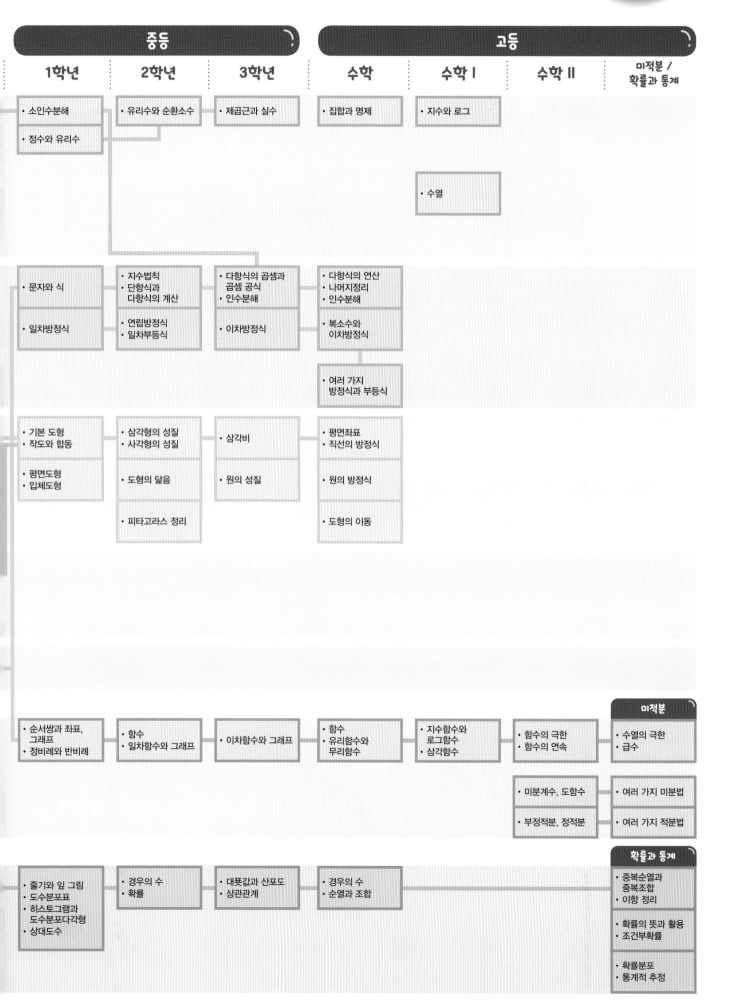

중등

1학년	2학년	3학년

고등

수학	수학 I	수학 II	미적분 / 확률과 통계

- 소인수분해
- 정수와 유리수

- 유리수와 순환소수

- 제곱근과 실수

- 집합과 명제

- 지수와 로그

- 수열

- 문자와 식
- 일차방정식

- 지수법칙
- 단항식과 다항식의 계산
- 연립방정식
- 일차부등식

- 다항식의 곱셈과 곱셈 공식
- 인수분해
- 이차방정식

- 다항식의 연산
- 나머지정리
- 인수분해
- 복소수와 이차방정식

- 여러 가지 방정식과 부등식

- 기본 도형
- 작도와 합동
- 평면도형
- 입체도형

- 삼각형의 성질
- 사각형의 성질
- 도형의 닮음
- 피타고라스 정리

- 삼각비
- 원의 성질

- 평면좌표
- 직선의 방정식
- 원의 방정식
- 도형의 이동

미적분

- 순서쌍과 좌표, 그래프
- 정비례와 반비례

- 함수
- 일차함수와 그래프

- 이차함수와 그래프

- 함수
- 유리함수와 무리함수

- 지수함수와 로그함수
- 삼각함수

- 함수의 극한
- 함수의 연속

- 수열의 극한
- 급수

- 미분계수, 도함수
- 부정적분, 정적분

- 여러 가지 미분법
- 여러 가지 적분법

확률과 통계

- 줄기와 잎 그림
- 도수분포표
- 히스토그램과 도수분포다각형
- 상대도수

- 경우의 수
- 확률

- 대푯값과 산포도
- 상관관계

- 경우의 수
- 순열과 조합

- 중복순열과 중복조합
- 이항 정리
- 확률의 뜻과 활용
- 조건부확률
- 확률분포
- 통계적 추정

초코 BY MIRAEN

수학 6·1

수학은
우리 생활에 꼭 필요한 과목이에요.

하지만 수학의 원리를 이해하지 못하고
무작정 공부를 하거나
뭘 배우는지 알지 못하는 친구들도 있어요.

그런 친구들을 위해
초코가 왔어요!

초코는~
처음부터 개념과 원리를 이해하기 쉽게 그림과 함께 정리했어요.
쉬운 익힘책 문제부터 유형별 문제까지 공부하다 보면
수학 실력을 쌓을 수 있어요.

공부가 재밌어지는 **초코**와 함께라면
수학이 쉬워진답니다.

초등 수학의 즐거운 길잡이!
초코! 맛보러 떠나요~

구성과 특징

"책"으로
공부해요

1 개념이 탄탄

- 교과서 순서에 맞춘 개념 설명과 **이미지로
  개념쏙**으로 핵심 개념을 분명하게 파악할 수
  있어요.

- 교과서와 익힘책 문제 수준의 기본 문제로
  개념을 확실히 이해했는지 확인할 수 있어요.

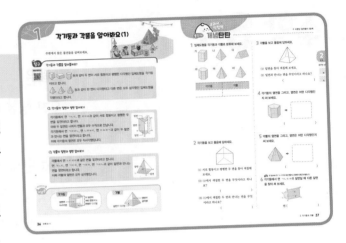

2 실력이 쑥쑥

- 개념별 유형을 꼼꼼히 분류하여 유형별로
  다양한 문제를 풀면서 실력을 키울 수 있어요.

- **서술형** 문제로 서술형 평가에 대비할 수 있어요.

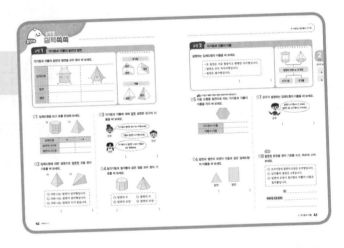

"온라인
서비스"도
활용해요

선생님과 함께하는
개념 강의
개념의 핵심을 잡을 수 있는 동영상 강의로
알차게 학습을 할 수 있어요.

간편한
연산 학습
바로 풀고 바로 답을 확인하는 연산
학습을 할 수 있어요.

3 응용력도 UP UP

- 교과 학습 수준을 뛰어 넘어 수학적 역량을 기를 수 있는 문제로 응용력을 키울 수 있어요.

- 유사, 변형 문제로 학습 개념을 보다 깊이 이해하고, 실력을 완성할 수 있어요.

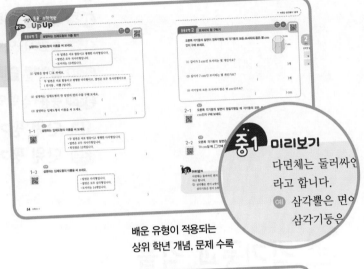

배운 유형이 적용되는
상위 학년 개념, 문제 수록

4 시험도 척척

- 단원 평가 1회, 2회를 통해 단원 학습을 완벽하게 마무리하고, 학교 시험에 대비할 수 있어요.

- 자주 출제되는 중요 서술형 문제로 서술형 평가에 대비할 수 있어요.

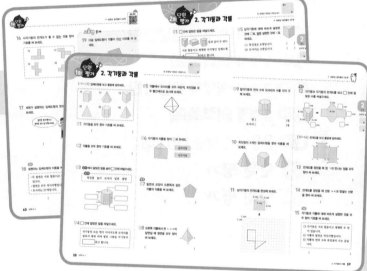

선생님의 친절한 풀이 강의

응용+수학 역량 Up Up 문제의 친절한 풀이 동영상 강의로 완벽하게 학습을 할 수 있어요.

궁금한 교과서 정답

미래엔 교과서 수학의 모범 답안을 단원별로 확인할 수 있어요.

차례

1

분수의 나눗셈

배운 내용

`3-1` 6. 분수와 소수

• 전체와 부분의 관계를 분수로 나타내기

`3-2` 3. 나눗셈

• 나머지가 있는 (자연수)÷(자연수)의 몫과 나머지 구하기

`5-1` 4. 약분과 통분

• 크기가 같은 분수 알아보기

• 분수를 약분과 통분하기

`5-2` 2. 분수의 곱셈

• (자연수)×(분수), (분수)×(분수)

이 단원 내용

• (자연수)÷(자연수)의 몫을 분수로 나타내기

• (자연수)÷(자연수)를 분수의 곱셈으로 나타내어 계산하기

• (분수)÷(자연수), (대분수)÷(자연수)

배울 내용

`6-1` 3. 소수의 나눗셈

• (소수)÷(자연수)

`6-2` 1. 분수의 나눗셈

• (분수)÷(분수)

`6-2` 3. 소수의 나눗셈

• (소수)÷(소수)

단원의 공부 계획을 세우고,
공부한 내용을 얼마나 이해했는지 스스로 평가해 보세요.

☆☆☆ 자신있게 설명할 수 있어요.　☆☆ 설명하기 조금 힘들어요.　☆ 어려워서 설명할 수 없어요.

1 (자연수)÷(자연수)의 몫을 분수로 나타내요 (1)

▶ 몫이 1보다 작은 (자연수)÷(자연수)

빵 1개를 4명이 똑같이 나누어 먹으려고 해요.
한 명이 먹을 수 있는 빵의 양을 어떻게 구할 수 있을까요?

① 1÷4의 몫을 분수로 나타내 볼까요?

개념 동영상

사각형 1개를 똑같이 4로 나누어 1÷4의 몫을 다음과 같이 나타낼 수 있습니다.

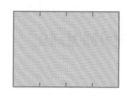 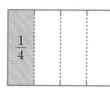

$1 \div 4 = \dfrac{1}{4}$

한 명이 먹을 수 있는 빵은 $\dfrac{1}{4}$개예요.

② 3÷4의 몫을 분수로 나타내 볼까요?

사각형 3개를 똑같이 4로 나누어 3÷4의 몫을 다음과 같이 나타낼 수 있습니다.

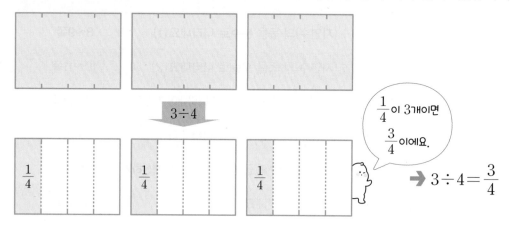

$\dfrac{1}{4}$이 3개이면 $\dfrac{3}{4}$이에요.

$3 \div 4 = \dfrac{3}{4}$

(자연수)÷(자연수)의 몫은 나누어지는 수를 분자, 나누는 수를 분모로 하는 분수로 나타낼 수 있습니다.

이미지로 개념 콕

나누어지는 수는 분자

$$3 \div 5 = \dfrac{3}{5}$$

나누는 수는 분모

1 1÷2의 몫을 분수로 나타내려고 합니다. 물음에 답하세요.

(1) 1÷2의 몫을 그림으로 나타내 보세요.

(2) ☐ 안에 알맞은 수를 써넣으세요.

1 ÷ 2 의 몫을 분수로 나타내면 $\dfrac{1}{\boxed{}}$

입니다.

Tip 똑같이 3으로 나눈 삼각형을 각각 한 칸씩 색칠하여 생각합니다.

2 2÷3의 몫을 분수로 나타내려고 합니다. 물음에 답하세요.

(1) 2÷3의 몫을 그림으로 나타내 보세요.

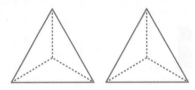

(2) (1)에서 색칠한 부분은 $\dfrac{1}{3}$이 몇 개인가요?

( )개

(3) ☐ 안에 알맞은 수를 써넣으세요.

2 ÷ 3 의 몫은

$\dfrac{1}{3}$이 ☐ 개이므로 $\dfrac{\boxed{}}{\boxed{}}$입니다.

3 관계있는 것끼리 이어 보세요.

| $3÷5$ | | $4÷5$ |

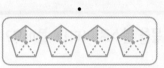 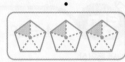

$\dfrac{1}{5}$이 3개 $\dfrac{1}{5}$이 4개

4 보기와 같이 나눗셈의 몫을 그림과 분수로 나타내 보세요.

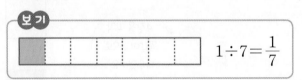

보기

$1÷7=\dfrac{1}{7}$

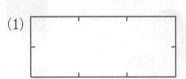

(1) $1÷6=\dfrac{\boxed{}}{\boxed{}}$

(2) 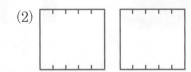 $2÷5=\dfrac{\boxed{}}{\boxed{}}$

5 나눗셈의 몫을 분수로 나타내 보세요.

(1) $1÷9=\dfrac{\boxed{}}{\boxed{}}$ (2) $5÷8=\dfrac{\boxed{}}{\boxed{}}$

(자연수)÷(자연수)의 몫을 분수로 나타내요(2)

▶ 몫이 1보다 큰 (자연수)÷(자연수)

모양과 크기가 같은 흰 종이 4장을 세 부분으로 똑같이 나누어
각각 빨간색, 노란색, 파란색으로 색칠하려고 해요.
빨간색으로 색칠하는 종이의 양을 어떻게 구할 수 있을까요?

탐구 4÷3의 몫을 분수로 나타내 볼까요?

개념 동영상

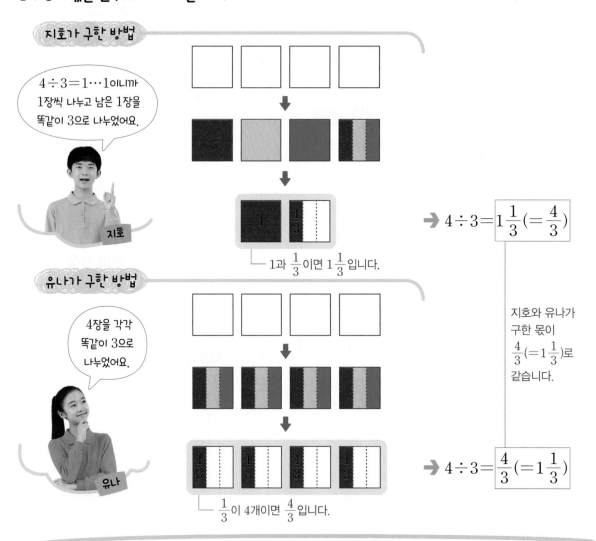

지호가 구한 방법

$4÷3=1\cdots1$이니까 1장씩 나누고 남은 1장을 똑같이 3으로 나누었어요.

지호

1과 $\frac{1}{3}$이면 $1\frac{1}{3}$입니다.

→ $4÷3=1\frac{1}{3}\left(=\frac{4}{3}\right)$

유나가 구한 방법

4장을 각각 똑같이 3으로 나누었어요.

유나

$\frac{1}{3}$이 4개이면 $\frac{4}{3}$입니다.

→ $4÷3=\frac{4}{3}\left(=1\frac{1}{3}\right)$

지호와 유나가 구한 몫이 $\frac{4}{3}\left(=1\frac{1}{3}\right)$로 같습니다.

(자연수)÷(자연수)의 몫은 나누어지는 수를 분자, 나누는 수를 분모로 하는 분수로 나타낼 수 있습니다.

이미지로 개념쏙

$$9÷5=\frac{9}{5}=1\frac{4}{5}$$

교과서 + 익힘책
1단계 개념탄탄

[1~2] 모양과 크기가 같은 흰 종이 3장을 똑같이 두 부분으로 나누어 색칠하여 3÷2의 몫을 구하려고 합니다. 그림을 보고 ☐ 안에 알맞은 수를 써넣으세요.

Tip 1장씩 나누고, 나머지 1장을 똑같이 2로 나누었습니다.

1

$$3 \div 2 = 1\dfrac{\square}{2}$$

Tip 3장을 각각 똑같이 2로 나누었습니다.

2

$$3 \div 2 = \dfrac{\square}{2}$$

3 5÷3의 몫을 분수로 나타낸 과정입니다. ☐ 안에 알맞은 수를 써넣으세요.

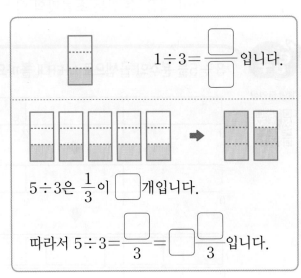

$$1 \div 3 = \dfrac{\square}{\square}$$ 입니다.

5÷3은 $\dfrac{1}{3}$이 ☐개입니다.

따라서 5÷3 = $\dfrac{\square}{3}$ = $\square\dfrac{\square}{3}$입니다.

4 9÷4의 몫을 그림과 분수로 나타내 보세요.

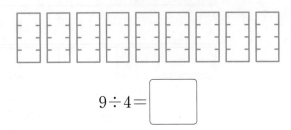

$$9 \div 4 = \boxed{}$$

5 나눗셈의 몫을 분수로 나타내 보세요.

(1) 8÷5

(2) 12÷7

1. 분수의 나눗셈 **11**

3 (자연수)÷(자연수)를 분수의 곱셈으로 나타내어 계산해요

모양과 크기가 같은 초콜릿 3개를 5명이 똑같이 나누어 먹으려고 해요.
한 명이 먹을 수 있는 초콜릿의 양을 어떻게 구할 수 있을까요?

 탐구

3÷5를 분수의 곱셈으로 나타내 볼까요?

개념 동영상

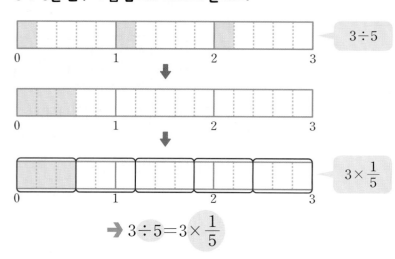

$3÷5$

$3 \times \dfrac{1}{5}$

→ $3 ÷ 5 = 3 \times \dfrac{1}{5}$

3÷5의 묶은 3을 5등분한 것 중의 하나, 즉 3의 $\dfrac{1}{5}$이므로 $3 \times \dfrac{1}{5}$입니다.

÷5와 $\times \dfrac{1}{5}$은 같은 의미예요.

🔍 5÷4를 분수의 곱셈으로 나타내어 계산하기

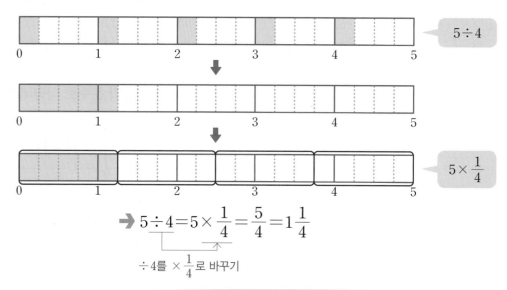

$5÷4$

$5 \times \dfrac{1}{4}$

→ $5 ÷ 4 = 5 \times \dfrac{1}{4} = \dfrac{5}{4} = 1\dfrac{1}{4}$

÷4를 $\times \dfrac{1}{4}$로 바꾸기

(자연수)÷(자연수)는 (자연수)$\times \dfrac{1}{(자연수)}$로 바꾸어 계산할 수 있습니다.

 이미지로 개념 쏙

$$2 ÷ 3 = 2 \times \dfrac{1}{3} = \dfrac{2}{3}$$

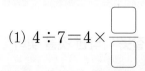

→ 바른답·알찬풀이 **3**쪽

1단계 개념탄탄

Tip 3÷7의 몫은 3을 7등분한 것 중의 하나입니다.

1 그림을 보고 3÷7을 분수의 곱셈으로 나타내 보세요.

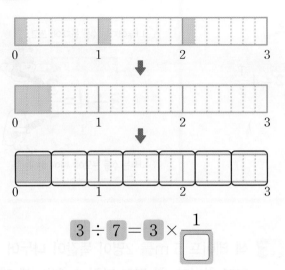

$$3 \div 7 = 3 \times \dfrac{1}{\boxed{}}$$

2 그림을 보고 5÷2를 분수의 곱셈으로 나타내어 계산해 보세요.

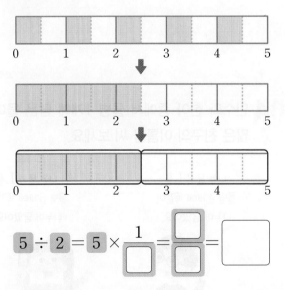

$$5 \div 2 = 5 \times \dfrac{1}{\boxed{}} = \dfrac{\boxed{}}{\boxed{}} = \boxed{}$$

3 8÷3을 분수의 곱셈으로 바르게 나타낸 것을 찾아 색칠해 보세요.

$$\boxed{\dfrac{1}{8} \times \dfrac{1}{3}} \qquad \boxed{\dfrac{1}{8} \times 3} \qquad \boxed{8 \times \dfrac{1}{3}}$$

4 나눗셈을 분수의 곱셈으로 나타내 보세요.

(1) $4 \div 7 = 4 \times \dfrac{\boxed{}}{\boxed{}}$

(2) $15 \div 13 = 15 \times \dfrac{\boxed{}}{\boxed{}}$

5 나눗셈을 분수의 곱셈으로 나타내어 계산해 보세요.

(1) $2 \div 9 = 2 \times \dfrac{1}{\boxed{}} = \dfrac{\boxed{}}{\boxed{}}$

(2) $11 \div 4 = 11 \times \dfrac{1}{\boxed{}} = \dfrac{\boxed{}}{\boxed{}} = \boxed{}$

6 **보기** 와 같이 나눗셈을 분수의 곱셈으로 나타내어 계산해 보세요.

> **보기**
>
> $$7 \div 2 = 7 \times \dfrac{1}{2} = \dfrac{7}{2} = 3\dfrac{1}{2}$$

$10 \div 3$

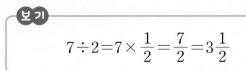

유형 1 (자연수)÷(자연수)의 몫을 분수로 나타내기

나눗셈의 몫을 분수로 <u>잘못</u> 나타낸 것을 찾아 ○표 하세요.

$$7 \div 10 = \frac{7}{10}$$

( )

$$12 \div 5 = \frac{5}{12}$$

( )

$$9 \div 2 = 4\frac{1}{2}$$

( )

나누어지는 수를 분자에 쓰고,

$$3 \div 4 = \frac{3}{4}$$

나누는 수를 분모에 써야 해요.

01 나눗셈의 몫이 1보다 큰 것을 찾아 기호를 써 보세요.

㉠ $7 \div 9$ ㉡ $8 \div 5$ ㉢ $2 \div 11$

( )

02 나눗셈의 몫이 $\frac{1}{2}$ 보다 큰 칸을 모두 찾아 색칠해 보세요.

$1 \div 4$	$5 \div 6$
$2 \div 3$	$3 \div 8$

03 색 테이프 5 m를 2명이 똑같이 나누어 가지려고 합니다. 한 명이 가질 수 있는 색 테이프는 몇 m인지 분수로 나타내 보세요.

( ) m

04 민수와 현아 중에서 물병 1개에 담은 물이 더 많은 친구의 이름을 써 보세요.

나는 물 3 L를 물병 4개에 똑같이 나누어 담았어요.

나는 물 4 L를 물병 5개에 똑같이 나누어 담았어요.

민수

현아

( )

유형 2 (자연수)÷(자연수)를 분수의 곱셈으로 나타내어 계산하기

나눗셈을 분수의 곱셈으로 나타내어 바르게 계산한 친구의 이름을 써 보세요.

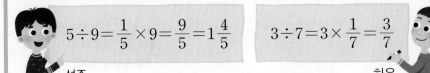

$5 \div 9 = \dfrac{1}{5} \times 9 = \dfrac{9}{5} = 1\dfrac{4}{5}$

석주

$3 \div 7 = 3 \times \dfrac{1}{7} = \dfrac{3}{7}$

하은

( )

$▲ \div ■$

나누어지는 수는 그대로

나누는 수는 분수로 바꾸어 곱해요.

$= ▲ \times \dfrac{1}{■}$

05 관계있는 것끼리 이어 보세요.

$4 \div 9$ 　　　$9 \div 4$

$9 \times \dfrac{1}{4}$ 　9×4 　$4 \times \dfrac{1}{9}$

06 작은 수를 큰 수로 나눈 몫을 분수의 곱셈으로 나타내어 계산해 보세요.

14 　　5

$\boxed{} \div \boxed{} = \boxed{} \times \dfrac{\boxed{}}{\boxed{}} = \dfrac{\boxed{}}{\boxed{}}$

07 귤 11 kg을 6명이 똑같이 나누어 가지려고 합니다. 한 명이 가질 수 있는 귤은 몇 kg인지 □ 안에 알맞은 수를 써넣어 구해 보세요.

식 $\boxed{} \div \boxed{} = \boxed{} \times \dfrac{\boxed{}}{\boxed{}}$

$= \dfrac{\boxed{}}{\boxed{}} = \boxed{}$

답 _____ kg

서술형
08 잘못 계산한 이유를 쓰고, 바르게 계산해 보세요.

$16 \div 3 = \dfrac{1}{16} \times 3 = \dfrac{3}{16}$

이유 _____

_____

바르게 계산하기

4 (분수)÷(자연수)를 계산해요

▶ (진분수)÷(자연수)

끈 $\frac{6}{7}$ m를 3명이 똑같이 나누어 가지려고 해요.

한 명이 가질 수 있는 끈의 길이를 어떻게 구할 수 있을까요?

 탐구

개념 동영상

$\frac{6}{7} \div 3$을 계산해 볼까요?

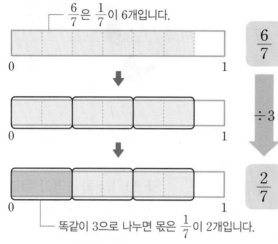

$\frac{6}{7}$은 $\frac{1}{7}$이 6개입니다.

똑같이 3으로 나누면 몫은 $\frac{1}{7}$이 2개입니다.

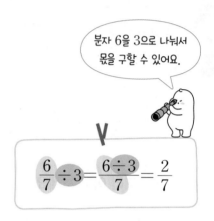

분자 6을 3으로 나눠서 몫을 구할 수 있어요.

$$\frac{6}{7} \div 3 = \frac{6 \div 3}{7} = \frac{2}{7}$$

Q $\frac{4}{5} \div 3$을 분수의 곱셈으로 나타내어 계산하기

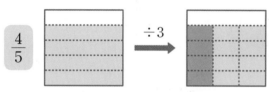

$\frac{4}{5} \div 3$의 몫은 $\frac{4}{5}$를 3등분한 것 중의 하나입니다.

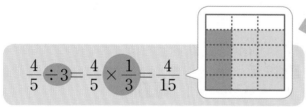

$$\frac{4}{5} \div 3 = \frac{4}{5} \times \frac{1}{3} = \frac{4}{15}$$

$\frac{4}{5} \div 3 = \frac{4 \div 3}{5}$과 같이 $4 \div 3$이 나누어떨어지지 않을 때에는 분수의 곱셈으로 나타내어 계산해요.

(분수)÷(자연수)는 (분수)$\times \dfrac{1}{(자연수)}$로 바꾸어 계산할 수 있습니다.

 이미지로 개념쏙

$$\frac{8}{9} \div 2 = \frac{\overset{4}{\cancel{8}}}{9} \times \frac{1}{\underset{1}{\cancel{2}}} = \frac{4}{9}$$

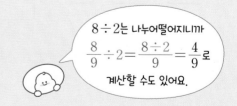

$8 \div 2$는 나누어떨어지니까 $\frac{8}{9} \div 2 = \frac{8 \div 2}{9} = \frac{4}{9}$로 계산할 수도 있어요.

1 $\frac{1}{10}$이 몇 개인지 생각하여 $\frac{9}{10} \div 3$의 몫을 구해 보세요.

(1) $\frac{9}{10}$는 $\frac{1}{10}$이 몇 개인가요?

(   )개

(2) $\frac{9}{10} \div 3$은 $\frac{1}{10}$이 몇 개인가요?

(   )개

(3) ☐ 안에 알맞은 수를 써넣으세요.

$$\frac{9}{10} \div 3 = \frac{\boxed{} \div \boxed{}}{10} = \frac{\boxed{}}{10}$$

2 그림을 보고 $\frac{4}{9} \div 2$의 몫을 구해 보세요.

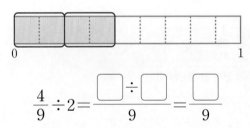

$$\frac{4}{9} \div 2 = \frac{\boxed{} \div \boxed{}}{9} = \frac{\boxed{}}{9}$$

3 $\frac{3}{5} \div 4$를 그림으로 나타냈습니다. ☐ 안에 알맞은 수를 써넣으세요.

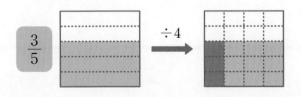

$\frac{3}{5} \div 4$의 몫은 $\frac{3}{5}$을 4등분한 것 중의 하나입니다.

$$\frac{3}{5} \div 4 = \frac{3}{5} \times \frac{1}{\boxed{}} = \frac{\boxed{}}{\boxed{}}$$

4 $\frac{3}{4} \div 2$의 몫을 그림에 표시하고, 분수의 곱셈으로 나타내어 계산해 보세요.

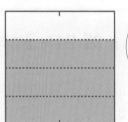

나눗셈의 몫만큼 빗금으로 표시해 볼까요?

$$\frac{3}{4} \div 2 = \frac{3}{4} \times \frac{\boxed{}}{\boxed{}} = \frac{\boxed{}}{\boxed{}}$$

5 ☐ 안에 알맞은 수를 써넣으세요.

(1) $\dfrac{2}{3} \div 7 = \dfrac{2}{3} \times \dfrac{\boxed{}}{\boxed{}} = \dfrac{\boxed{}}{\boxed{}}$

(2) $\dfrac{5}{9} \div 4 = \dfrac{5}{9} \times \dfrac{\boxed{}}{\boxed{}} = \dfrac{\boxed{}}{\boxed{}}$

6 계산해 보세요.

(1) $\frac{4}{7} \div 2$

(2) $\frac{7}{8} \div 3$

(3) $\frac{5}{6} \div 7$

5 (대분수)÷(자연수)를 계산해요

소금 $1\frac{3}{4}$통을 2명이 똑같이 나누어 가지려고 해요.

한 명이 가질 수 있는 소금의 양을 어떻게 구할 수 있을까요?

탐구

개념 동영상

$1\frac{3}{4}÷2$를 분수의 곱셈으로 나타내어 계산해 볼까요?

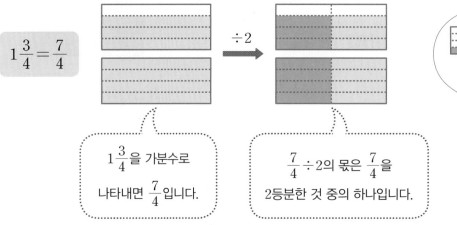

$1\frac{3}{4} = \frac{7}{4}$

÷2

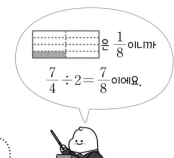

은 $\frac{1}{8}$이니까

$\frac{7}{4}÷2 = \frac{7}{8}$이에요.

$1\frac{3}{4}$을 가분수로

나타내면 $\frac{7}{4}$입니다.

$\frac{7}{4}÷2$의 몫은 $\frac{7}{4}$을

2등분한 것 중의 하나입니다.

❷ ÷(자연수)를 × $\frac{1}{(자연수)}$로 바꿉니다.

$$1\frac{3}{4}÷2 = \frac{7}{4}÷2 = \frac{7}{4}×\frac{1}{2} = \frac{7}{8}$$

❶ 가분수로 나타냅니다. ❸ 분수의 곱셈을 계산합니다.

(대분수)÷(자연수)는 대분수를 가분수로 나타낸 뒤 나눗셈을 곱셈으로 바꾸어 계산할 수 있습니다.

이미지로 개념쏙

대분수는 가분수로 나타내기

$$2\frac{1}{3}÷5 = \frac{7}{3}×\frac{1}{5} = \frac{7}{15}$$

÷(자연수)는 × $\frac{1}{(자연수)}$로 바꾸기

1 $1\frac{1}{4} \div 3$을 그림으로 나타냈습니다. ☐ 안에 알맞은 수를 써넣으세요.

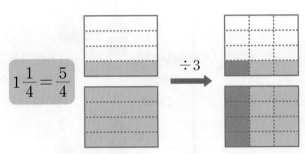

$1\frac{1}{4} = \frac{5}{4}$ ÷3

$1\frac{1}{4}$을 가분수로 나타내면 $\frac{5}{4}$입니다.

$\frac{5}{4} \div 3$의 몫은 $\frac{5}{4}$를 ☐등분한 것 중의 하나입니다.

$1\frac{1}{4} \div 3 = \frac{5}{4} \div 3 = \frac{5}{4} \times \dfrac{\boxed{}}{\boxed{}} = \dfrac{\boxed{}}{\boxed{}}$

2 $1\frac{1}{5} \div 2$를 2가지 방법으로 계산하려고 합니다.

☐ 안에 알맞은 수를 써넣으세요.

방법 1 분자를 자연수로 나누어 계산하기

$1\frac{1}{5} \div 2 = \frac{6}{5} \div 2$

$= \dfrac{\boxed{} \div \boxed{}}{5} = \dfrac{\boxed{}}{5}$

방법 2 나눗셈을 곱셈으로 바꾸어 계산하기

$1\frac{1}{5} \div 2 = \frac{6}{5} \div 2$

$= \frac{6}{5} \times \dfrac{1}{\boxed{}} = \dfrac{\boxed{}}{5}$

Tip 대분수를 가분수로 나타낸 뒤 나눗셈을 곱셈으로 바꾸어 계산합니다.

3 ☐ 안에 알맞은 수를 써넣으세요.

(1) $1\frac{3}{8} \div 4 = \frac{11}{8} \times \dfrac{1}{\boxed{}} = \dfrac{\boxed{}}{\boxed{}}$

(2) $2\frac{2}{3} \div 5 = \dfrac{\boxed{}}{3} \times \dfrac{\boxed{}}{\boxed{}} = \dfrac{\boxed{}}{\boxed{}}$

4 계산해 보세요.

(1) $3\frac{5}{6} \div 2$

(2) $2\frac{2}{9} \div 7$

(3) $5\frac{1}{3} \div 10$

5 빈칸에 알맞은 수를 써넣으세요.

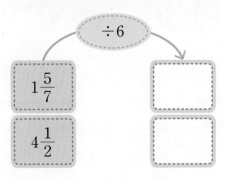

÷6

$1\frac{5}{7}$

$4\frac{1}{2}$

유형 1 (분수) ÷ (자연수)

나눗셈의 몫이 <u>다른</u> 하나를 찾아 색칠해 보세요.

$\dfrac{5}{9} \div 2$ $\dfrac{5}{7} \div 2$ $\dfrac{5}{6} \div 3$

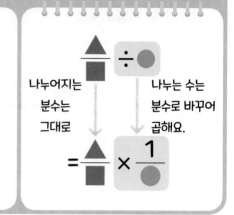

나누어지는 분수는 그대로

나누는 수는 분수로 바꾸어 곱해요.

---

01 몫의 크기를 비교하여 ◯ 안에 >, =, <를 알맞게 써넣으세요.

$\dfrac{3}{10} \div 2$ ◯ $\dfrac{3}{4} \div 5$

02 관계있는 것끼리 이어 보세요.

$\dfrac{6}{7} \div 8$ ·

$\dfrac{3}{8} \div 7$ ·

$\dfrac{10}{11} \div 9$ ·

· $\dfrac{3}{8} \times \dfrac{1}{7}$ ·

· $\dfrac{10}{11} \times \dfrac{1}{9}$ ·

· $\dfrac{6}{7} \times \dfrac{1}{8}$ ·

· $\dfrac{3}{56}$

· $\dfrac{3}{28}$

· $\dfrac{10}{99}$

03 마름모의 넓이는 몇 m^2인지 분수로 나타내 보세요.

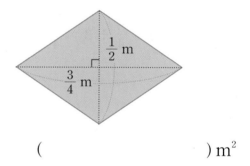

$\dfrac{1}{2}$ m

$\dfrac{3}{4}$ m

(   ) m^2

04 어떤 수를 구해 보세요.

어떤 수에 3을 곱했더니 $\dfrac{7}{13}$이 되었어요.

(   )

→ 바른답·알찬풀이 **5**쪽

유형 **2** (대분수) ÷ (자연수)

빈칸에 알맞은 수를 써넣으세요.

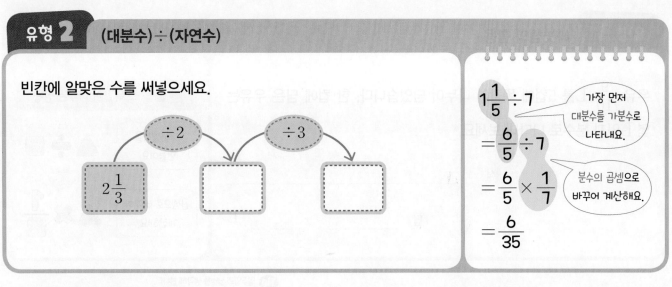

$1\frac{1}{5} \div 7$ 가장 먼저 대분수를 가분수로 나타내요.

$= \frac{6}{5} \div 7$

$= \frac{6}{5} \times \frac{1}{7}$ 분수의 곱셈으로 바꾸어 계산해요.

$= \frac{6}{35}$

Tip 화살표를 따라가며 차례로 계산합니다.

05 ☐ 안에 알맞은 수를 써넣으세요.

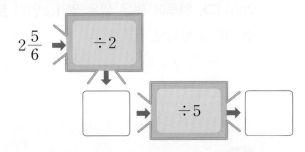

$2\frac{5}{6}$ ➡ ÷2

÷5

06 나눗셈의 몫이 1보다 작으면 빨간색으로, 1보다 크면 파란색으로 색칠해 보세요.

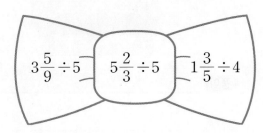

$3\frac{5}{9} \div 5$ $5\frac{2}{3} \div 5$ $1\frac{3}{5} \div 4$

07 가장 작은 수를 가장 큰 수로 나눈 몫을 분수로 나타내 보세요.

$$5 \qquad 4\frac{2}{7} \qquad 6$$

(   )

서술형

08 알맞은 계산 과정과 알게 된 점을 써넣어 일기를 완성해 보세요.

○○○○년 ○○월 ○○일

수학 시간에 (대분수)÷(자연수)를 계산하는 방법을 배웠다. 선생님께서 $2\frac{4}{5} \div 8$을 계산해 보라고 하셔서 나는 이렇게 계산했다.

계산 과정

알게 된 점

유형 3 나눗셈의 활용

우유 $\frac{9}{10}$ L를 5컵에 똑같이 나누어 담았습니다. 한 컵에 담은 우유는 몇 L인지 분수로 나타내 보세요.

식 _____

답 _____ L

△를 ▢로 똑같이 나누는 상황

나눗셈식을 만들어요. △ ÷ ▢

곱셈으로 바꾸어 계산해요. △ × $\frac{1}{▢}$

---

09 한 모둠이 가지는 찰흙은 몇 kg인지 분수로 나타내 보세요.

선생님께서 찰흙 $\frac{17}{20}$ kg을 3모둠이 똑같이 나누어 가지라고 하셨어요.

식 _____

답 _____ kg

10 진아는 자전거를 타고 같은 빠르기로 4분 동안 $\frac{21}{8}$ km를 달렸습니다. 진아가 1분 동안 달린 거리는 몇 km인지 분수로 나타내 보세요.

식 _____

답 _____ km

Tip 일주일의 날수를 생각해 봅니다.

11 쌀 $5\frac{1}{4}$ kg을 일주일 동안 똑같이 나누어 먹었습니다. 하루에 먹은 쌀은 몇 kg인지 분수로 나타내 보세요.

( ) kg

서술형

12 무게가 똑같은 배 3개가 들어 있는 상자의 무게를 재어 보니 $3\frac{3}{8}$ kg이었습니다. 빈 상자의 무게가 $\frac{7}{8}$ kg이라면 배 한 개의 무게는 몇 kg인지 분수로 나타내는 풀이 과정을 쓰고, 답을 구해 보세요.

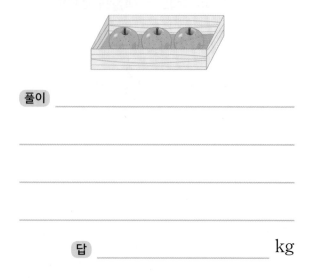

풀이 _____

_____

_____

_____

답 _____ kg

응용유형 1 □ 안에 들어갈 수 있는 자연수 구하기

문제해결 추론 정보처리

□ 안에 들어갈 수 있는 자연수를 모두 구해 보세요.

$$\frac{\square}{32} < \frac{5}{8} \div 4$$

(1) $\frac{5}{8} \div 4$의 몫을 분수로 나타내 보세요.

(   )

(2) □ 안에는 ●보다 작은 수가 들어갈 수 있습니다. ●에 알맞은 수는 얼마인가요?

(   )

(3) □ 안에 들어갈 수 있는 자연수를 모두 구해 보세요.

(   )

유사

1-1 □ 안에 들어갈 수 있는 가장 작은 자연수를 구해 보세요.

$$\frac{\square}{55} > \frac{6}{11} \div 5$$

(   )

변형

1-2 □ 안에 들어갈 수 있는 자연수를 모두 구해 보세요.

$$6\frac{2}{5} \div 4 < 1\frac{\square}{15}$$

(   )

응용유형 2 도형에서 길이 구하기

가로가 2 m이고 넓이가 $2\frac{1}{4}$ m^{2}인 직사각형입니다. 세로는 몇 m인지 분수로 나타내 보세요.

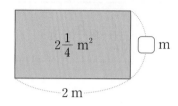

2 $\frac{1}{4}$ m^2 □ m

2 m

(1) □ 안에 알맞은 말을 써넣으세요.

> 직사각형의 넓이는 (가로)×(세로)이므로 세로는 (___)÷(___)로 구합니다.

(2) 직사각형의 세로는 몇 m인지 분수로 나타내 보세요.

(   ) m

유사

2-1 밑변이 3 cm이고 넓이가 $5\frac{3}{5}$ cm^{2}인 평행사변형입니다. 높이는 몇 cm인지 분수로 나타내 보세요.

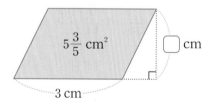

$5\frac{3}{5}$ cm^2 □ cm

3 cm

(   ) cm

변형

2-2 정사각형 가와 직사각형 나의 넓이는 같습니다. 직사각형 나의 세로는 몇 cm인지 분수로 나타내 보세요.

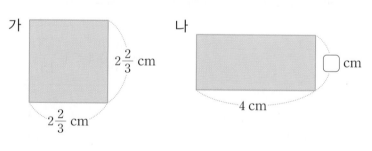

가   나

$2\frac{2}{3}$ cm   □ cm

$2\frac{2}{3}$ cm   4 cm

(   ) cm

→ 바른답·알찬풀이 **6**쪽

응용유형 3 바르게 계산한 값 구하기

문제해결 추론

어떤 자연수를 5로 나누어야 할 것을 잘못하여 곱했더니 45가 나왔습니다. 바르게 계산한 몫을 분수로 나타내 보세요.

(1) 어떤 자연수를 ■라 하여 잘못 계산한 식을 써 보세요.

식 _____

(2) 어떤 자연수는 얼마인가요?

( )

(3) 바르게 계산한 몫을 분수로 나타내 보세요.

( )

유사

3-1 어떤 자연수를 3으로 나누어야 할 것을 잘못하여 더했더니 17이 나왔습니다. 바르게 계산한 몫을 분수로 나타내 보세요.

( )

변형

3-2 포도주스를 7컵에 똑같이 나누어 담아야 할 것을 잘못하여 6컵에 똑같이 나누어 담았더니 한 컵에 $\frac{2}{9}$ L씩 담겼습니다. 바르게 나누어 담았을 때 한 컵에 담기는 포도주스는 몇 L인지 분수로 나타내 보세요.

7컵에 똑같이 나누어 담아야 하는데……

( ) L

응용유형 **4**   수 카드로 조건에 맞는 분수의 나눗셈 만들기

수 카드 3장을 한 번씩 모두 사용하여 계산 결과가 가장 작은 나눗셈을 만들고, 계산해 보세요.

(1) ☐ 안에 알맞은 수를 써넣으세요.

$\dfrac{㉠}{㉡} \div ㉢ = \dfrac{㉠}{㉡} \times \dfrac{1}{㉢} = \dfrac{㉠}{㉡ \times ㉢}$ 의 계산 결과를 가장 작게 하려면 ㉠에 가장 작은 수인

☐ 을/를 쓰고, ㉡과 ㉢에 ☐, ☐ 을/를 씁니다.

(2) 계산 결과가 가장 작은 나눗셈을 만들고 계산해 보세요.

식    답

4-1 수 카드 3장을 한 번씩 모두 사용하여 계산 결과가 가장 작은 나눗셈을 만들고, 계산해 보세요.

5 6 7

식    답

4-2 수 카드 **1**, **3**, **5** 를 한 번씩 모두 사용하여 계산 결과가 가장 큰 나눗셈을 만들고, 계산해 보세요.

식 ☐$\dfrac{☐}{☐} \div 2$ 답 ☐

응용유형 5 **걸린 시간 구하기**

창의 융합 · 문제 해결 · 추론

주은이는 같은 빠르기로 산 정상까지 7 km를 올라가는 데 3시간 30분이 걸렸습니다. 1 km를 올라가는 데 걸린 시간은 몇 시간인지 분수로 나타내 보세요.

⑴ 3시간 30분은 몇 시간인지 분수로 나타내 보세요.

( )시간

⑵ 1 km를 올라가는 데 걸린 시간은 몇 시간인지 분수로 나타내 보세요.

식 _____ 답 _____ 시간

유사

5-1

물이 일정하게 나오는 수도를 틀어 욕조에 물 90 L를 받는 데 2시간 15분이 걸렸습니다. 물 1 L를 받는 데 걸린 시간은 몇 시간인지 분수로 나타내 보세요.

( )시간

변형

5-2

버스가 한 시간에 50 km씩 2시간 동안 갔습니다. 같은 거리를 택시가 1시간 20분 만에 갔다면 택시가 1 km를 가는 데 걸린 시간은 몇 시간인지 분수로 나타내 보세요.

( )시간

1. 분수의 나눗셈

한 문항당 배점은 5점입니다.

점수

점

01 $1 \div 9$의 몫을 그림과 분수로 나타내 보세요.

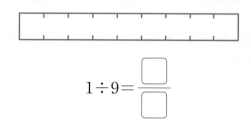

$$1 \div 9 = \frac{\square}{\square}$$

02 나눗셈을 분수의 곱셈으로 나타내 보세요.

(1) $2 \div 5 = 2 \times \dfrac{\square}{\square}$

(2) $11 \div 8 = 11 \times \dfrac{\square}{\square}$

03 나눗셈을 분수의 곱셈으로 나타내어 바르게 계산한 것에 ○표 하세요.

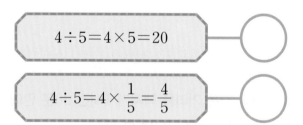

$$4 \div 5 = 4 \times 5 = 20$$

$$4 \div 5 = 4 \times \frac{1}{5} = \frac{4}{5}$$

중요

04 $2 \div 3$과 관계있는 것을 찾아 기호를 써 보세요.

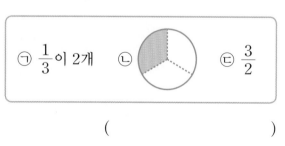

ㄱ $\dfrac{1}{3}$이 2개   ㄴ   ㄷ $\dfrac{3}{2}$

(   )

05 $\dfrac{1}{6} \div 5$의 몫에 ○표 하세요.

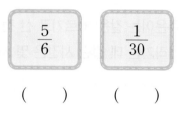

$$\frac{5}{6} \qquad \frac{1}{30}$$

(   )   (   )

06 ☐ 안에 알맞은 수를 써넣으세요.

$$1\frac{5}{9} \div 7 = \frac{14}{9} \div 7$$

$$= \frac{\square \div \square}{9} = \frac{\square}{9}$$

07 계산해 보세요.

(1) $\dfrac{3}{4} \div 2$

(2) $\dfrac{2}{7} \div 4$

08 보기와 같이 나눗셈을 분수의 곱셈으로 나타내어 계산해 보세요.

보기

$$7 \div 6 = 7 \times \frac{1}{6} = \frac{7}{6} = 1\frac{1}{6}$$

$9 \div 4$ _____

09 나눗셈의 몫이 1보다 작은 것에 ○표 하세요.

$$15 \div 14 \qquad 8 \div 13$$

(   )   (   )

10 빈칸에 알맞은 수를 써넣으세요.

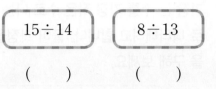

$\dfrac{5}{8}$	9	
$2\dfrac{6}{7}$	8	

11 현지가 자른 막대 한 도막은 몇 m인지 분수로 나타내 보세요.

길이가 1 m인 막대를 똑같이 3도막으로 나누어 잘랐어요.

현지

식 _____

답 _____ m

12 ㉠+㉡의 값을 구해 보세요.

• $1 \div ㉠ = \dfrac{1}{7}$ • $㉡ \div 6 = \dfrac{11}{6}$

(   )

중요

13 잘못 계산한 곳을 찾아 ○표 하고, 바르게 계산해 보세요.

$$\frac{7}{10} \div 3 = \frac{10}{7} \times 3 = \frac{30}{7} = 4\frac{2}{7}$$

⬇

바르게 계산하기

$$\frac{7}{10} \div 3$$

응용

14 해수네 텃밭의 넓이는 16 m²입니다. 이 텃밭에 상추, 오이, 토마토를 똑같은 넓이로 심었다면 상추를 심은 텃밭의 넓이는 몇 m²인지 분수로 나타내 보세요.

(   ) m²

15 딸기 $\dfrac{15}{4}$ kg을 접시 5개에 똑같이 나누어 담았습니다. 접시 한 개에 담은 딸기는 몇 kg인지 분수로 나타내 보세요.

식 _____

답 _____ kg

16 ☐ 안에 들어갈 수 있는 가장 작은 자연수를 구해 보세요.

$$9\frac{2}{3} \div 2 < \square$$

( )

17 어떤 자연수를 7로 나누어야 할 것을 잘못하여 곱했더니 56이 나왔습니다. 바르게 계산한 몫을 분수로 나타내 보세요.

( )

응용

18 수 카드 3장을 한 번씩 모두 사용하여 계산 결과가 가장 작은 나눗셈을 만들고 계산해 보세요.

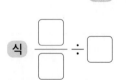

식 $\dfrac{\square}{\square} \div \square$ 답 ☐

서술형 문제

19 가장 큰 수를 가장 작은 수로 나눈 몫을 분수로 나타내려고 합니다. 풀이 과정을 쓰고, 답을 구해 보세요.

| 9 | 3 | 17 |

풀이

답

중요
20 한 병에 $\dfrac{2}{5}$ L씩 들어 있는 우유가 3병 있습니다. 이 우유를 4명이 똑같이 나누어 마시려면 한 명이 몇 L씩 마셔야 하는지 분수로 나타내려고 합니다. 풀이 과정을 쓰고, 답을 구해 보세요.

풀이

답 _____ L

01 2÷5의 몫을 그림과 분수로 나타내 보세요.

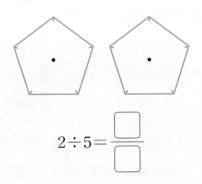

$$2 \div 5 = \frac{\square}{\square}$$

02 나눗셈의 몫을 분수로 나타내 보세요.

(1) $1 \div 3 = \dfrac{\square}{\square}$

(2) $9 \div 2 = \dfrac{\square}{\square} = \square$

중요
03 나눗셈을 분수의 곱셈으로 바르게 나타낸 것에
○표 하세요.

$$8 \div 9 = 8 \times \frac{1}{9} \quad \bigcirc$$

$$18 \div 5 = \frac{1}{18} \times 5 \quad \bigcirc$$

04 나눗셈의 몫을 찾아 이어 보세요.

$4 \div 3$ ·

$3 \div 8$ ·

· $\dfrac{3}{8}$

· $1\dfrac{1}{3}$

05 ☐ 안에 알맞은 수를 써넣으세요.

$$\frac{5}{6} \div 2 = \frac{5}{6} \times \frac{\square}{\square} = \frac{\square}{\square}$$

06 계산해 보세요.

(1) $\dfrac{6}{7} \div 3$

(2) $\dfrac{8}{11} \div 2$

07 보기 와 같이 계산해 보세요.

보기
$$1\frac{1}{8} \div 3 = \frac{9}{8} \div 3 = \frac{9 \div 3}{8} = \frac{3}{8}$$

$3\dfrac{1}{3} \div 5$ _____

08 빈칸에 알맞은 수를 써넣으세요.

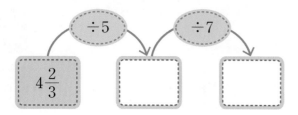

중요

09 나타내는 값이 다른 깃발을 들고 있는 친구의 이름을 써 보세요.

상민   희수   은지

(   )

10 분수를 자연수로 나눈 몫을 빈칸에 써넣으세요.

4	$\dfrac{10}{11}$

11 몫의 크기를 비교하여 ○ 안에 >, =, <를 알맞게 써넣으세요.

$$1 \div 9 \bigcirc 2 \div 6$$

12 알맞은 말에 ○표 하고, □ 안에 알맞은 분수를 써넣으세요.

○○○○년 ○○월 ○○일

수학 시험에서 $9 \div 20 = \dfrac{20}{9}$ 이라고 써서 틀렸다.

나눗셈의 몫을 나누어지는 수가 (분모 , 분자),

나누는 수가 (분모 , 분자)인 분수로 나타낼 수

있다는 것을 꼭 기억해야겠다. 틀린 문제를 바르

게 풀면 $9 \div 20 =$ □ 이다.

13 참기름 $\dfrac{8}{9}$ L를 일주일 동안 똑같이 나누어 사용했습니다. 하루에 사용한 참기름은 몇 L인지 분수로 나타내 보세요.

(   ) L

응용

14 철사 $5\dfrac{5}{8}$ m를 겹치지 않게 모두 사용하여 정삼각형을 만들었습니다. 정삼각형의 한 변은 몇 m인지 분수로 나타내 보세요.

(   ) m

15 □ 안에 알맞은 분수를 구해 보세요.

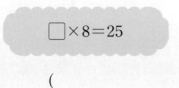

$$\square \times 8 = 25$$

(   )

중요

16 밑변이 5 cm이고 넓이가 $8\frac{3}{4}$ cm²인 평행사변형입니다. 높이는 몇 cm인지 분수로 나타내보세요.

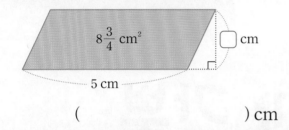

(   ) cm

응용

17 □ 안에 들어갈 수 있는 자연수는 모두 몇 개인지 구해 보세요.

$$\frac{\square}{3} < 14 \div 6$$

(   )개

18 선아는 자전거를 타고 같은 빠르기로 달렸습니다. 8 km를 달리는 데 3시간 20분이 걸렸다면 1 km를 달리는 데 걸린 시간은 몇 시간인지 분수로 나타내 보세요.

(   )시간

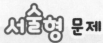 **문제**

19 넓이가 $\frac{13}{8}$ m²인 정육각형을 똑같이 6칸으로 나누었을 때 색칠한 부분의 넓이는 몇 m²인지 분수로 나타내려고 합니다. 풀이 과정을 쓰고, 답을 구해 보세요.

풀이 _____

_____

_____

답 _____ m²

20 ★에 알맞은 분수를 구하려고 합니다. 풀이 과정을 쓰고, 답을 구해 보세요.

$$7\frac{1}{2} \div 8 = ★ \times 3$$

풀이 _____

_____

_____

답 _____

2

각기둥과 각뿔

교과서
정답 확인

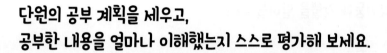
단원의 공부 계획을 세우고,
공부한 내용을 얼마나 이해했는지 스스로 평가해 보세요.

☆☆☆ 자신있게 설명할 수 있어요. ☆☆ 설명하기 조금 힘들어요. ☆ 어려워서 설명할 수 없어요.

각기둥과 각뿔을 알아봐요 (1)

주변에서 찾은 물건들을 살펴보세요.

탐구 각기둥과 각뿔을 알아볼까요?

개념 동영상

, 등과 같이 두 면이 서로 합동이고 평행한 다각형인 입체도형을 각기둥이라고 합니다.

, 등과 같이 한 면이 다각형이고 다른 면은 모두 삼각형인 입체도형을 각뿔이라고 합니다.

🔍 **각기둥의 밑면과 옆면 알아보기**

각기둥에서 면 ㄱㄴㄷ, 면 ㄹㅁㅂ과 같이 서로 합동이고 평행한 두 면을 밑면이라고 합니다.
이때 두 밑면은 나머지 면들과 모두 수직으로 만납니다.
각기둥에서 면 ㄱㄹㅁㄴ, 면 ㄴㅁㅂㄷ, 면 ㄷㅂㄹㄱ과 같이 두 밑면과 만나는 면을 옆면이라고 합니다.
이때 각기둥의 옆면은 모두 직사각형입니다.

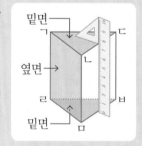

🔍 **각뿔의 밑면과 옆면 알아보기**

각뿔에서 면 ㄴㄷㄹㅁ과 같은 면을 밑면이라고 합니다.
면 ㄱㄴㄷ, 면 ㄱㄷㄹ, 면 ㄱㄹㅁ, 면 ㄱㅁㄴ과 같이 밑면과 만나는 면을 옆면이라고 합니다.
이때 각뿔의 옆면은 모두 삼각형입니다.

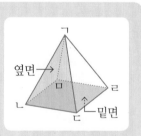

이미지로 개념 쏙

| 각기둥 |
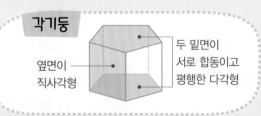
옆면이 직사각형 · 두 밑면이 서로 합동이고 평행한 다각형

| 각뿔 |
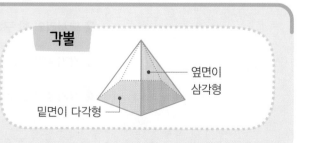
옆면이 삼각형 · 밑면이 다각형

1 입체도형을 각기둥과 각뿔로 분류해 보세요.

가   나   다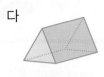

라   마 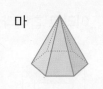 바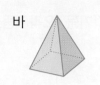

각기둥	각뿔

2 각기둥을 보고 물음에 답하세요.

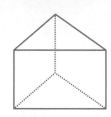

(1) 서로 합동이고 평행한 두 면을 찾아 색칠해 보세요.

(2) (1)에서 색칠한 두 면을 무엇이라고 하나 요?

( )

(3) (1)에서 색칠한 두 면과 만나는 면을 무엇 이라고 하나요?

( )

3 각뿔을 보고 물음에 답하세요.

(1) 밑면을 찾아 색칠해 보세요.

(2) 밑면과 만나는 면을 무엇이라고 하나요?

( )

4 각기둥의 옆면을 그리고, 옆면은 어떤 다각형인 지 써 보세요.

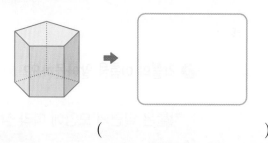

( )

5 각뿔의 옆면을 그리고, 옆면은 어떤 다각형인지 써 보세요.

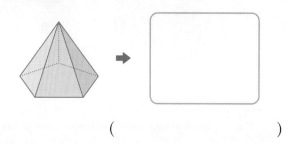

( )

Tip 각기둥에서 면 ㄱㄴㄷㄹ과 서로 합동이고 평행한 면을 찾아봅니다.

6 각기둥에서 면 ㄱㄴㄷㄹ이 밑면일 때 다른 밑면 을 찾아 써 보세요.

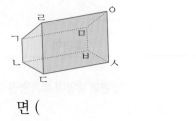

면 ( )

각기둥과 각뿔을 알아봐요(2)

각기둥과 각뿔의 이름을 생각해 보세요.

개념 동영상

① 각기둥의 이름을 알아볼까요?

각기둥은 밑면의 모양에 따라 삼각기둥, 사각기둥, 오각기둥, ...이라고 합니다.

| 삼각기둥 | 사각기둥 | 오각기둥 |

② 각뿔의 이름을 알아볼까요?

각뿔은 밑면의 모양에 따라 삼각뿔, 사각뿔, 오각뿔, ...이라고 합니다.

| 삼각뿔 | 사각뿔 | 오각뿔 |

이미지로 개념 쏙

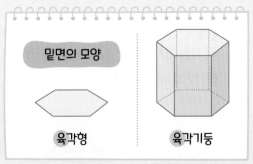

밑면의 모양

육각형   육각기둥

밑면의 모양이 ●각형인 각기둥은 ●각기둥

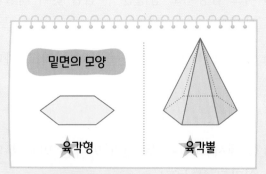

밑면의 모양

육각형   육각뿔

밑면의 모양이 ★각형인 각뿔은 ★각뿔

1 각기둥을 보고 표를 완성해 보세요.

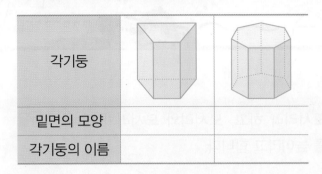

각기둥		
밑면의 모양		
각기둥의 이름		

2 각뿔을 보고 표를 완성해 보세요.

각뿔		
밑면의 모양		
각뿔의 이름		

3 입체도형의 이름을 찾아 ○표 하세요.

사각기둥   삼각기둥   삼각뿔

(   )   (   )   (   )

4 입체도형의 이름을 찾아 ○표 하세요.

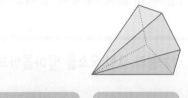

삼각뿔   삼각기둥   오각뿔

(   )   (   )   (   )

5 입체도형의 이름을 찾아 이어 보세요.

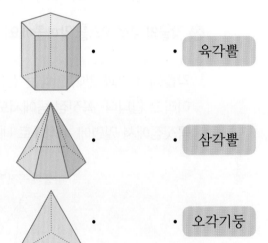

·   · 육각뿔

·   · 삼각뿔

·   · 오각기둥

6 각기둥과 각뿔에 대해 바르게 설명한 것에 ○표, 잘못 설명한 것에 ✕표 하세요.

(1) 각기둥의 이름은 밑면의 모양에 따라 정해집니다. (   )

(2) 각뿔의 이름은 옆면의 모양에 따라 정해집니다. (   )

각기둥과 각뿔을 알아봐요 (3)

각기둥과 각뿔을 자세히 살펴보세요.

① 각기둥의 구성 요소를 알아볼까요?

개념 동영상

각기둥에서 면과 면이 만나는 선분을 모서리라 하고, 모서리와 모서리가 만나는 점을 꼭짓점이라고 하며, 두 밑면 사이의 거리를 높이라고 합니다.

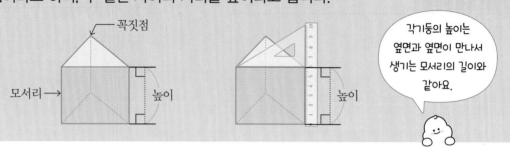

각기둥의 높이는 옆면과 옆면이 만나서 생기는 모서리의 길이와 같아요.

② 각뿔의 구성 요소를 알아볼까요?

각뿔에서 면과 면이 만나는 선분을 모서리라 하고, 모서리와 모서리가 만나는 점을 꼭짓점이라고 합니다. 꼭짓점 중에서도 옆면이 모두 만나는 점을 각뿔의 꼭짓점이라 하고, 각뿔의 꼭짓점에서 밑면에 수직으로 내린 선분의 길이를 높이라고 합니다.

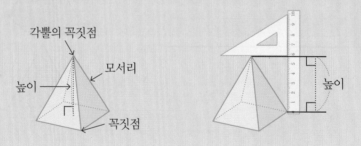

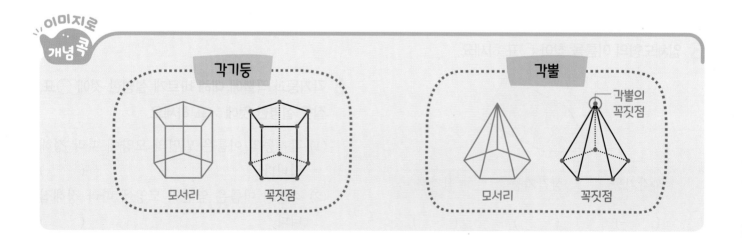

1단계 개념탄탄

[1~2] 보기 에서 알맞은 말을 골라 □ 안에 써넣으세요.

1 보기

| 꼭짓점 | 높이 | 모서리 |

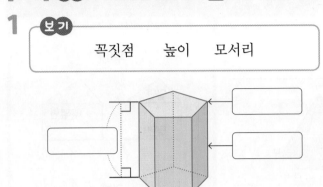

2 보기

| 각뿔의 꼭짓점 | 꼭짓점 | 높이 | 모서리 |

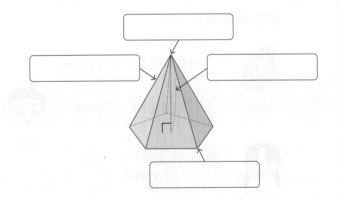

3 각뿔의 모서리를 모두 파란색, 꼭짓점을 모두 빨간색으로 표시하고, 각각 몇 개인지 세어 보세요.

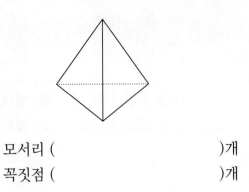

모서리 ( )개

꼭짓점 ( )개

4 육각기둥에 대해 바르게 설명한 것에 ○표, 잘못 설명한 것에 ✕표 하세요.

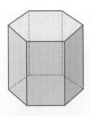

(1) 육각기둥의 꼭짓점은 6개입니다. ( )

(2) 육각기둥의 모서리는 18개입니다. ( )

5 각뿔의 높이를 바르게 잰 것에 ○표 하세요.

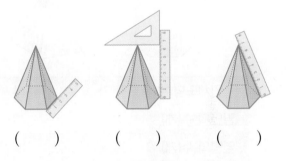

( ) ( ) ( )

Tip 두 밑면을 찾은 뒤 두 밑면 사이의 거리를 나타내는 모서리의 길이를 알아봅니다.

6 각기둥의 높이는 몇 cm인가요?

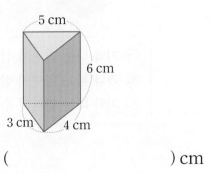

5 cm

6 cm

3 cm 4 cm

( ) cm

유형 1   각기둥과 각뿔의 밑면과 옆면

각기둥과 각뿔의 밑면과 옆면을 모두 찾아 써 보세요.

입체도형	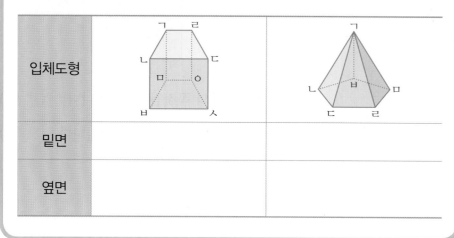	
밑면		
옆면		

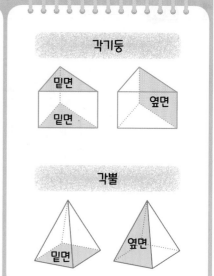

각기둥

각뿔

---

01 입체도형을 보고 표를 완성해 보세요.

가   나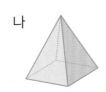

입체도형	가	나
밑면의 수(개)		
옆면의 수(개)		

02 입체도형에 대한 설명으로 <u>잘못된</u> 것을 찾아 기호를 써 보세요.

가    나

┌─────────────────────────┐
│ ㉠ 가와 나는 밑면이 삼각형입니다.
│ ㉡ 가와 나는 옆면이 삼각형입니다.
│ ㉢ 가와 나는 밑면의 수가 같습니다.
└─────────────────────────┘

(   )

03 각기둥과 각뿔에 대해 <u>잘못</u> 설명한 친구의 이름을 써 보세요.

민주: 각기둥의 옆면은 모두 직사각형이에요.

진규: 각뿔의 밑면은 다각형이에요.

서연: 각기둥의 두 밑면은 나머지 면들과 모두 평행해요.

(   )

04 칠각기둥과 칠각뿔의 같은 점을 모두 찾아 기호를 써 보세요.

┌─────────────────────────┐
│ ㉠ 밑면의 수   ㉡ 옆면의 수
│ ㉢ 밑면의 모양   ㉣ 옆면의 모양
└─────────────────────────┘

(   )

→ 바른답·알찬풀이 **11** 쪽

유형 2 각기둥과 각뿔의 이름

설명하는 입체도형의 이름을 써 보세요.

- 두 밑면은 서로 합동이고 평행한 다각형입니다.
- 옆면은 모두 직사각형입니다.
- 밑면은 팔각형입니다.

(   )

밑면의 모양 ➡ 오각형

오각기둥   오각뿔

Tip 각기둥과 각뿔의 이름은 밑면의 모양에 따라 정해집니다.

05 다음 도형을 밑면으로 하는 각기둥과 각뿔의 이름을 각각 써 보세요.

각기둥의 이름	
각뿔의 이름	

06 밑면과 옆면의 모양이 다음과 같은 입체도형의 이름을 써 보세요.

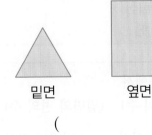

밑면   옆면

(   )

07 은우가 설명하는 입체도형의 이름을 써 보세요.

밑면은 다각형이고 1개예요.
옆면은 모두 삼각형이고 9개예요.

은우

(   )

서술형

08 잘못된 문장을 찾아 기호를 쓰고, 바르게 고쳐 보세요.

㉠ 오각기둥의 밑면의 모양은 오각형입니다.
㉡ 삼각뿔의 옆면은 4개입니다.
㉢ 밑면의 모양이 칠각형인 각뿔의 이름은 칠각뿔입니다.

답 _____

바르게 고친 문장 _____

_____

유형 **3** | 각기둥과 각뿔의 구성 요소

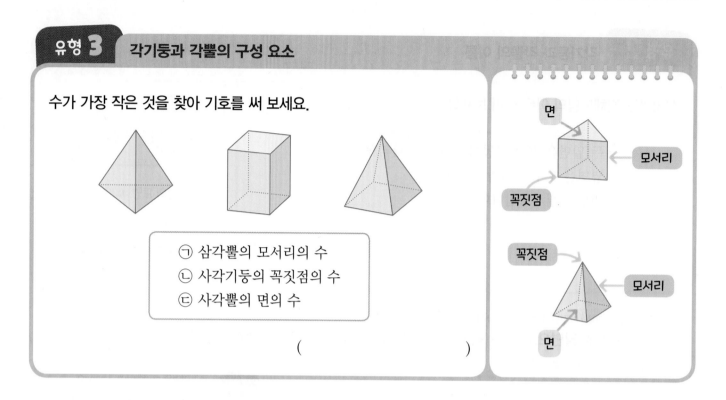

수가 가장 작은 것을 찾아 기호를 써 보세요.

> ㉠ 삼각뿔의 모서리의 수
> ㉡ 사각기둥의 꼭짓점의 수
> ㉢ 사각뿔의 면의 수

(   )

면

모서리

꼭짓점

꼭짓점

모서리

면

---

09 표를 완성하고, ☐ 안에 알맞은 수를 써넣으세요.

입체도형	오각기둥	육각기둥	칠각기둥
한 밑면의 변의 수(개)			
면의 수(개)			
꼭짓점의 수(개)			
모서리의 수(개)			

각기둥에서
(면의 수)=(한 밑면의 변의 수)+☐,
(꼭짓점의 수)=(한 밑면의 변의 수)×☐,
(모서리의 수)=(한 밑면의 변의 수)×☐
입니다.

---

10 표를 완성하고, ☐ 안에 알맞은 수를 써넣으세요.

입체도형	오각뿔	육각뿔	칠각뿔
밑면의 변의 수(개)			
면의 수(개)			
꼭짓점의 수(개)			
모서리의 수(개)			

각뿔에서
(면의 수)=(밑면의 변의 수)+☐,
(꼭짓점의 수)=(밑면의 변의 수)+☐,
(모서리의 수)=(밑면의 변의 수)×☐
입니다.

→ 바른답·알찬풀이 **11**쪽

유형 4 · 구성 요소의 수로 각기둥과 각뿔 찾기

꼭짓점이 6개인 각기둥의 이름을 써 보세요.

(   )

꼭짓점이 6개인 각기둥의
밑면은 어떤 다각형인지 알아봐요.

밑면의 모양에 따라
각기둥의 이름이 정해져요.

---

11 모서리가 8개인 각뿔의 이름을 써 보세요.

(   )

12 알맞은 것끼리 이어 보세요.

꼭짓점이 10개인 입체도형	모서리가 12개인 입체도형

·   ·

·   ·   ·

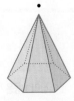 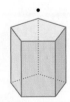 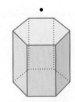

13 면이 6개인 입체도형을 모두 찾아 이름을 써 보세요.

(   )

 서술형

14 다음 조건 을 만족하는 입체도형의 이름은 무엇인지 풀이 과정을 쓰고, 답을 구해 보세요.

조 건
• 꼭짓점이 8개입니다.
• 면의 수는 꼭짓점의 수와 같습니다.

풀이 _____

_____

_____

답 _____

각기둥의 전개도를 알아봐요

삼각기둥 모양의 상자가 있어요.
상자의 모서리를 잘라 펼친 모양을 살펴보세요.

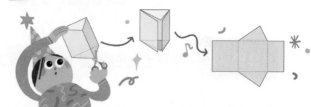

탐구 각기둥의 전개도를 알아볼까요?

개념 동영상

삼각기둥의 모서리를
잘라서 펼쳐 보아요.

접었을 때
같은 색 선분끼리
서로 맞닿아요.

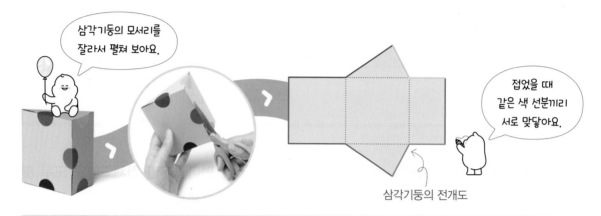

삼각기둥의 전개도

각기둥의 모든 면이 이어지도록 모서리를 잘라서 평면 위에 펼친 그림을 각기둥의 전개도라고 합니다.

참고 전개도를 접었을 때 서로 맞닿는 선분은 길이가 같습니다.

Q 여러 가지 각기둥의 전개도 알아보기

전개도를 그릴 때
잘린 모서리는 실선으로,
잘리지 않은 모서리는
점선으로 그려요.

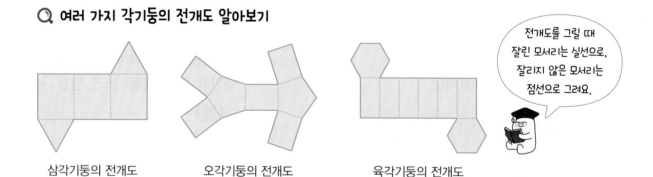

삼각기둥의 전개도   오각기둥의 전개도   육각기둥의 전개도

이미지로 개념쏙

삼각기둥의 전개도

접었을 때 밑면이
서로 겹쳐져요.

삼각기둥은
옆면이 3개예요.

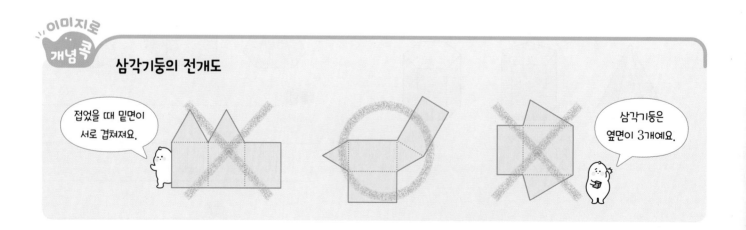

1 ☐ 안에 알맞은 말을 써넣으세요.

(1) 각기둥의 모든 면이 이어지도록 모서리를
잘라서 평면 위에 펼친 그림을 각기둥의
☐ 라고 합니다.

(2) 각기둥의 전개도를 그릴 때 잘린 모서리는
☐ 으로, 잘리지 않은 모서리는 ☐
으로 그립니다.

2 전개도를 보고 물음에 답하세요.

(1) 밑면은 어떤 다각형인가요?

( )

(2) 전개도를 접으면 어떤 입체도형이 되나요?

( )

3 전개도를 접으면 어떤 입체도형이 되나요?

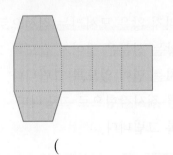

( )

Tip 육각기둥의 밑면의 모양과 옆면의 개수를 각각 확인합니다.

4 육각기둥의 전개도에 ○표 하세요.

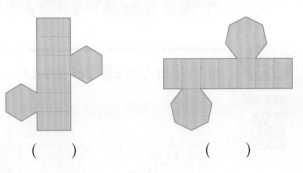

( ) ( )

5 전개도를 접었을 때 색칠한 면과 평행한 면을 찾
아 색칠해 보세요.

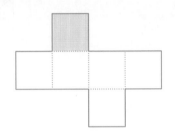

6 전개도를 보고 물음에 답하세요.

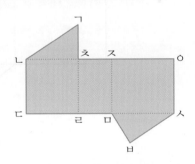

(1) 전개도를 접으면 어떤 입체도형이 되나요?

( )

(2) 전개도를 접었을 때 점 ㄱ과 만나는 점을
찾아 써 보세요.

점 ( )

(3) 전개도를 접었을 때 선분 ㄱㅊ과 맞닿는 선
분을 찾아 써 보세요.

선분 ( )

각기둥의 전개도를 그려요

각기둥의 전개도를 어떻게 그릴 수 있을지 생각해 보세요.

탐구 삼각기둥의 전개도를 그려 볼까요?

개념 동영상

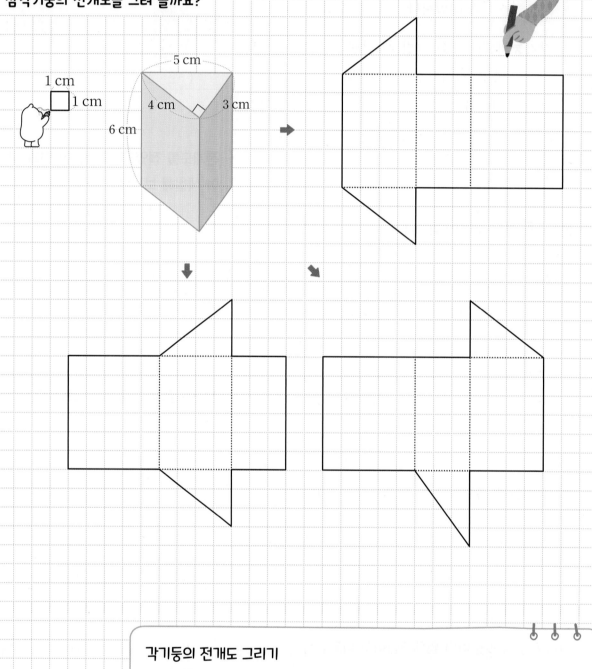

각기둥의 전개도 그리기

• 잘린 모서리는 실선으로, 잘리지 않은 모서리는 점선으로 그립니다.

• 전개도를 접었을 때 서로 맞닿는 선분은 길이가 같도록 그립니다.

• 전개도를 접었을 때 서로 겹치는 면이 없도록 그립니다.

• 옆면은 한 밑면의 변의 수만큼 직사각형으로 그립니다.

• 두 밑면은 서로 합동이 되도록 그립니다.

1단계 개념탄탄

1 삼각기둥의 전개도를 완성하려고 합니다. 물음에 답하세요.

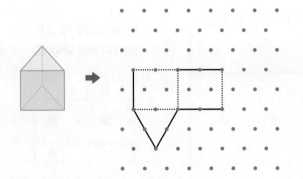

(1) 알맞은 말에 ○표 하세요.

> 밑면은 (삼각형 , 직사각형)으로,
> 옆면은 (삼각형 , 직사각형)으로
> 그립니다.

(2) 삼각기둥의 전개도를 완성해 보세요.

2 사각기둥의 전개도를 완성해 보세요.

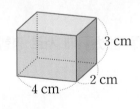

1 cm
1 cm

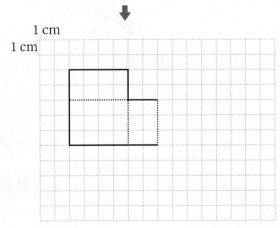

Tip 밑면 1개와 옆면 2개를 더 그려서 완성합니다.

3 사각기둥의 전개도를 완성해 보세요.

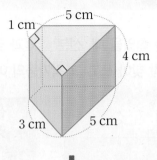

1 cm
1 cm

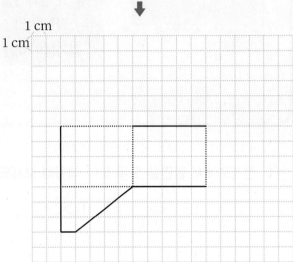

4 육각기둥의 전개도를 완성해 보세요.

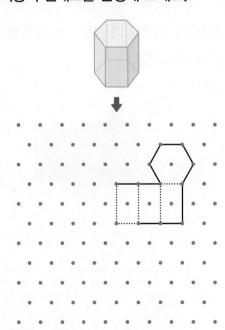

2
단원

공부한 날

월

일

유형 1 각기둥의 전개도(1)

전개도를 접었을 때, 선분 ㄴㄷ과 맞닿는 선분과 면 ㄴㄷㅂㅍ과 평행한 면을 각각 찾아 쓰고 그 각기둥의 이름을 써 보세요.

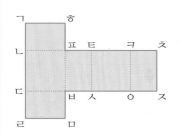

선분 ㄴㄷ과 맞닿는 선분	
면 ㄴㄷㅂㅍ과 평행한 면	
각기둥의 이름	

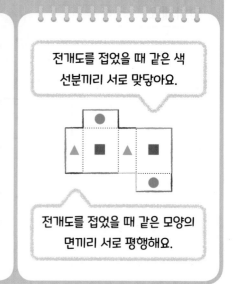

전개도를 접었을 때 같은 색 선분끼리 서로 맞닿아요.

전개도를 접었을 때 같은 모양의 면끼리 서로 평행해요.

01 전개도에서 밑면을 모두 찾아 색칠해 보세요.

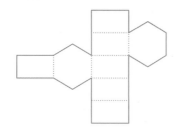

02 전개도를 접었을 때 선분 ㄱㄴ과 맞닿는 선분을 찾아 써 보세요.

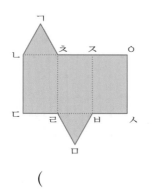

(　　　　　　　　)

03 전개도를 접었을 때 면 ㅂ와 만나는 면을 모두 찾아 써 보세요.

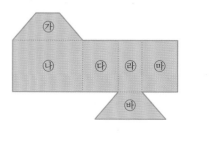

(　　　　　　　　)

04 전개도를 접었을 때 서로 평행한 면끼리 이어 보세요.

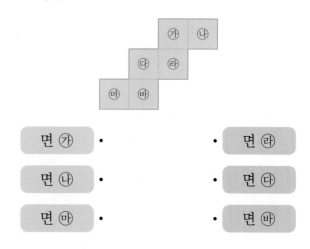

면 ㉮ ・	・ 면 ㉣
면 ㉯ ・	・ 면 ㉢
면 ㉲ ・	・ 면 ㉰

→ 바른답·알찬풀이 **13**쪽

각기둥과 각기둥의 전개도를 보고 ☐ 안에 알맞은 수를 써넣으세요.

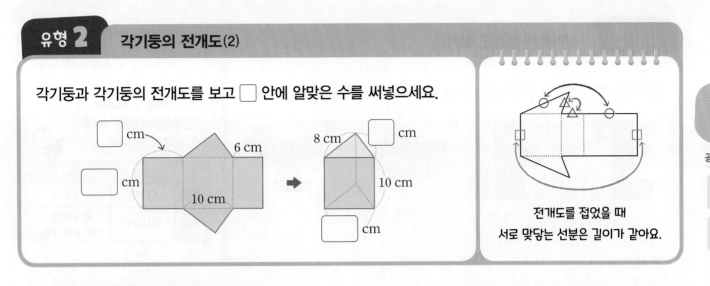

전개도를 접었을 때
서로 맞닿는 선분은 길이가 같아요.

2 단원

공부한 날

월

일

Tip 전개도를 접었을 때 서로 맞닿는 선분은 길이가 같습니다.

05 전개도에서 선분 ㅌㅋ은 몇 cm인가요?

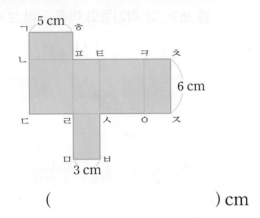

(   ) cm

06 전개도에서 선분 ㄴㅇ은 몇 cm인가요?

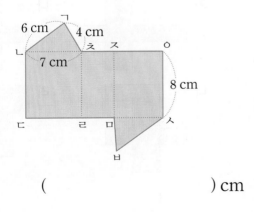

(   ) cm

07 전개도에서 밑면은 정오각형입니다. 직사각형 ㄱㄴㄷㄹ의 둘레는 몇 cm인가요?

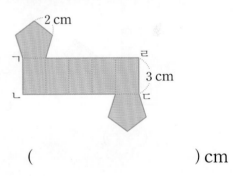

(   ) cm

서술형

08 전개도에서 한 밑면의 둘레는 몇 cm인지 풀이 과정을 쓰고, 답을 구해 보세요.

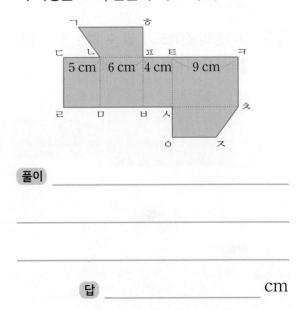

풀이 _____

_____

_____

답 _____ cm

유형3 각기둥의 전개도 찾기

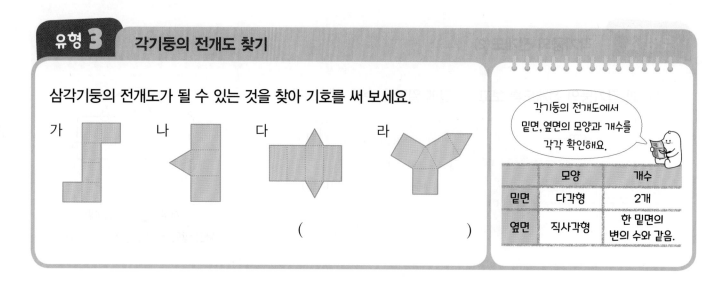

삼각기둥의 전개도가 될 수 있는 것을 찾아 기호를 써 보세요.

가   나   다   라

(   )

각기둥의 전개도에서 밑면, 옆면의 모양과 개수를 각각 확인해요.

	모양	개수
밑면	다각형	2개
옆면	직사각형	한 밑면의 변의 수와 같음.

09 오각기둥의 전개도가 될 수 있는 것에 ○표 하세요.

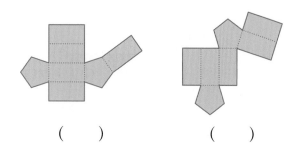

(   )   (   )

11 각기둥의 전개도가 될 수 있는 것을 찾아 기호를 쓰고, 그 각기둥의 이름을 써 보세요.

가   나

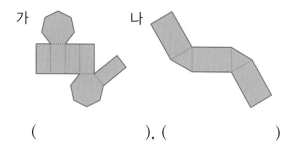

(   ), (   )

10 각기둥의 전개도가 될 수 <u>없는</u> 것을 찾아 기호를 쓰고, 이유를 써 보세요.

가   나

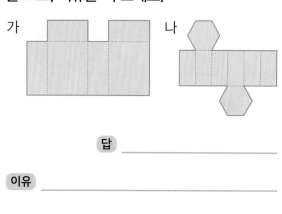

답 _____

이유 _____

_____

12 사각기둥의 전개도가 될 수 있는 것을 모두 찾아 기호를 써 보세요.

가   나

다   라

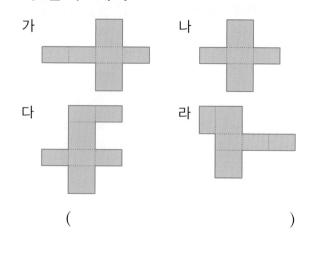

(   )

➜ 바른답·알찬풀이 13쪽

유형 4 각기둥의 전개도 그리기

삼각기둥의 전개도를 완성해 보세요.

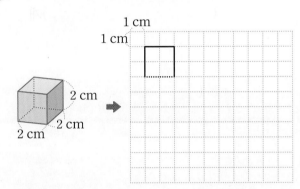

각기둥의 전개도 그리기

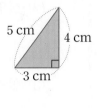

접었을 때 맞닿는 선분은 길이가 같도록 그려야 해요.

접었을 때 면이 서로 겹치지 않게 그려야 해요.

13 사각기둥의 전개도를 완성해 보세요.

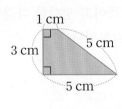

14 밑면의 모양이 오른쪽과 같고, 높이가 3 cm인 사각기둥의 전개도를 완성해 보세요.

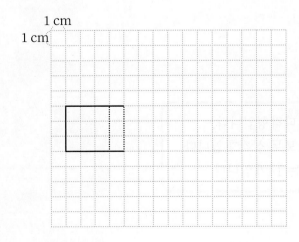

15 밑면의 모양이 오른쪽과 같고, 높이가 2 cm인 삼각기둥의 전개도를 서로 다른 모양으로 2개 그려 보세요.

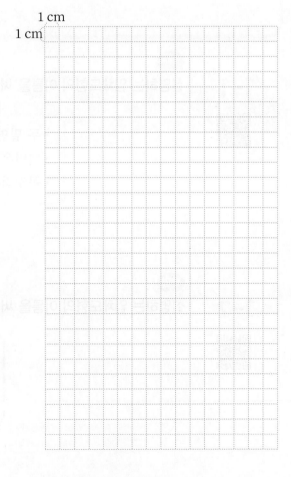

응용유형 **1** 설명하는 입체도형의 이름 찾기

문제해결 추론

설명하는 입체도형의 이름을 써 보세요.

> • 두 밑면은 서로 합동이고 평행한 다각형입니다.
> • 옆면은 모두 직사각형입니다.
> • 모서리는 15개입니다.

(1) 알맞은 말에 ○표 하세요.

> 두 밑면은 서로 합동이고 평행한 다각형이고, 옆면은 모두 직사각형이므로
> (각기둥 , 각뿔)입니다.

(2) 설명하는 입체도형의 한 밑면의 변의 수를 구해 보세요.

( )개

(3) 설명하는 입체도형의 이름을 써 보세요.

( )

유사

1-1 설명하는 입체도형의 이름을 써 보세요.

> • 두 밑면은 서로 합동이고 평행한 다각형입니다.
> • 옆면은 모두 직사각형입니다.
> • 꼭짓점은 12개입니다.

( )

변형

1-2 설명하는 입체도형의 이름을 써 보세요.

> • 밑면은 다각형입니다.
> • 옆면은 모두 삼각형입니다.
> • 모서리는 14개입니다.

( )

→ 바른답·알찬풀이 **15**쪽

응용유형 2 **모서리의 합 구하기**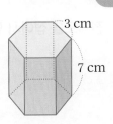

오른쪽 각기둥의 밑면이 정육각형일 때 각기둥의 모든 모서리의 합은 몇 cm 인지 구해 보세요.

3 cm

7 cm

(1) 길이가 3 cm인 모서리는 몇 개인가요?

( )개

(2) 길이가 7 cm인 모서리는 몇 개인가요?

( )개

(3) 각기둥의 모든 모서리의 합은 몇 cm인가요?

( ) cm

유사

2-1 오른쪽 각기둥의 밑면이 정칠각형일 때 각기둥의 모든 모서리의 합은 몇 cm인지 구해 보세요.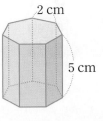

2 cm

5 cm

( ) cm

변형

2-2 오른쪽 각기둥의 밑면은 정오각형이고 각기둥의 모든 모서리의 합이 70 cm일 때, ☐ 안에 알맞은 수를 구해 보세요.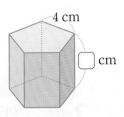

4 cm

☐ cm

( )

 미리보기

다면체는 둘러싸인 면의 개수에 따라 사면체, 오면체, 육면체, … 라고 합니다.

예 삼각뿔은 면이 4개이므로 사면체입니다.

삼각기둥은 면이 5개이므로 ☐입니다.

다각형인 면으로만 둘러싸인 입체도형을 **다면체**라고 해요.

답 오면체

응용유형 3 각기둥의 구성 요소의 수 구하기

전개도를 접어서 만든 각기둥의 면의 수와 꼭짓점의 수의 합을 구해 보세요.

(1) 전개도를 접어서 만든 각기둥의 이름을 써 보세요.

(   )

(2) 전개도를 접어서 만든 각기둥의 면의 수와 꼭짓점의 수의 합을 구해 보세요.

(   )개

3-1 전개도를 접어서 만든 각기둥의 모서리의 수와 꼭짓점의 수의 차를 구해 보세요.

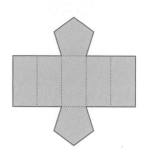

(   )개

3-2 어떤 각기둥의 옆면만 그린 전개도의 일부분입니다. 이 각기둥의 모서리의 수와 면의 수의 합을 구해 보세요.

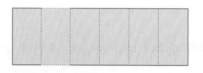

(   )개

→ 바른답·알찬풀이 **15**쪽

응용유형 4 **각기둥의 전개도의 활용**

밑면이 정오각형인 오른쪽 각기둥의 전개도에서 빨간선의 길이가 46 cm일 때, 전개도를 접어서 만든 각기둥의 높이는 몇 cm인지 구해 보세요.

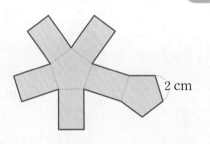

(1) 빨간선에서 길이가 2 cm인 선분의 길이의 합을 구해 보세요.

(   ) cm

(2) 빨간선에서 각기둥의 높이와 길이가 같은 선분의 길이의 합을 구해 보세요.

(   ) cm

(3) 전개도를 접어서 만든 각기둥의 높이는 몇 cm인가요?

(   ) cm

유사

4-1

밑면이 정육각형인 오른쪽 각기둥의 전개도에서 빨간선의 길이가 70 cm일 때, 전개도를 접어서 만든 각기둥의 높이는 몇 cm인지 구해 보세요.

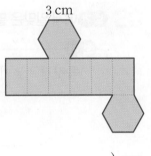

(   ) cm

변형

4-2

밑면이 사각형인 오른쪽 각기둥의 전개도에서 파란선의 길이가 34 cm일 때, 전개도를 접어서 만든 각기둥의 높이는 몇 cm인지 구해 보세요.

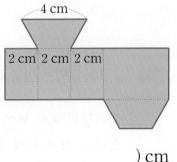

(   ) cm

2. 각기둥과 각뿔

한 문항당 배점은 5점입니다.

점수
점

[01~02] 입체도형을 보고 물음에 답하세요.

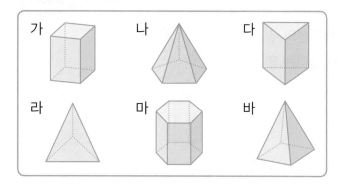

가　나　다
라　마　바

01 각기둥을 모두 찾아 기호를 써 보세요.

(　　　　　　　　　　)

02 각뿔을 모두 찾아 기호를 써 보세요.

(　　　　　　　　　　)

03 보기 에서 알맞은 말을 골라 ☐ 안에 써넣으세요.

보기

꼭짓점　높이　모서리　밑면　옆면

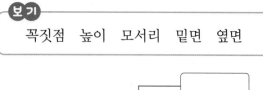

04 ☐ 안에 알맞은 말을 써넣으세요.

각기둥의 모든 면이 이어지도록 모서리를 잘라서 평면 위에 펼친 그림을 각기둥의 ☐☐☐ 라고 합니다.

05 각뿔에서 모서리를 모두 파란색, 꼭짓점을 모두 빨간색으로 표시해 보세요.

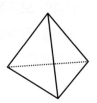

06 각기둥의 이름을 찾아 ○표 하세요.

삼각기둥

사각기둥

중요

07 밑면의 모양이 오른쪽과 같은 각뿔의 이름을 써 보세요.

(　　　　　　　　　　)

08 오른쪽 각뿔에서 면 ㄴㄷㄹ이 밑면일 때 옆면을 모두 찾아 써 보세요.

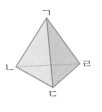

(　　　　　　　　　　)

09 칠각기둥의 면의 수와 모서리의 수를 각각 구해 보세요.

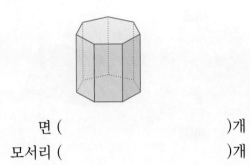

면 ( )개

모서리 ( )개

10 꼭짓점이 8개인 입체도형을 찾아 이름을 써 보세요.

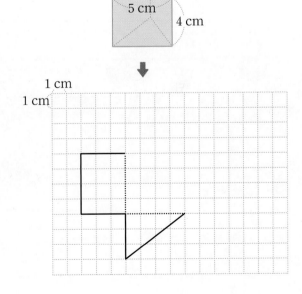

( )

11 삼각기둥의 전개도를 완성해 보세요.

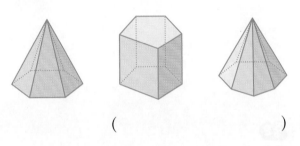

12 각기둥과 각기둥의 전개도를 보고 ▢ 안에 알맞은 수를 써넣으세요.

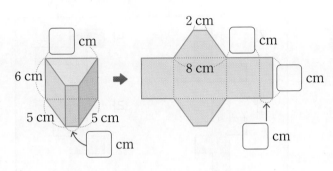

[13~14] 전개도를 보고 물음에 답하세요.

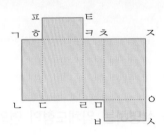

13 전개도를 접었을 때 점 ㄱ과 만나는 점을 모두 찾아 써 보세요.

( )

14 전개도를 접었을 때 선분 ㅍㅌ과 맞닿는 선분을 찾아 써 보세요.

( )

15 각기둥과 각뿔에 대해 바르게 설명한 것을 모두 찾아 기호를 써 보세요.

> ㉠ 각기둥은 서로 합동이고 평행한 두 면이 있습니다.
> ㉡ 각뿔의 옆면은 직사각형입니다.
> ㉢ 각뿔의 면의 수와 꼭짓점의 수는 같습니다.

( )

16 사각기둥의 전개도가 될 수 <u>없는</u> 것을 찾아 기호를 써 보세요.

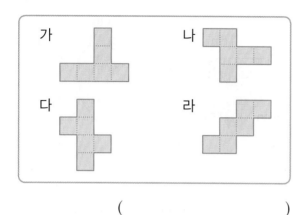

가   나

다   라

(   )

17 세희가 설명하는 입체도형의 면의 수를 구해 보세요.

밑면은 팔각형이고
옆면은 모두 삼각형이에요.

세희

(   )개

응용
18 설명하는 입체도형의 이름을 써 보세요.

• 두 밑면은 서로 합동이고 평행한 다각형입니다.
• 옆면은 모두 직사각형입니다.
• 모서리는 27개입니다.

(   )

서술형 문제

19 다음 입체도형이 각뿔이 <u>아닌</u> 이유를 써 보세요.

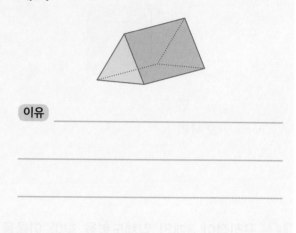

이유 _____

_____

_____

중요
20 사각뿔의 꼭짓점의 수와 모서리의 수의 합은 몇 개인지 풀이 과정을 쓰고, 답을 구해 보세요.

풀이 _____

_____

_____

_____

답 _____ 개

2. 각기둥과 각뿔

01 ☐ 안에 알맞은 말을 써넣으세요.

 , , 등과 같이 두 면이

서로 합동이고 평행한 다각형인 입체도형

을 ☐ 이라고 합니다.

02 각뿔에 모두 ○표 하세요.

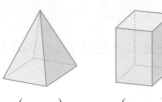 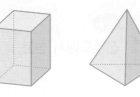

( )   ( )   ( )

03 보기 에서 알맞은 말을 골라 ☐ 안에 써넣으세요.

보기

각뿔의 꼭짓점   꼭짓점
높이   모서리

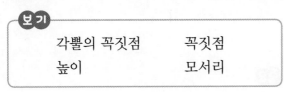

04 입체도형의 이름을 써 보세요.

( )

05 삼각기둥에 대해 바르게 설명한 것에 ○표, 잘못 설명한 것에 ✕표 하세요.

(1) 꼭짓점은 8개입니다.   ( )

(2) 모서리는 9개입니다.   ( )

06 전개도를 접으면 어떤 입체도형이 되나요?

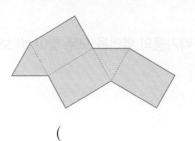

( )

07 오각기둥의 전개도가 될 수 있는 것에 ○표 하세요.

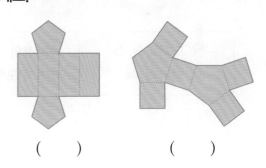

( )   ( )

08 밑면과 옆면의 모양이 다음과 같은 입체도형의 이름을 써 보세요.

밑면	옆면

( )

[09~10] 각기둥을 보고 물음에 답하세요.

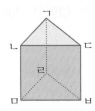

09 각기둥의 밑면을 모두 찾아 써 보세요.

( )

10 각기둥의 옆면을 모두 찾아 써 보세요.

( )

11 육각기둥과 육각뿔의 같은 점을 모두 찾아 기호를 써 보세요.

> ㉠ 모서리의 수　　㉡ 꼭짓점의 수
> ㉢ 옆면의 수　　　㉣ 밑면의 모양

( )

12 수가 가장 큰 것을 찾아 기호를 써 보세요.

> ㉠ 사각기둥의 모서리의 수
> ㉡ 팔각뿔의 꼭짓점의 수
> ㉢ 삼각기둥의 면의 수

( )

13 전개도를 접었을 때, 선분 ㄷㄹ과 맞닿는 선분과 면 ㅌㅍㅊㅋ과 평행한 면을 차례로 써 보세요.

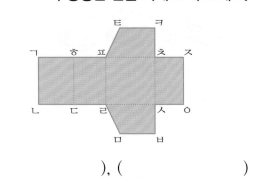

( ), ( )

응용

14 전개도에서 선분 ㄷㅈ은 몇 cm인가요?

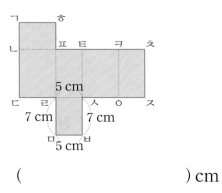

( ) cm

중요

15 사각기둥의 전개도를 그려 보세요.

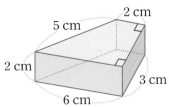

중요

16 각기둥과 각뿔에 대해 <u>잘못</u> 설명한 것을 찾아 기호를 써 보세요.

> ㉠ 구각기둥의 면은 11개입니다.
> ㉡ 십각뿔의 꼭짓점은 11개입니다.
> ㉢ 오각기둥의 면의 수는 칠각뿔의 모서리의 수와 같습니다.

(   )

17 각기둥의 밑면이 정팔각형일 때 각기둥의 모든 모서리의 합은 몇 cm인지 구해 보세요.

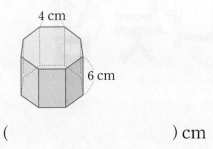

4 cm

6 cm

(   ) cm

응용

18 전개도를 접어서 만든 각기둥의 모서리의 수와 꼭짓점의 수의 차를 구해 보세요.

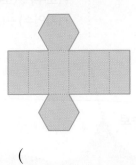

(   )개

서술형 문제

19 옆면이 7개인 각기둥의 이름은 무엇인지 풀이 과정을 쓰고, 답을 구해 보세요.

풀이 _____

_____

_____

_____

답 _____

20 각기둥과 각뿔의 높이의 차는 몇 cm인지 풀이 과정을 쓰고, 답을 구해 보세요.

7 cm   10 cm   9 cm

4 cm   6 cm

풀이 _____

_____

_____

답 _____ cm

3

소수의 나눗셈

무엇을 배울까요?

단원의 공부 계획을 세우고,
공부한 내용을 얼마나 이해했는지 스스로 평가해 보세요.

☆☆☆ 자신있게 설명할 수 있어요.   ☆☆ 설명하기 조금 힘들어요.   ☆ 어려워서 설명할 수 없어요.

1 (소수)÷(자연수)를 알아봐요 (1)

▶ 각 자리에서 나누어떨어지는 (소수)÷(자연수)

보리차 2.4 L를 병 2개에 똑같이 나누어 담으려고 해요.
한 병에 담아야 하는 보리차는 몇 L인지 어떻게 구할 수 있을까요?

탐구

2.4÷2를 구해 볼까요?

➡

① 2개와 ⓞⅰ 4개를 똑같이
2묶음으로 나누면 한 묶음에
① 이 1개, ⓞⅰ 이 2개입니다.

$$2.4 \div 2 = 1.2$$

Q 93.6÷3과 9.36÷3 계산하기

분수의 나눗셈으로 계산하기

$$93.6 \div 3 = \frac{936}{10} \div 3 = \frac{\overset{312}{\cancel{936}}}{10} \times \frac{1}{\underset{1}{\cancel{3}}} = \frac{312}{10} = 31.2$$

$$9.36 \div 3 = \frac{936}{100} \div 3 = \frac{\overset{312}{\cancel{936}}}{100} \times \frac{1}{\underset{1}{\cancel{3}}} = \frac{312}{100} = 3.12$$

자연수의 나눗셈을 이용하여 계산하기

$$936 \div 3 = 312$$

$\frac{1}{100}$배 $\frac{1}{10}$배

$$93.6 \div 3 = 31.2$$

$\frac{1}{10}$배 $\frac{1}{100}$배

$$9.36 \div 3 = 3.12$$

나누어지는 수가
$\frac{1}{10}$배가 되면
몫도 $\frac{1}{10}$배가 돼요.

이미지로 개념 콕

나누어지는 수가 $\frac{1}{10}$배가 되면 몫도 $\frac{1}{10}$배!

$$369 \div 3 = 123$$

$\frac{1}{10}$배 $\frac{1}{10}$배

$$36.9 \div 3 = \boxed{12.3}$$

나누어지는 수가 $\frac{1}{100}$배가 되면 몫도 $\frac{1}{100}$배!

$$369 \div 3 = 123$$

$\frac{1}{100}$배 $\frac{1}{100}$배

$$3.69 \div 3 = \boxed{1.23}$$

1 수 모형을 보고 ☐ 안에 알맞은 수를 써넣으세요.

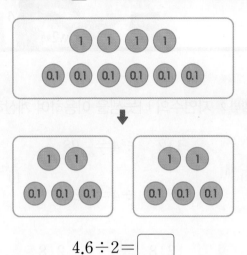

$$4.6 \div 2 = \boxed{}$$

2 ☐ 안에 알맞은 수를 써넣으세요.

(1) $66.9 \div 3 = \dfrac{\boxed{}}{10} \div 3 = \dfrac{\boxed{}}{10} \times \dfrac{1}{\boxed{}}$

$= \dfrac{\boxed{}}{10} = \boxed{}$

(2) $6.69 \div 3 = \dfrac{\boxed{}}{100} \div 3 = \dfrac{\boxed{}}{100} \times \dfrac{1}{\boxed{}}$

$= \dfrac{\boxed{}}{100} = \boxed{}$

3 ☐ 안에 알맞은 수를 써넣으세요.

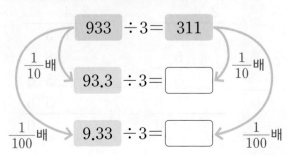

$933 \div 3 = 311$

$\frac{1}{10}$배 $\frac{1}{10}$배

$93.3 \div 3 = \boxed{}$

$\frac{1}{100}$배 $\frac{1}{100}$배

$9.33 \div 3 = \boxed{}$

4 자연수의 나눗셈을 이용하여 ☐ 안에 알맞은 수를 써넣으세요.

$$844 \div 4 = 211$$
$$84.4 \div 4 = \boxed{}$$
$$8.44 \div 4 = \boxed{}$$

5 ☐ 안에 알맞은 수를 써넣으세요.

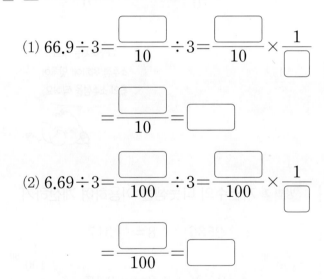

$\frac{1}{100}$배

$628 \div 2 = \boxed{}$

$6.28 \div 2 = \boxed{}$

$\boxed{}$배

6 계산해 보세요.

(1) $5.55 \div 5$

(2) $86.4 \div 2$

3

단원

공부한 날

월

일

(소수)÷(자연수)를 알아봐요 (2)

▶ 각 자리에서 나누어떨어지지 않는 (소수)÷(자연수)

밀가루 11.2 kg을 봉투 4개에 똑같이 나누어 담으면
한 봉투에는 밀가루가 몇 kg 담길까요?

❶ 11.2÷4를 계산해 볼까요?

개념 동영상

방법1 분수의 나눗셈으로 계산하기

$$11.2 \div 4 = \frac{112}{10} \div 4 = \frac{\overset{28}{\cancel{112}}}{10} \times \frac{1}{\underset{1}{\cancel{4}}}$$

$$= \frac{28}{10} = 2.8$$

방법2 자연수의 나눗셈을 이용하여 계산하기

$\frac{1}{10}$배 ⟶ $\boxed{112} \div 4 = \boxed{28}$ ⟵ $\frac{1}{10}$배

$\boxed{11.2} \div 4 = \boxed{2.8}$

```
      2 8
4 ) 1 1 2
      8
      3 2
      3 2
        0
```

```
      2.8
4 ) 1 1 2
      8
      3 2
      3 2
        0
```

나누어지는 수의
소수점 위치에 맞추어
몫의 소수점을 찍어요.

❷ 25.36÷8을 계산해 볼까요?

방법1 분수의 나눗셈으로 계산하기

$$25.36 \div 8 = \frac{2536}{100} \div 8 = \frac{\overset{317}{\cancel{2536}}}{100} \times \frac{1}{\underset{1}{\cancel{8}}}$$

$$= \frac{317}{100} = 3.17$$

방법2 자연수의 나눗셈을 이용하여 계산하기

$\frac{1}{100}$배 ⟶ $\boxed{2536} \div 8 = \boxed{317}$ ⟵ $\frac{1}{100}$배

$\boxed{25.36} \div 8 = \boxed{3.17}$

```
        3 1 7
8 ) 2 5 3 6
    2 4
      1 3
        8
        5 6
        5 6
          0
```

```
        3.1 7
8 ) 2 5 3 6
    2 4
      1 3
        8
        5 6
        5 6
          0
```

1 ☐ 안에 알맞은 수를 써넣으세요.

(1) $24.5 \div 7 = \dfrac{\boxed{}}{10} \div 7 = \dfrac{\boxed{}}{10} \times \dfrac{1}{\boxed{}}$

$= \dfrac{\boxed{}}{10} = \boxed{}$

(2) $9.56 \div 4 = \dfrac{\boxed{}}{100} \div 4 = \dfrac{\boxed{}}{100} \times \dfrac{1}{\boxed{}}$

$= \dfrac{\boxed{}}{100} = \boxed{}$

2 $1428 \div 6$의 몫을 보고, $14.28 \div 6$의 몫을 찾아 ○표 하세요.

$$1428 \div 6 = 238$$

| 2.38 | 23.8 | 238 |

3 ☐ 안에 알맞은 수를 써넣으세요.

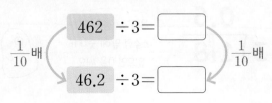

$462 \div 3 = \boxed{}$
$\frac{1}{10}$배
$46.2 \div 3 = \boxed{}$
$\frac{1}{10}$배

4 빈칸에 알맞은 수를 써넣으세요.

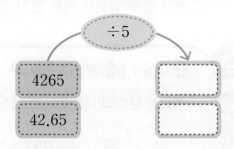

$\div 5$

| 4265 | |
| 42.65 | |

5 ☐ 안에 알맞은 수를 써넣으세요.

```
        8 . □ □
    3 ) 2 6 . 8 2
        2 4
        ─────
        □ □
        □ □
        ─────
          □ □
          □ □
        ─────
            0
```

6 계산해 보세요.

(1)
$$4) \overline{3\,1.2}$$

(2)
$$5) \overline{4\,7.5}$$

(3) $18.34 \div 7$

(4) $5.67 \div 3$

3 (소수)÷(자연수)를 알아봐요(3)

▶ 몫이 1보다 작은 소수인 (소수)÷(자연수)

빨간 끈 3.5 m, 파란 끈 5 m로 선물을 포장하려고 해요.
빨간 끈의 길이는 파란 끈의 길이의 몇 배인지 어떻게 구할 수 있을까요?

❶ 3.5÷5를 계산해 볼까요?

개념 동영상

방법 1 분수의 나눗셈으로 계산하기

$$3.5 \div 5 = \frac{35}{10} \div 5 = \overset{7}{\frac{35}{10}} \times \frac{1}{\underset{1}{5}}$$

$$= \frac{7}{10} = 0.7$$

방법 2 자연수의 나눗셈을 이용하여 계산하기

$\frac{1}{10}$배 $35 \div 5 = 7$ $\frac{1}{10}$배

$3.5 \div 5 = 0.7$

```
      7              0.7
  5)3 5          5)3.5
    3 5              3 5
      0                0
```

소수점 앞에 숫자가 없으면 0을 써야 해요.

❷ 8.55÷15를 계산해 볼까요?

방법 1 분수의 나눗셈으로 계산하기

$$8.55 \div 15 = \frac{855}{100} \div 15 = \overset{57}{\frac{855}{100}} \times \frac{1}{\underset{1}{15}}$$

$$= \frac{57}{100} = 0.57$$

방법 2 자연수의 나눗셈을 이용하여 계산하기

$\frac{1}{100}$배 $855 \div 15 = 57$ $\frac{1}{100}$배

$8.55 \div 15 = 0.57$

```
         5 7               0.5 7
  1 5)8 5 5         1 5)8.5 5
      7 5                 7 5
      1 0 5               1 0 5
      1 0 5               1 0 5
          0                   0
```

이미지로 개념 쏙쏙

```
  3)1.8   ➡   3)1.8   ➡   3)1.8
```
6 → 6 → 0.6

몫의 소수점을 찍고, 소수점 앞에 숫자가 없으면 0을 써요.

→ 바른답·알찬풀이 **19**쪽

1단계 개념탄탄

1 ☐ 안에 알맞은 수를 써넣으세요.

(1) $4.8 \div 6 = \dfrac{\boxed{}}{10} \div 6 = \dfrac{\boxed{}}{10} \times \dfrac{1}{6}$

$\quad\quad\quad = \dfrac{\boxed{}}{10} = \boxed{}$

(2) $5.92 \div 8 = \dfrac{\boxed{}}{100} \div 8 = \dfrac{\boxed{}}{100} \times \dfrac{1}{8}$

$\quad\quad\quad = \dfrac{\boxed{}}{100} = \boxed{}$

2 ☐ 안에 알맞은 수를 써넣으세요.

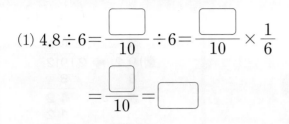

(1) $\dfrac{1}{10}$배 $\quad$ $27 \div 9 = \boxed{}$ $\quad$ $\dfrac{1}{10}$배

$\quad\quad\quad\quad 2.7 \div 9 = \boxed{}$

(2) $\dfrac{1}{100}$배 $\quad$ $114 \div 3 = \boxed{}$ $\quad$ $\dfrac{1}{100}$배

$\quad\quad\quad\quad 1.14 \div 3 = \boxed{}$

3 ☐ 안에 알맞은 수를 써넣으세요.

(1)
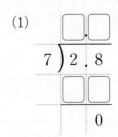

(2)

4 계산해 보세요.

(1) $8\,)\,\overline{5.6\,8}$

(2) $6\,)\,\overline{2.3\,4}$

(3) $6.3 \div 9$

(4) $8.12 \div 14$

5 작은 수를 큰 수로 나눈 몫을 빈칸에 써넣으세요.

4	2.92

6 몫이 0.67인 것에 ◯표 하세요.

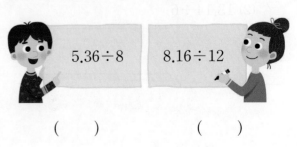

$5.36 \div 8$ $\qquad$ $8.16 \div 12$

(　　) $\qquad\qquad$ (　　)

유형 1 (소수)÷(자연수)(1), (2)

계산 결과를 찾아 이어 보세요.

3.39÷3 •　　　• 1.2

10.8÷9 •　　　• 1.17

4.68÷4 •　　　• 1.13

$$2\overline{)9.2} \Rightarrow 2\overline{)9.2}$$

나누어지는 수의 소수점 위치에 맞추어 몫의 소수점을 찍어요.

01 ㉮의 몫은 ㉯의 몫의 몇 배인가요?

㉮ 8.84÷4　　　㉯ 884÷4

(　　　　　　　)배

02 보기와 같은 방법으로 계산해 보세요.

보기

$$9.54 \div 3 = \frac{954}{100} \div 3 = \frac{\overset{318}{\cancel{954}}}{100} \times \frac{1}{\underset{1}{\cancel{3}}}$$

$$= \frac{318}{100} = 3.18$$

(1) 28.6÷2

(2) 13.14÷6

03 가장 큰 수를 6으로 나눈 몫을 구해 보세요.

49.92　　　55.98　　　47.34

(　　　　　　　　　　　　　)

04 몫이 큰 것부터 차례로 ◯ 안에 1, 2, 3을 써 넣으세요.

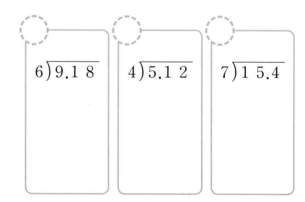

$$6\overline{)9.18}\qquad 4\overline{)5.12}\qquad 7\overline{)15.4}$$

유형 2 **(소수)÷(자연수)(3)**

빈칸에 알맞은 수를 써넣으세요.

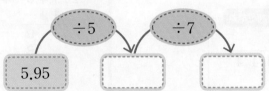

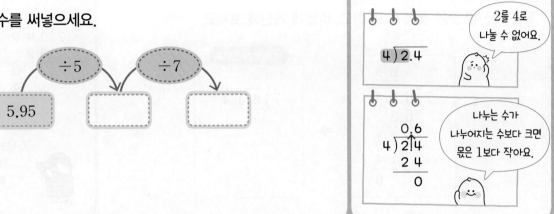

05 ㉠과 ㉡에 알맞은 수를 각각 구해 보세요.

$$6.84 \div 9 = \frac{684}{100} \times \frac{1}{9} = \frac{㉠}{100} = ㉡$$

㉠ (   )

㉡ (   )

06 빈칸에 알맞은 수를 써넣으세요.

| 4.68 | ÷3 | | ÷4 | |

07 ○ 안에 >, =, <를 알맞게 써넣으세요.

$$4.32 \div 6 \bigcirc 3.96 \div 6$$

서술형

08 몫이 1보다 작은 것은 어느 것인지 풀이 과정을 쓰고, 기호를 써 보세요.

㉠ 7.14÷3   ㉡ 5.36÷4   ㉢ 2.96÷8

풀이 _____

_____

_____

답 _____

유형 3 잘못 계산한 곳을 찾아 바르게 계산하기

잘못 계산한 곳을 찾아 ○표 하고, 바르게 계산해 보세요.

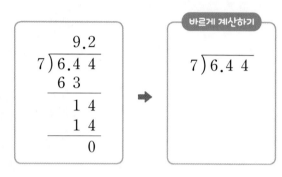

나누어지는 수의 소수점 위치와 몫의 소수점 위치를 확인해요!

---

09 자연수의 나눗셈을 이용하여 24.8÷2의 몫을 바르게 구한 친구는 누구인가요?

$$248 \div 2 = 124 \implies 24.8 \div 2 = \boxed{}$$

연우: 나누는 수가 2로 같으면 몫도 같으므로 24.8÷2의 몫은 124예요.

아현: 나누어지는 수가 $\frac{1}{10}$배가 되면 몫도 $\frac{1}{10}$배가 되므로 24.8÷2의 몫은 12.4예요.

(   )

---

11 잘못 계산한 곳을 찾아 ○표 하고, 바르게 계산해 보세요.

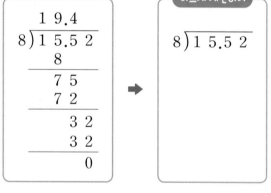

바르게 계산하기

$$8\overline{)15.52}$$

---

10 잘못 계산한 곳을 찾아 ○표 하고, 바르게 계산해 보세요.

$$17.2 \div 4 = \frac{172}{100} \times \frac{1}{4} = \frac{43}{100} = 0.43$$

바르게 계산하기

$17.2 \div 4$

---

12 몫을 잘못 구한 것을 찾아 기호를 쓰고, 몫을 바르게 구해 보세요.

㉠ $6.99 \div 3 = 2.33$
㉡ $3.84 \div 16 = 0.29$
㉢ $15.42 \div 3 = 5.14$

(   ), (   )

유형 4 (소수)÷(자연수)의 활용

채하는 자전거를 타고 일정한 빠르기로 8분 동안 2.96 km를 갔습니다.
채하가 자전거를 타고 1분 동안 간 거리는 몇 km인가요?

식 _____

답 _____ km

구하려고 하는 것 찾기 → 1분 동안 간 거리

주어진 조건 찾기 → ▲분 동안 간 거리 ■ km

식 세우기 → ■÷▲=●

답 구하기 → ● km

3
단원

공부한 날

월

일

13 둘레가 24.6 m인 정삼각형 모양의 울타리가
있습니다. 이 울타리의 한 변은 몇 m인가요?

식 _____

답 _____ m

15 넓이가 37.45 cm²인 직사각형이 있습니다.
세로가 5 cm일 때 가로는 몇 cm인가요?

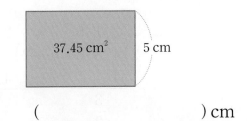

37.45 cm²   5 cm

(_____) cm

14 젤리를 선우는 6.75 g, 현아는 5 g 먹었습니다.
선우가 먹은 젤리의 양은 현아가 먹은 젤리의
양의 몇 배인가요?

(_____)배

서술형
16 어떤 수에 4를 곱했더니 3.08이 되었습니다.
어떤 수는 얼마인지 풀이 과정을 쓰고, 답을
구해 보세요.

풀이 _____

_____

_____

_____

답 _____

4 (소수)÷(자연수)를 알아봐요(4)

▶ 소수점 아래 0을 내려 계산하는 (소수)÷(자연수)

넓이가 4.3 m²인 직사각형 모양의 돗자리를 만들려고 해요.
세로가 2 m일 때 가로는 몇 m일지 어떻게 구할 수 있을까요?

탐구 4.3÷2를 계산해 볼까요?

개념 동영상

방법 1 분수의 나눗셈으로 계산하기

$$4.3 \div 2 = \frac{43}{10} \div 2 = \frac{43}{10} \times \frac{1}{2} = \frac{43}{20} \xrightarrow[\times 5]{\times 5} \frac{215}{100} = 2.15$$

방법 2 자연수의 나눗셈을 이용하여 계산하기

$$\frac{1}{100}배 \quad \boxed{430} \div 2 = \boxed{215} \quad \frac{1}{100}배$$

$$\boxed{4.3} \div 2 = \boxed{2.15}$$

```
  2 1 5
2)4 3 0
  4
    3
    2
    1 0
    1 0
        0
```
➡
```
    2
2)4.3
  4
    3
```
➡
```
  2 1
2)4.3
  4
    3
    2
    1
```
➡
```
  2.1 5
2)4.3 0
  4
    3
    2
    1 0
    1 0
        0
```

4.3과 4.30은 같아요.

이미지로 개념 콕

```
  2 9
2)5.9
  4
  1 9
  1 8
    ①
```
나누어떨어지지 않으면 소수점 아래 0을 내려서 계산해요.
➡
```
  2 9 5
2)5.9 0
  4
  1 9
  1 8
    1 0
    1 0
        0
```
➡
```
  2.9 5
2)5.9 0
  4
  1 9
  1 8
    1 0
    1 0
        0
```

1 □ 안에 알맞은 수를 써넣으세요.

(1) $3.7 \div 2 = \dfrac{\boxed{}}{10} \div 2 = \dfrac{\boxed{}}{10} \times \dfrac{1}{2}$

$= \dfrac{\boxed{}}{20} = \dfrac{\boxed{}}{100} = \boxed{}$

(2) $30.6 \div 5 = \dfrac{\boxed{}}{10} \div 5 = \dfrac{\boxed{}}{10} \times \dfrac{1}{5}$

$= \dfrac{\boxed{}}{50} = \dfrac{\boxed{}}{100} = \boxed{}$

2 □ 안에 알맞은 수를 써넣으세요.

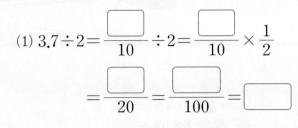

$\dfrac{1}{100}$배 $\quad 280 \div 5 = \boxed{} \quad \dfrac{1}{100}$배

$2.8 \div 5 = \boxed{}$

3 $81 \div 6$과 $810 \div 6$을 각각 계산해 보고, $8.1 \div 6$의 몫을 구해 보세요.

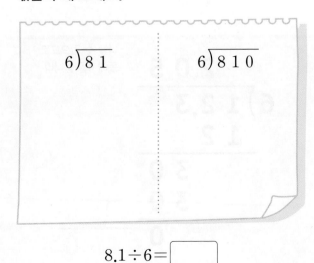

$6\,\overline{)8\,1} \qquad 6\,\overline{)8\,1\,0}$

$8.1 \div 6 = \boxed{}$

4 □ 안에 알맞은 수를 써넣으세요.

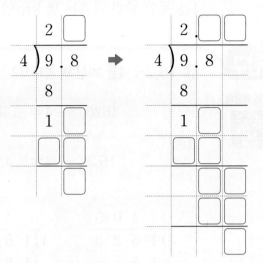

5 계산해 보세요.

(1)
$$8\,\overline{)5.2}$$

(2)
$$5\,\overline{)1\,2.3}$$

(3) $7.5 \div 2$

(4) $27.3 \div 6$

6 빈칸에 알맞은 수를 써넣으세요.

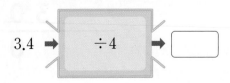

$3.4 \rightarrow \boxed{\div 4} \rightarrow \boxed{}$

(소수)÷(자연수)를 알아봐요(5)

▶ 몫의 소수점 아래에 0이 있는 (소수)÷(자연수)

고속 열차가 일정한 빠르기로 4분 동안 16.2 km를 달렸어요.
1분 동안 달린 거리는 몇 km인지 어떻게 구할 수 있을까요?

 탐구

❶ 16.2÷4를 계산해 볼까요?

 개념 동영상

$1620 ÷ 4 = 405$

$\frac{1}{100}$배

$16.2 ÷ 4 = 4.05$

$\frac{1}{100}$배

> 나누어야 할 수가 나누는 수보다 작은 경우에는 몫에 0을 쓰고 수를 하나 더 내려서 계산해요.

```
      4 0 5
4) 1 6 2 0
   1 6
       2 0
       2 0
         0
```

➡

```
      4
4) 1 6.2
   1 6
       2
```

➡

```
      4 0
4) 1 6.2
   1 6
       2
```

➡

```
      4.0 5
4) 1 6⦚2 0
   1 6
         2 0
         2 0
           0
```

❷ 0.4÷5를 계산해 볼까요?

$40 ÷ 5 = 8$

$\frac{1}{100}$배

$0.4 ÷ 5 = 0.08$

$\frac{1}{100}$배

```
        8
5) 4 0
   4 0
     0
```

```
5) 0.4
```

➡

```
    0.0 8
5) 0⦚4 0
     4 0
       0
```

> 소수점 앞에 숫자가 없으면 0을 써야 해요.

 이미지로 개념 쿡

```
    2.5
6) 1 2.3
   1 2
       3 0
       3 0
         0
```

┌─ 나눌 수 없으므로 몫에 0을 씁니다.

```
    2.0 5
6) 1 2.3
   1 2
       3 0
       3 0
         0
```

1단계 개념탄탄

연산 학습

→ 바른답·알찬풀이 **21** 쪽

1 820÷4＝205를 이용하여 8.2÷4의 몫을 찾아 ○표 하세요.

| 205 | 20.5 | 2.05 |

2 자연수의 나눗셈을 이용하여 ☐ 안에 알맞은 수를 써넣으세요.

(1) 618÷3＝206 ➡ 6.18÷3＝☐

(2) 4830÷6＝805 ➡ 48.3÷6＝☐

3 ☐ 안에 알맞은 수를 써넣으세요.

(1)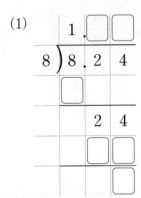

(2)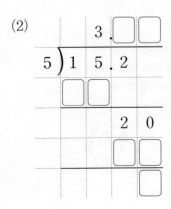

4 계산해 보세요.

(1) 7)0.4 9

(2) 6)4 2.3

(3) 9.18÷3

(4) 20.2÷4

5 0.3÷5의 몫을 찾아 색칠해 보세요.

 0.06   0.6    6

6 큰 수를 작은 수로 나눈 몫을 빈칸에 써넣으세요.

8	24.4

6 (자연수)÷(자연수)를 알아봐요

점토 6 kg을 5명이 똑같이 나누어 가지려고 해요.
한 사람이 가질 수 있는 점토는 몇 kg인지 어떻게 구할 수 있을까요?

❶ 6÷5를 계산해 볼까요?

개념 동영상

방법 1 분수로 나타내어 계산하기

$$6÷5 = \frac{6}{5} = \frac{12}{10} = 1.2$$

($\times 2$ 위, $\times 2$ 아래)

방법 2 세로로 계산하기

$$5)\overline{6} \Rightarrow 5)\overline{6.0}$$

6과 6.0은 같아요.

❷ 3÷4를 계산해 볼까요?

방법 1 분수로 나타내어 계산하기

$$3÷4 = \frac{3}{4} = \frac{75}{100} = 0.75$$

($\times 25$ 위, $\times 25$ 아래)

방법 2 세로로 계산하기

$$4)\overline{3} \Rightarrow 4)\overline{3.0} \Rightarrow 4)\overline{3.00}$$

나누어지는 수인 자연수 바로 뒤에 맞추어 몫의 소수점을 찍어요.

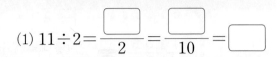

1 ☐ 안에 알맞은 수를 써넣으세요.

(1) $11 \div 2 = \dfrac{\boxed{}}{2} = \dfrac{\boxed{}}{10} = \boxed{}$

(2) $17 \div 20 = \dfrac{\boxed{}}{20} = \dfrac{\boxed{}}{100} = \boxed{}$

2 ☐ 안에 알맞은 수를 써넣으세요.

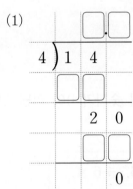

3 ☐ 안에 알맞은 수를 써넣으세요.

(1)

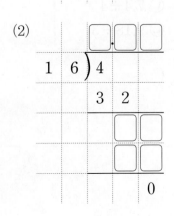

(2)

4 계산해 보세요.

(1) $2\overline{)5}$

(2) $2\,5\overline{)8}$

(3) $39 \div 6$

(4) $84 \div 15$

5 빈칸에 알맞은 수를 써넣으세요.

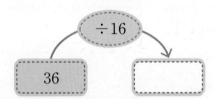

$\div 16$

36

6 계산 결과를 찾아 이어 보세요.

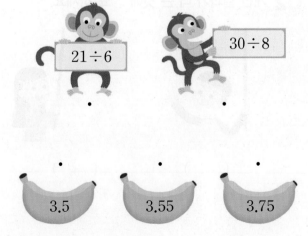

$21 \div 6$

$30 \div 8$

3.5   3.55   3.75

3
단원

공부한 날

월

일

유형 1 (소수)÷(자연수)(4), (5)

몫이 가장 작은 것을 찾아 기호를 써 보세요.

> ㉠ 8.28÷4   ㉡ 6.6÷4   ㉢ 12.3÷6

(   )

0을 내려서 계산해요.

---

01 보기와 같은 방법으로 계산해 보세요.

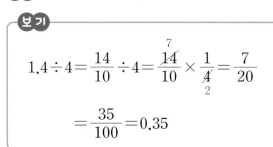

보기

$$1.4÷4=\frac{14}{10}÷4=\frac{\overset{7}{14}}{10}×\frac{1}{\underset{2}{4}}=\frac{7}{20}$$

$$=\frac{35}{100}=0.35$$

(1) 3.5÷2

_____

(2) 26.8÷8

_____

02 계산 결과가 더 큰 것에 ○표 하세요.

18.72÷9   11.3÷5

(   )   (   )

---

03 잘못 계산한 곳을 찾아 ○표 하고, 바르게 계산해 보세요.

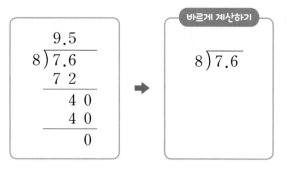

바르게 계산하기

$8\overline{)7.6}$

04 몫의 소수 첫째 자리 숫자가 0이 <u>아닌</u> 것의 기호를 써 보세요.

> ㉠ 6.3÷6
> ㉡ 7.4÷4
> ㉢ 9.18÷3

(   )

→ 바른답·알찬풀이 **22**쪽

유형 **2** (자연수)÷(자연수)

가장 큰 수를 가장 작은 수로 나눈 몫을 구해 보세요.

| 11 23 8 4 15 |

(   )

$$
\begin{array}{r} 1 \\ 4\overline{)6} \\ 4 \\ \hline 2 \end{array}
\Rightarrow
\begin{array}{r} 1\,5 \\ 4\overline{)6.0} \\ 4 \\ \hline 2\,0 \\ 2\,0 \\ \hline 0 \end{array}
\Rightarrow
\begin{array}{r} 1.5 \\ 4\overline{)6\,0} \\ 4 \\ \hline 2\,0 \\ 2\,0 \\ \hline 0 \end{array}
$$

6을 6.0으로 생각하여 나누어떨어질 때까지 계산해요.

3 단원

공부한 날

월

일

05 육각형 안에 있는 수를 원 안에 있는 수로 나눈 몫을 구해 보세요.

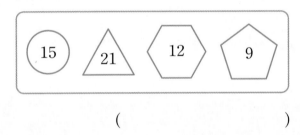

15 21 12 9

(   )

06 몫이 큰 것부터 차례로 글자를 써 보세요.

| 55÷20 | 20÷8 | 14÷5 |

대   작   기

(   )

07 몫이 다른 하나에 ◯표 하세요.

| 91÷35 | 60÷25 | 36÷15 |

(   )   (   )   (   )

서술형
08 1부터 9까지의 자연수 중에서 ☐ 안에 들어갈 수 있는 수는 모두 몇 개인지 풀이 과정을 쓰고, 답을 구해 보세요.

17÷4<☐

풀이 _____

_____

_____

_____

답 _____ 개

유형 3 (소수) ÷ (자연수), (자연수) ÷ (자연수)의 활용

주연이는 일주일 동안 우유를 7.35 L 마셨습니다. 매일 같은 양의 우유를 마셨다면 주연이가 하루에 마신 우유는 몇 L인가요?

식 _____

답 _____ L

■ L를 ▲일 동안 똑같이

■ kg을 ▲개에 똑같이

■는 ▲의 몇 배

■ ÷ ▲

09 벽면을 칠하는 데 빨간색 페인트를 22.3 L, 노란색 페인트를 5 L 사용했습니다. 사용한 빨간색 페인트양은 노란색 페인트양의 몇 배인가요?

식 _____

답 _____ 배

10 연료 15 L로 186 km를 가는 자동차가 있습니다. 이 자동차가 연료 1 L로 갈 수 있는 거리는 몇 km인가요?

(_____) km

11 리본 66 m를 12명에게 똑같이 나누어 주려고 합니다. 한 명이 받을 수 있는 리본은 몇 m인가요?

(_____) m

서술형

12 방울토마토 21.2 kg을 5개의 상자에 똑같이 나누어 담았습니다. 한 상자에 담긴 방울토마토를 4명이 똑같이 나누어 먹는다면 한 명이 먹는 방울토마토는 몇 kg인지 풀이 과정을 쓰고, 답을 구해 보세요.

풀이 _____

_____

_____

_____

답 _____ kg

→ 바른답·알찬풀이 **22**쪽

3장의 수 카드 중에서 2장을 골라 한 번씩만 사용하여 가장 큰 소수 한 자리 수를 만들었습니다. 만든 소수 한 자리 수를 남은 수 카드의 수로 나눈 몫을 구해 보세요.

8   6   4

(   )

1   2   3   4

수 카드 2장을 골라 만들 수 있는 가장 큰 소수 한 자리 수 ← 4.3

수 카드 2장을 골라 만들 수 있는 가장 작은 소수 한 자리 수 ← 1.2

3
단원

공부한 날

월

일

13 3장의 수 카드 중에서 2장을 골라 한 번씩만 사용하여 가장 작은 소수 한 자리 수를 만들었습니다. 만든 소수 한 자리 수를 남은 수 카드의 수로 나눈 몫을 구해 보세요.

6   8   3

(   )

15 4장의 수 카드 중에서 2장을 골라 한 번씩만 사용하여 가장 작은 두 자리 수를 만들었습니다. 만든 두 자리 수를 4로 나눈 몫을 구해 보세요.

5   8   7   9

(   )

14 3장의 수 카드를 한 번씩 모두 사용하여 가장 큰 소수 한 자리 수를 만들었습니다. 만든 소수 한 자리 수를 5로 나눈 몫을 구해 보세요.

3   7   5

(   )

16 4장의 수 카드 중에서 3장을 골라 한 번씩만 사용하여 가장 큰 소수 두 자리 수를 만들었습니다. 만든 소수 두 자리 수를 3으로 나눈 몫을 구해 보세요.

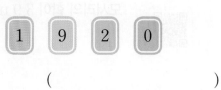

1   9   2   0

(   )

응용유형 1 한 모서리 구하기

문제해결 추론

다음 삼각뿔의 모든 모서리는 길이가 같습니다. 이 삼각뿔의 모든 모서리의 합이 9 m일 때 한 모서리는 몇 m인지 구해 보세요.

(1) 삼각뿔의 모서리는 모두 몇 개인가요?

( )개

(2) 삼각뿔의 한 모서리는 몇 m인가요?

( ) m

유사

1-1 오른쪽 사각뿔의 모든 모서리는 길이가 같습니다. 이 사각뿔의 모든 모서리의 합이 16.4 cm일 때 한 모서리는 몇 cm인가요?

( ) cm

변형

1-2 오른쪽 오각기둥의 모든 모서리는 길이가 같습니다. 이 오각기둥의 모든 모서리의 합이 3.9 m일 때 한 모서리는 몇 m인가요?

( ) m

➔ 바른답·알찬풀이 23쪽

응용유형 2 물건 한 개의 무게 비교하기

포도주스 4.5 L를 병 5개에 똑같이 나누어 담고, 레몬주스 6 L를 병 8개에 똑같이 나누어 담았습니다. 한 병에 담긴 포도주스와 레몬주스 중에서 어느 것이 몇 L 더 많은지 구해 보세요.

(1) 한 병에 담긴 포도주스의 양은 몇 L인가요?

(   ) L

(2) 한 병에 담긴 레몬주스의 양은 몇 L인가요?

(   ) L

(3) 한 병에 담긴 포도주스와 레몬주스 중에서 어느 것이 몇 L 더 많은가요?

(   ), (   ) L

3 단원

공부한 날

월

일

유사

2-1

가 회사에서 만든 똑같은 노트북 4대의 무게는 6.4 kg이고, 나 회사에서 만든 똑같은 노트북 6대의 무게는 7.5 kg입니다. 어느 회사에서 만든 노트북 한 대가 몇 kg 더 가벼운지 구해 보세요.

(   ) 회사, (   ) kg

변형

2-2

무게가 같은 사과 3개를 담은 바구니의 무게는 2.49 kg이고, 무게가 같은 복숭아 5개를 담은 바구니의 무게는 4.81 kg입니다. 빈 바구니의 무게가 0.51 kg일 때, 사과 한 개와 복숭아 한 개 중에서 어느 것이 몇 kg 더 무거운지 구해 보세요.

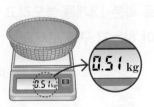  

(   ), (   ) kg

응용유형 3   두 지점 사이의 거리 구하기

문제해결 추론

그림과 같이 길이가 31.15 m인 길에 같은 간격으로 나무 8그루를 심으려고 합니다. 나무를 몇 m 간격으로 심어야 하는지 구해 보세요. (단, 나무의 두께는 생각하지 않습니다.)

········· 31.15 m ·········

(1) 나무 사이의 간격은 모두 몇 군데인가요?

(   )군데

(2) 나무를 몇 m 간격으로 심어야 할까요?

(   ) m

유사

3-1

그림과 같이 길이가 26.8 km인 도로에 같은 간격으로 안전 표지판 9개를 설치하려고 합니다. 안전 표지판을 몇 km 간격으로 설치해야 하는지 구해 보세요.

(단, 안전 표지판의 두께는 생각하지 않습니다.)

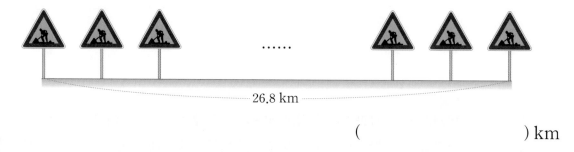

(   ) km

변형

3-2

그림과 같이 길이가 48.9 m인 산책로에 같은 간격으로 화분 13개를 놓으려고 합니다. 화분 한 개의 너비가 0.3 m일 때 화분을 몇 m 간격으로 놓아야 하는지 구해 보세요.

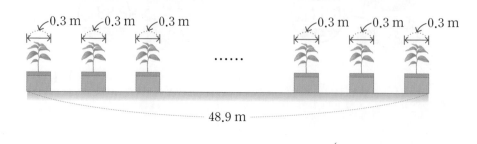

(   ) m

→ 바른답·알찬풀이 **23**쪽

응용유형 4 수 카드로 몫이 가장 큰(작은) 나눗셈 만들기

문제해결 추론

수 카드 4 , 6 , 5 , 8 중에서 2장을 골라 한 번씩만 사용하여 몫이 가장 작은

(한 자리 수)÷(한 자리 수)를 만들려고 합니다. 몫을 구해 보세요.

(1) 알맞은 말에 ◯표 하세요.

> 몫을 가장 작게 하려면 나누어지는 수에 (가장 작은 수 , 가장 큰 수)를 쓰고,
> 나누는 수에 (가장 작은 수 , 가장 큰 수)를 씁니다.

(2) 몫이 가장 작은 (한 자리 수)÷(한 자리 수)를 만들어 보세요.

☐ ÷ ☐

(3) 만든 나눗셈의 몫을 구해 보세요.

(   )

3
단원

공부한 날

월

일

유사

4-1

수 카드 2 , 5 , 4 , 3 중에서 3장을 골라 한 번씩만 사용하여 몫이 가장 작은

(소수 한 자리 수)÷(한 자리 수)를 만들려고 합니다. ☐ 안에 알맞은 수를 써넣고, 몫을 구해

보세요.

☐.☐ ÷ ☐

(   )

변형

4-2

수 카드 4 , 8 , 6 , 3 을 한 번씩만 사용하여 몫이 가장 큰

(소수 두 자리 수)÷(한 자리 수)를 만들려고 합니다. ☐ 안에 알맞은 수를 써넣고, 몫을 구해

보세요.

☐.☐☐ ÷ ☐

(   )

3. 소수의 나눗셈

01 ☐ 안에 알맞은 수를 써넣으세요.

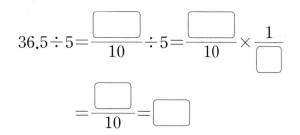

$36.5 \div 5 = \dfrac{\boxed{}}{10} \div 5 = \dfrac{\boxed{}}{10} \times \dfrac{1}{\boxed{}}$

$= \dfrac{\boxed{}}{10} = \boxed{}$

02 자연수의 나눗셈을 이용하여 ☐ 안에 알맞은 수를 써넣으세요.

$624 \div 2 = 312$

$62.4 \div 2 = \boxed{}$

$6.24 \div 2 = \boxed{}$

03 $966 \div 3 = 322$를 이용하여 소수의 나눗셈을 바르게 계산한 것에 ○표 하세요.

$9.66 \div 3 = 3.22$ $9.66 \div 3 = 32.2$

(   )   (   )

04 계산해 보세요.

$6\,)\overline{8\ 3.4}$

05 $3240 \div 8$을 계산하고 $32.4 \div 8$의 몫을 찾아 색칠하세요.

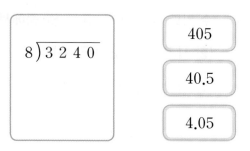

$8\,)\overline{3\ 2\ 4\ 0}$

405

40.5

4.05

06 ☐ 안에 알맞은 수를 써넣으세요.

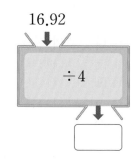

16.92

$\div 4$

중요
07 작은 수를 큰 수로 나눈 몫을 구해 보세요.

8   7.52

(   )

08 길이가 14.28 m인 색 테이프를 7등분했습니다. ☐ 안에 알맞은 수를 써넣으세요.

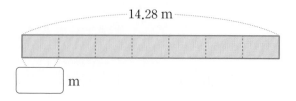

14.28 m

☐ m

09 빈칸에 알맞은 수를 써넣으세요.

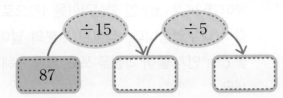

10 계산 결과가 더 큰 것에 ◯표 하세요.

$3.76 \div 8$	$3.24 \div 9$

(   )   (   )

^{중요}
11 길이가 6 m인 나무 막대의 무게는 23.1 kg입니다. 이 나무 막대 1 m의 무게는 몇 kg인가요?

(   ) kg

12 몫이 큰 것부터 차례로 ◯ 안에 1, 2, 3을 써넣으세요.

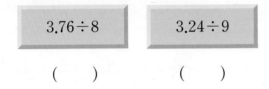

13 몫이 소수 두 자리 수인 것을 모두 찾아 기호를 써 보세요.

㉠ $11 \div 5$	㉡ $7 \div 4$
㉢ $21 \div 2$	㉣ $20 \div 16$

(   )

14 3장의 수 카드 중에서 2장을 골라 가장 큰 소수 한 자리 수를 만들었습니다. 만든 소수 한 자리 수를 남은 수 카드의 수로 나눈 몫을 구해 보세요.

(   )

^{응용}
15 무게가 같은 멜론 7통을 담은 상자의 무게는 11.74 kg입니다. 빈 상자의 무게가 0.4 kg일 때 멜론 한 통의 무게는 몇 kg인가요?

(   ) kg

16 태우네 모둠 친구들의 100 m 달리기 기록을 나타낸 표입니다. 100 m 달리기 기록의 평균을 구해 보세요.

100 m 달리기 기록

이름	태우	우정	서진	영현
기록(초)	15	17	14	16

(   )초

17 다음 삼각뿔의 모든 모서리는 길이가 같습니다. 모든 모서리의 합이 42.3 cm일 때 한 모서리는 몇 cm인가요?

(   ) cm

18 똑같은 토끼 인형 15개의 무게는 6.75 kg이고, 똑같은 펭귄 인형 12개의 무게는 7.68 kg입니다. 어느 인형 한 개가 몇 kg 더 무거운지 구해 보세요.

(   ) 인형
(   ) kg

 문제

19 넓이가 36.2 cm²인 정삼각형을 4칸으로 똑같이 나누었습니다. 색칠된 부분의 넓이는 몇 cm²인지 풀이 과정을 쓰고, 답을 구해 보세요.

풀이 _____

_____

_____

답 _____ cm²

20 □ 안에 들어갈 수 있는 자연수 중에서 가장 큰 수를 구하는 풀이 과정을 쓰고, 답을 구해 보세요.

$$65.4 \div 3 > \square$$

풀이 _____

_____

_____

답 _____

3. 소수의 나눗셈

점수

점

01 ☐ 안에 알맞은 수를 써넣으세요.

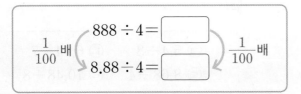

$888 \div 4 =$ ☐

$\frac{1}{100}$배

$8.88 \div 4 =$ ☐

$\frac{1}{100}$배

02 ㉮의 몫은 ㉯의 몫의 몇 배인가요?

㉮ $64.2 \div 2$ ㉯ $642 \div 2$

(   )배

03 보기 와 같은 방법으로 계산해 보세요.

보기

$$3.7 \div 2 = \frac{37}{10} \div 2 = \frac{37}{10} \times \frac{1}{2} = \frac{37}{20}$$
$$= \frac{185}{100} = 1.85$$

$8.2 \div 5$

_____

_____

중요
04 자연수의 나눗셈을 이용하여 몫을 바르게 구한 것의 기호를 써 보세요.

㉠ $987 \div 3 = 329$ ➡ $98.7 \div 3 = 32.9$

㉡ $1584 \div 8 = 198$ ➡ $15.84 \div 8 = 19.8$

(   )

05 계산해 보세요.

$$6 \overline{)4\,8.3}$$

3
단원

공부한 날

월

일

06 빈칸에 알맞은 수를 써넣으세요.

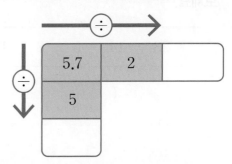

07 큰 수를 작은 수로 나눈 몫을 빈칸에 써넣으세요.

12.3	6

08 ◯ 안에 >, =, <를 알맞게 써넣으세요.

$4.72 \div 8$ ◯ $6.39 \div 9$

09 두 나눗셈의 몫의 차를 구해 보세요.

$$1.5 \div 6 \qquad 11.4 \div 5$$

( )

10 가장 큰 수를 가장 작은 수로 나눈 몫을 구해 보세요.

| 23 | 14 | 5 | 8 | 17 |

( )

11 계산 결과를 찾아 이어 보세요.

$18.24 \div 6$	•		•	3.04
$21.49 \div 7$	•		•	3.05
$24.4 \div 8$	•		•	3.07

12 둘레가 14.8 cm인 정사각형의 한 변은 몇 cm 인가요?

( ) cm

13 몫이 1보다 작은 나눗셈을 찾아 기호를 써 보세요.

㉠ $5.4 \div 3$ ㉡ $6.44 \div 7$
㉢ $8.68 \div 4$ ㉣ $10.48 \div 8$

( )

중요
14 잘못 계산한 곳을 찾아 ○표 하고, 바르게 계산 해 보세요.

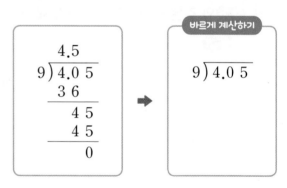

바르게 계산하기

응용
15 양초가 한 시간 동안 15 cm 탔습니다. 이 양초가 일정한 빠르기로 탔다면 1분 동안 탄 길이는 몇 cm인가요?

( ) cm

16 가는 정사각형이고 나는 직사각형입니다. 나의 넓이는 가의 넓이의 몇 배인지 구해 보세요.

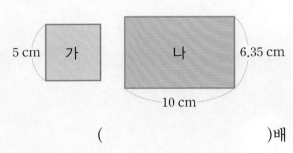

5 cm 가   나   6.35 cm

10 cm

(   )배

17 두 나눗셈의 몫 사이에 있는 소수 한 자리 수를 모두 써 보세요.

$1 \div 2$ $3 \div 4$

(   )

응용

18 수 카드 3 , 6 , 7 , 8 중에서 3장을 골라 한 번씩만 사용하여 몫이 가장 작은 (소수 한 자리 수)÷(한 자리 수)를 만들려고 합니다. ☐ 안에 알맞은 수를 써넣으세요.

☐.☐ ÷ ☐ = ☐

서술형 문제

19 어떤 수에 7을 곱했더니 81.2가 되었습니다. 어떤 수를 5로 나누었을 때 몫은 얼마인지 풀이 과정을 쓰고, 답을 구해 보세요.

풀이 _____

_____

_____

답 _____

중요

20 길이가 8.36 m인 텃밭에 처음부터 끝까지 일렬로 상추 모종 12개를 심으려고 합니다. 모종을 같은 간격으로 심으려면 몇 m 간격으로 심어야 하는지 풀이 과정을 쓰고, 답을 구해 보세요. (단, 모종의 두께는 생각하지 않습니다.)

풀이 _____

_____

_____

답 _____ m

4

비와 비율

교과서
정답 확인

단원의 공부 계획을 세우고,
공부한 내용을 얼마나 이해했는지 스스로 평가해 보세요.

☆☆☆ 자신있게 설명할 수 있어요.　☆☆ 설명하기 조금 힘들어요.　☆ 어려워서 설명할 수 없어요.

두 수를 비교해요

과학 실험을 하려고 모둠별로 전지 2개와 전구 1개를 준비했어요.

모둠 수에 따른 전지 수와 전구 수를 비교해 볼까요?

개념 동영상

모둠 수	1	2	3	7	11	...
전지 수(개)	2	4	6	14	22	...
전구 수(개)	1	2	3	7	11	...

• 뺄셈으로 비교하기

$$2-1=1,\ 4-2=2,\ 6-3=3,\ ...$$

→ 모둠 수에 따라 전지는 전구보다 각각 1개, 2개, 3개, ...가 더 많습니다.

→ 모둠 수에 따라 전구는 전지보다 각각 1개, 2개, 3개, ...가 더 적습니다.

• 나눗셈으로 비교하기

$$2\div1=2,\ 4\div2=2,\ 6\div3=2,\ ...$$

→ 전지 수는 전구 수의 2배입니다.

$$1\div2=\frac{1}{2},\ 2\div4=\frac{2}{4}\left(=\frac{1}{2}\right),\ 3\div6=\frac{3}{6}\left(=\frac{1}{2}\right),\ ...$$

→ 전구 수는 전지 수의 $\frac{1}{2}$배입니다.

> • 뺄셈으로 비교하면 모둠 수에 따른 전지 수와 전구 수의 관계가 변합니다.
>
> • 나눗셈으로 비교하면 모둠 수에 따른 전지 수와 전구 수의 관계가 변하지 않습니다.

이미지로 개념콕

칫솔이 치약보다 4개 더 많아요!

뺄셈으로 비교
6-2=4

나눗셈으로 비교
6÷2=3

칫솔 수는 치약 수의 3배예요!

1단계 개념탄탄

[1~3] 한 모둠에 지우개 2개와 풀 4개를 나누어 주었습니다. 물음에 답하세요.

1 모둠 수에 따른 지우개 수와 풀 수에 맞게 표를 완성해 보세요.

모둠 수	1	2	4	6	...
지우개 수(개)	2	4	8	12	...
풀 수(개)	4	8			...

2 모둠 수에 따른 지우개 수와 풀 수를 뺄셈으로 비교해 보세요.

모둠 수에 따라 풀은 지우개보다 각각 2개, 4개, ☐개, ☐개, ...가 더 많습니다.

➡ 뺄셈으로 비교하면 지우개 수와 풀 수의 관계가 (변합니다 , 변하지 않습니다).

3 모둠 수에 따른 지우개 수와 풀 수를 나눗셈으로 비교해 보세요.

풀 수는 지우개 수의 ☐배입니다.

➡ 나눗셈으로 비교하면 지우개 수와 풀 수의 관계가 (변합니다 , 변하지 않습니다).

Tip 두 수를 비교할 때 뺄셈과 나눗셈 중에서 더 적당한 방법이 무엇인지 생각해 봅니다.

4 두 수를 비교한 방법에는 어떤 차이가 있는지 알아보고 알맞은 말에 ○표 하세요.

㉠ 세발자전거 3대에는 바퀴가 9개 있습니다. 바퀴 수는 세발자전거 수의 3배입니다.
㉡ 선아의 언니는 14살, 선아는 12살입니다. 선아의 언니는 선아보다 2살 더 많습니다.

㉠은 (뺄셈 , 나눗셈)으로 비교했고,
㉡은 (뺄셈 , 나눗셈)으로 비교했습니다.

5 오이 수와 사과 수를 비교해 보세요.

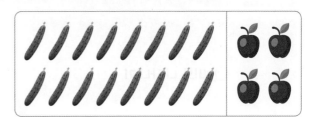

(1) 오이는 사과보다 ☐개 더 많습니다.

(2) 오이 수는 사과 수의 ☐배입니다.

6 모눈종이 12칸을 색칠해서 직사각형 1개를 그렸습니다. 그린 직사각형의 가로와 세로를 비교해 보세요.

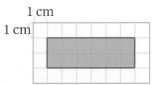

뺄셈으로 비교하기

세로는 가로보다 ☐ cm 더 짧습니다.

나눗셈으로 비교하기

세로는 가로의 $\dfrac{1}{\boxed{}}$ 배입니다.

2 비를 알아봐요

초록색 개구리 한 마리를 만들려면 파란색 점토 2개와 노란색 점토 3개가 필요해요. 파란색 점토 수와 노란색 점토 수를 비교해 볼까요?

비를 알아볼까요?

개념 동영상

두 수를 나눗셈으로 비교하기 위해 기호 :을 사용하여 나타낸 것을 비라고 합니다. 2와 3의 비를 2 : 3이라 쓰고 2 대 3이라고 읽습니다.

2와 3의 비는 '2의 3에 대한 비', '3에 대한 2의 비'라고도 합니다.

2 : 3에서 기호 :의 오른쪽에 있는 3은 기준량이고, 왼쪽에 있는 2는 비교하는 양입니다.

```
●●          ○○○
 2     :     3
 ↑           ↑
비교하는 양    기준량
```

🔍 비로 나타내기

```
용돈 2000원 중에서 500원을 저금했습니다.
```

⬇

- 용돈에 대한 저금한 돈의 비 ➡ 500 : 2000
  비교하는 양 기준량

- 저금한 돈에 대한 용돈의 비 ➡ 2000 : 500
  비교하는 양 기준량

500 : 2000과 2000 : 500은 달라요!

이미지로 개념 콕

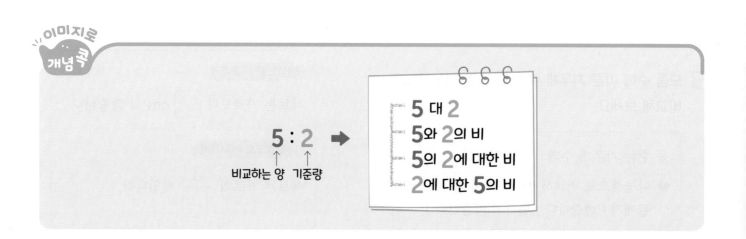

```
5 : 2  ➡
↑   ↑
비교하는 양  기준량
```

```
5 대 2
5와 2의 비
5의 2에 대한 비
2에 대한 5의 비
```

1단계 개념탄탄

Tip 비로 나타낼 때 기준량을 기호 :의 오른쪽에, 비교하는 양을 기호 :의 왼쪽에 씁니다.

1 ☐ 안에 알맞게 써넣으세요.

두 수를 나눗셈으로 비교하기 위해 기호 :을 사용하여 나타낸 것을 ☐ (이)라고 합니다.

9와 7의 비를 ☐ (이)라 쓰고

☐ (이)라고 읽습니다.

2 관계있는 것끼리 이어 보세요.

3에 대한 8의 비 •

8에 대한 3의 비 •

• 3 : 8

• 8 : 3

3 비가 <u>다른</u> 것을 찾아 기호를 써 보세요.

㉠ 2 : 9
㉡ 2와 9의 비
㉢ 2에 대한 9의 비
㉣ 2의 9에 대한 비

( )

4 그림을 보고 ☐ 안에 알맞은 수를 써넣으세요.

(1) 모자 수와 가방 수의 비 ➡ 5 : ☐

(2) 모자 수의 가방 수에 대한 비 ➡ ☐ : ☐

(3) 가방 수의 모자 수에 대한 비 ➡ ☐ : ☐

5 비에서 기준량과 비교하는 양을 찾아 써 보세요.

(1) ☐ 1 : 8 ☐

기준량 ☐, 비교하는 양 ☐

(2) ☐ 4와 5의 비 ☐

기준량 ☐, 비교하는 양 ☐

(3) ☐ 10에 대한 3의 비 ☐

기준량 ☐, 비교하는 양 ☐

6 직사각형의 가로에 대한 세로의 비를 써 보세요.

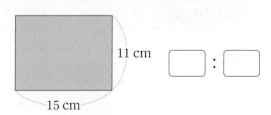

11 cm

15 cm

☐ : ☐

유형 1 두 수 비교하기

사탕 수와 초콜릿 수를 나눗셈으로 비교한 친구의 이름을 써 보세요.

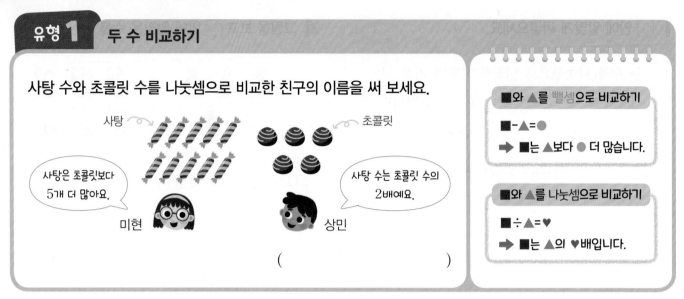

사탕

초콜릿

사탕은 초콜릿보다 5개 더 많아요.

미현

사탕 수는 초콜릿 수의 2배예요.

상민

( )

■와 ▲를 뺄셈으로 비교하기

■ - ▲ = ●

➡ ■는 ▲보다 ● 더 많습니다.

■와 ▲를 나눗셈으로 비교하기

■ ÷ ▲ = ♥

➡ ■는 ▲의 ♥배입니다.

01 빨간 색연필 수와 초록 색연필 수를 뺄셈과 나눗셈으로 비교해 보세요.

뺄셈 4 - ☐ = ☐ 이므로 빨간 색연필은 초록 색연필보다 ☐ 자루 더 많습니다.

나눗셈 4 ÷ ☐ = ☐ 이므로 빨간 색연필 수는 초록 색연필 수의 ☐ 배입니다.

02 탁자 한 개에 물병 3개와 접시 2개가 놓여 있습니다. 표를 완성하고 물병 수와 접시 수를 뺄셈으로 비교해 보세요.

탁자 수	1	2	3	4	…
물병 수(개)	3	6	9		…
접시 수(개)	2				…

비교 _____

03 꽃병 한 개에 장미 12송이와 백합 6송이가 꽂혀 있습니다. 표를 완성하고 장미 수와 백합 수를 나눗셈으로 비교해 보세요.

꽃병 수	1	2	3	4	…
장미 수(송이)	12	24	36		…
백합 수(송이)	6				…

비교 _____

04 높이가 180 cm인 나무의 그림자 길이를 재어 보니 60 cm였습니다. 나무의 높이와 그림자 길이를 비교해 보세요.

뺄셈으로 비교하기

나눗셈으로 비교하기

→ 바른답·알찬풀이 **27**쪽

유형 2 비 알아보기

비에서 비교하는 양과 기준량을 찾아 써 보세요.

비	비교하는 양	기준량
14 : 15		
5와 21의 비		
9에 대한 16의 비		

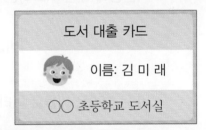

4 단원

공부한 날

월

일

05 기준량이 <u>다른</u> 것을 찾아 기호를 써 보세요.

㉠ 18 : 13
㉡ 18과 13의 비
㉢ 18에 대한 13의 비

(   )

06 전체에 대한 색칠한 부분의 비를 찾아 이어 보세요.

·   ·   ·

·   ·   ·

3 : 4   4 : 6   1 : 3

07 도서 대출 카드의 가로와 세로를 자로 재어 보고, 가로에 대한 세로의 비를 구해 보세요.

도서 대출 카드

이름: 김 미 래

○○ 초등학교 도서실

가로(cm)	세로(cm)	가로에 대한 세로의 비

서술형

08 알맞은 말에 ○표 하고, 그 이유를 써 보세요.

8 : 7은 7 : 8과 같아요.

신애

신애의 말은 (맞습니다 , 틀립니다).

이유 _____

_____

_____

3 비율을 알아봐요

동전 한 개를 20번 던져 숫자 면이 9번 나왔어요.

개념 동영상

비교하는 양은 기준량의 몇 배인지 알아볼까요?

동전을 던진 횟수에 대한
숫자 면이 나온 횟수의 비
➡ 9 : 20
비교하는 양　기준량

$9 \div 20 = \dfrac{9}{20}$ 이므로 비교하는 양은 기준량의
$\dfrac{9}{20}$ 배 또는 0.45배입니다.

🔍 비율 알아보기

기준량에 대한 비교하는 양의 크기를 비율이라고 합니다.

$$(비율) = (비교하는\ 양) \div (기준량) = \dfrac{(비교하는\ 양)}{(기준량)}$$

비 9 : 20을 비율로 나타내면 $\dfrac{9}{20}$ 또는 0.45입니다.

🔍 비율 비교하기

두 사진의 가로와 세로의 길이는 달라요. 두 사진의 세로에 대한 가로의 비율을 알아볼까요?	12 cm 21 cm	20 cm 35 cm
세로에 대한 가로의 비	21 : 12	35 : 20
세로에 대한 가로의 비율	분수 $\dfrac{21}{12}\left(=\dfrac{7}{4}\right)$　소수 1.75	분수 $\dfrac{35}{20}\left(=\dfrac{7}{4}\right)$　소수 1.75

이미지로
개념 콕

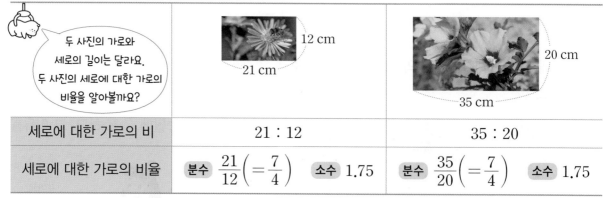

1단계 개념탄탄

1 ☐ 안에 알맞은 말을 써넣으세요.

> 기준량에 대한 비교하는 양의 크기를
> ☐ (이)라고 합니다.

2 직사각형을 보고 물음에 답하세요.

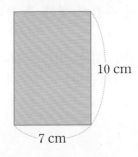

10 cm

7 cm

(1) 직사각형의 가로와 세로는 각각 몇 cm인가요?

가로 ☐ cm, 세로 ☐ cm

(2) 직사각형의 세로에 대한 가로의 비를 써 보세요.

☐ : ☐

(3) 직사각형의 세로에 대한 가로의 비에서 기준량과 비교하는 양은 각각 얼마인가요?

기준량 ☐ , 비교하는 양 ☐

(4) 비교하는 양은 기준량의 몇 배인지 분수와 소수로 각각 나타내 보세요.

분수 ☐/☐ 배, 소수 ☐ 배

3 비에서 비교하는 양과 기준량을 찾아 비율을 구해 보세요.

비	비교하는 양	기준량	비율
1 : 2	1		
13과 20의 비		20	
50에 대한 9의 비			

4 비율을 분수와 소수로 각각 나타내 보세요.

(1) 3 : 4   분수 ☐/☐ , 소수 ☐

(2) 11 : 5   분수 ☐/☐ , 소수 ☐

5 노란색 털실 길이에 대한 보라색 털실 길이의 비율을 분수와 소수로 각각 나타내 보세요.

보라색 털실 노란색 털실
18 m   25 m

분수 ☐/☐ , 소수 ☐

비율이 사용되는 경우를 알아봐요

주변에서 비율이 사용되는 경우를 찾아볼까요?

❶ 안타 수의 비율을 알아볼까요?

개념 동영상

야구 경기에서 10타수 중 안타를 3번 쳤어요.

전체 타수에 대한 안타 수의 비율
기준량   비교하는 양

$$\frac{(비교하는\ 양)}{(기준량)}=\frac{3}{10}=0.3$$

❷ 간 거리의 비율을 알아볼까요?

우리 집과 할머니 댁 사이의 거리는 160 km이고, 자동차로 가는 데 2시간이 걸려요.

걸린 시간에 대한 간 거리의 비율
기준량   비교하는 양

$$\frac{(비교하는\ 양)}{(기준량)}=\frac{160}{2}=80$$

❸ 거리의 비율을 알아볼까요?

지도에서 학교와 도서관 사이의 거리는 1 cm인데 실제 거리는 500 m예요.
└ 50000 cm

1 : 50000
학교   도서관

실제 거리에 대한 지도에서 거리의 비율
기준량   비교하는 양

$$\frac{(비교하는\ 양)}{(기준량)}=\frac{1}{50000}$$

❹ 인구의 비율을 알아볼까요?

도시	서울	하노이
인구(명)	9668000	8246600
넓이(km²)	605	3359

서울의 넓이에 대한 인구의 비율

$$\frac{(서울의\ 인구)}{(서울의\ 넓이)}=\frac{9668000}{605}$$
$$=15980.1\cdots,\ 약\ 15980$$

하노이의 넓이에 대한 인구의 비율

$$\frac{(하노이의\ 인구)}{(하노이의\ 넓이)}=\frac{8246600}{3359}$$
$$=2455.0\cdots,\ 약\ 2455$$

1단계 개념탄탄

1 야구 경기에서 전체 타수에 대한 안타 수의 비율을 구하려고 합니다. 물음에 답하세요.

전체 타수	안타 수
20번	7번

(1) 기준량과 비교하는 양은 각각 얼마인가요?

기준량 [ ], 비교하는 양 [ ]

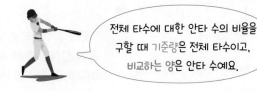

전체 타수에 대한 안타 수의 비율을 구할 때 기준량은 전체 타수이고, 비교하는 양은 안타 수예요.

(2) 전체 타수에 대한 안타 수의 비율을 분수와 소수로 각각 나타내 보세요.

분수 [ ]/[ ] , 소수 [ ]

2 걸린 시간에 대한 간 거리의 비율을 구하려고 합니다. 물음에 답하세요.

우리 집과 서점 사이의 거리는 120 m이고, 걸어서 가는 데 2분이 걸립니다.

(1) 기준량과 비교하는 양은 각각 얼마인가요?

기준량 [ ], 비교하는 양 [ ]

(2) 걸린 시간에 대한 간 거리의 비율을 구해 보세요.

( )

3 실제 거리에 대한 지도에서 거리의 비율을 구하려고 합니다. 물음에 답하세요.

학교 공원

지도에서 학교와 공원 사이의 거리는 1 cm인데 실제 거리는 400 m입니다.

(1) 400 m를 cm로 나타내 보세요.

400 m = [ ] cm

(2) 기준량과 비교하는 양은 각각 얼마인가요?

기준량 [ ], 비교하는 양 [ ]

(3) 실제 거리에 대한 지도에서 거리의 비율을 구해 보세요.

( )

4 진구가 사는 마을의 넓이에 대한 인구의 비율을 구하려고 합니다. 물음에 답하세요.

내가 사는 마을의 넓이는 6 km²이고, 인구는 4800명이에요.

진구

(1) 기준량과 비교하는 양은 각각 얼마인가요?

기준량 [ ], 비교하는 양 [ ]

(2) 진구가 사는 마을의 넓이에 대한 인구의 비율을 구해 보세요.

( )

백분율을 알아봐요

현장 체험 학습을 실시하는 것을 두고 연우네 반은 25명 중에서
21명이, 희수네 반은 20명 중에서 18명이 찬성했어요.
어느 반이 더 많이 찬성했다고 할 수 있을까요?

 탐구 두 반의 찬성률을 비교해 볼까요?

개념 동영상

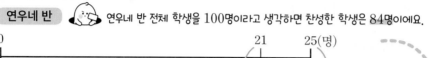

연우네 반 연우네 반 전체 학생을 100명이라고 생각하면 찬성한 학생은 84명이에요.

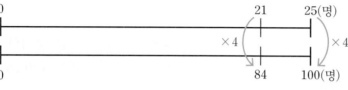

희수네 반 희수네 반 전체 학생을 100명이라고 생각하면 찬성한 학생은 90명이에요.

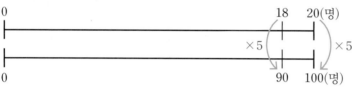

기준량을 100으로 같게
하여 찬성한 학생 수를
비교하면 희수네 반의
찬성률이 더 큽니다.

전체 학생 수에 대한
찬성한 학생 수의 비율

🔍 백분율 알아보기

기준량을 100으로 할 때의 비율을 백분율이라고 하고, 백분율은 기호 %를 사용하여 나타 냅니다. 비율 $\frac{84}{100}$는 84 %라 쓰고 84 퍼센트라고 읽습니다.

$$\frac{1}{100}=1\,\%$$

$$\frac{84}{100}=84\,\%$$

🔍 백분율로 나타내는 방법 알아보기

비율 $\frac{6}{25}$을 백분율로 나타내기

$$\frac{6}{25}=\frac{24}{100}=24\,\%$$

$$\frac{6}{25}\times100=24,\ 24\,\%$$

 이미지로 개념 콕

비율 $\frac{1}{2}=\frac{50}{100}=$ **50 %** 백분율

1단계 개념탄탄

1 ☐ 안에 알맞게 써넣으세요.

> 기준량을 ☐(으)로 할 때의 비율을 백분율이라고 하고, 백분율은 기호 ☐을/를 사용하여 나타냅니다.

2 전체 꽃밭 넓이는 20 m^2이고, 이 중에서 3 m^2에 수선화를 심었습니다. 전체 꽃밭 넓이에 대한 수선화를 심은 꽃밭 넓이의 비율을 백분율로 나타내려고 합니다. 물음에 답하세요.

(1) 전체 꽃밭과 넓이가 같은 모눈종이에 수선화를 심은 꽃밭의 넓이만큼 색칠해 보세요.

(2) 전체 꽃밭 넓이에 대한 수선화를 심은 꽃밭 넓이의 비율을 구해 보세요.

(   )

(3) 전체 꽃밭 넓이에 대한 수선화를 심은 꽃밭 넓이의 비율을 백분율로 나타내 보세요.

(   ) %

Tip 기준량이 100인 비율로 나타내어 백분율을 구합니다.

3 ☐ 안에 알맞은 수를 써넣어 백분율을 구해 보세요.

(1) $0.17 = \dfrac{\boxed{}}{100} = \boxed{} \%$

(2) $\dfrac{4}{5} = \dfrac{4 \times \boxed{}}{5 \times \boxed{}} = \dfrac{\boxed{}}{100} = \boxed{} \%$

4 전체에 대한 색칠한 부분의 비율을 백분율로 나타내 보세요.

(1) 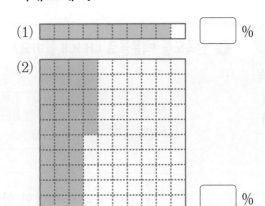 $\boxed{}$ %

(2) $\boxed{}$ %

Tip 분수나 소수로 나타낸 비율에 100을 곱한 다음 기호 %를 붙여 백분율로 나타냅니다.

5 분수로 나타낸 비율을 소수와 백분율로 각각 나타내 보세요.

분수	소수	백분율(%)
$\dfrac{79}{100}$	0.79	
$\dfrac{22}{50}$		

6 비율을 백분율로 나타내 보세요.

(1) $\boxed{0.2}$ (   ) %

(2) $\boxed{\dfrac{9}{25}}$ (   ) %

4 단원

공부한 날

월

일

6 백분율이 사용되는 경우를 알아봐요

주변에서 백분율이 사용되는 경우를 찾아볼까요?

탐구

❶ 만족도를 백분율로 나타내 볼까요?

개념 동영상

급식 만족도

항목	만족	보통	불만족	합계
학생 수(명)	176	20	4	200

- '만족'이라고 대답한 학생은 전체의 $\dfrac{176}{200} = \dfrac{88}{100} = 88\,\%$입니다.

- '보통'이라고 대답한 학생은 전체의 $\dfrac{20}{200} = \dfrac{10}{100} = 10\,\%$입니다.

- '불만족'이라고 대답한 학생은 전체의 $\dfrac{4}{200} = \dfrac{2}{100} = 2\,\%$입니다.

❷ 과자의 할인율을 비교해 볼까요?

과자	원래 가격(원)	할인된 판매 가격(원)
가	2000	1500
나	2500	1900

$2000 - 1500 = 500$

- 가 과자의 할인율은
  $\dfrac{500}{2000} = \dfrac{25}{100} = 25\,\%$입니다.

- 나 과자의 할인율은
  $\dfrac{600}{2500} = \dfrac{24}{100} = 24\,\%$입니다.

$2500 - 1900 = 600$

→ $25\,\% > 24\,\%$이므로 가 과자의 할인율이 더 큽니다.
└ 원래 가격에 대한 할인 금액의 비율

❸ 설탕물의 진하기를 비교해 볼까요?

설탕물	설탕량(g)	설탕물양(g)
현지	30	250
선호	60	300

- 현지가 만든 설탕물에서 설탕물양에 대한 설탕량의
  비율은 $\dfrac{30}{250} \times 100 = 12$, $12\,\%$입니다.

- 선호가 만든 설탕물에서 설탕물양에 대한 설탕량의
  비율은 $\dfrac{60}{300} \times 100 = 20$, $20\,\%$입니다.

→ $12\,\% < 20\,\%$이므로 선호가 만든 설탕물이 더 답니다.

참고 설탕물양에 대한 설탕량의 비율이 클수록 설탕물이 더 답니다.

1단계 개념탄탄

1 물에 소금 30 g을 넣어 소금물 150 g을 만들었습니다. 소금물양에 대한 소금양의 비율은 몇 %인지 구하려고 합니다. 물음에 답하세요.

물 　　소금 30 g　　소금물 150 g

(1) 기준량과 비교하는 양은 각각 얼마인가요?

기준량 [　　], 비교하는 양 [　　]

(2) 소금물양에 대한 소금양의 비율은 몇 %인가요?

$$\frac{\boxed{}}{150} \times 100 = \boxed{}, \boxed{} \%$$

2 2000원인 맛나 과자를 1800원에 팔고 있습니다. 맛나 과자의 할인율은 몇 %인지 구하려고 합니다. 물음에 답하세요.

맛나 과자
~~2000원~~
→ **1800원**

(1) 맛나 과자는 얼마를 할인받았나요?

$$2000 - 1800 = \boxed{} \text{(원)}$$

(2) 맛나 과자의 할인율은 몇 %인가요?

$$\frac{\boxed{}}{2000} \times 100 = \boxed{}, \boxed{} \%$$

3 준수는 농구공을 25번 던져 11번을 성공하였습니다. 던진 공 수에 대한 성공한 공 수의 비율은 몇 %인지 구해 보세요.

$$\frac{\boxed{}}{25} \times 100 = \boxed{}, \boxed{} \%$$

4 전교 어린이 회장 선거에서 전체 투표 수에 대한 연아의 득표수의 비율은 몇 %인지 구해 보세요.

전체 500명이 투표하였고 나는 140표를 얻었어요.

연아

$$\frac{\boxed{}}{500} \times 100 = \boxed{}, \boxed{} \%$$

5 다음을 보고 전체 생수병 수에 대한 재사용 생수병 수의 비율은 몇 %인지 구해 보세요.

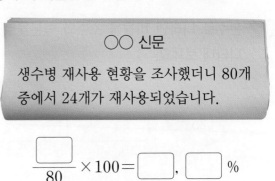

○○ 신문

생수병 재사용 현황을 조사했더니 80개 중에서 24개가 재사용되었습니다.

$$\frac{\boxed{}}{80} \times 100 = \boxed{}, \boxed{} \%$$

두부과자 100 g에 대한 영양 성분의 비율을 분수와 소수로 각각 나타내 보세요.

영양 성분	100 g에 들어 있는 양(g)	분수	소수
탄수화물	69		
지방	13		
단백질	7		

(비율)=(비교하는 양)÷(기준량)

$$= \frac{(비교하는\ 양)}{(기준량)}$$

비 2 : 5를 비율로 나타내면

$\frac{2}{5}$ 또는 0.4입니다.

---

01 주어진 비의 비율을 보기 에서 모두 찾아 기호를 써 보세요.

보기

㉠ 0.25   ㉡ $\frac{6}{15}$ ㉢ $\frac{1}{4}$ ㉣ 0.4

(1) 6과 15의 비

(　　　　　　)

(2) 1의 4에 대한 비

(　　　　　　)

02 분수로 나타낸 비율을 소수와 백분율로 각각 나타내 보세요.

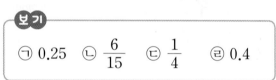

$\frac{8}{25}$ 소수 □ 백분율 □ %

---

03 비 9 : 20을 비율로 <u>잘못</u> 나타낸 친구를 찾아 이름을 써 보세요.

$\frac{9}{20}$ 0.35   45 %

준하   민정   현빈

(　　　　　　)

04 주머니에서 1개씩 꺼낸 바둑돌의 색깔을 표에 쓴 것입니다. 바둑돌을 꺼낸 횟수에 대한 흰색 바둑돌을 꺼낸 횟수의 비율을 분수와 소수로 각각 나타내 보세요.

회차	1회	2회	3회	4회	5회
바둑돌	흰색	검은색	흰색	흰색	흰색

분수 (　　　　　　)

소수 (　　　　　　)

유형 **2** 비율 비교하기

비율이 큰 것부터 차례로 ◯ 안에 1, 2, 3을 써넣으세요.

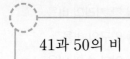
41과 50의 비

48 %

$\dfrac{7}{10}$

여러 가지 형태로 나타낸
비율을 비교할 때

분수, 소수, 백분율 중에서
한 가지 형태로 통일한 후
비교합니다.

4
단원

Tip 비율의 형태를 통일하여 크기를 비교합니다.

공부한 날

월

일

05 비율을 비교하여 ◯ 안에 >, =, <를 알맞게 써넣으세요.

⑴ $\dfrac{11}{20}$ ◯ 0.6

⑵ 0.8 ◯ 53 %

07 비율이 다른 것을 찾아 ◯표 하세요.

| $\dfrac{9}{10}$ | 18과 20의 비 | 95 % |

(   )   (   )   (   )

06 비율이 같은 것끼리 이어 보세요.

$\dfrac{19}{25}$ •   • 0.4 •   • 76 %

$\dfrac{3}{4}$ •   • 0.75 •   • 40 %

$\dfrac{2}{5}$ •   • 0.76 •   • 75 %

서술형

08 ㉠과 ㉡ 중에서 비율이 더 작은 것은 어느 것인지 풀이 과정을 쓰고, 답을 구해 보세요.

| ㉠ 16 : 40   ㉡ 9 : 30 |

풀이 _____

_____

_____

_____

답 _____

유형3 비율이 사용되는 경우

버스가 210 km를 가는 데 3시간이 걸렸습니다. 걸린 시간에 대한 간 거리의 비율을 구해 보세요.

( )

비율이 사용되는 경우 🔍

🔍 간 거리의 비율
🔍 인구의 비율
🔍 안타 수의 비율
🔍 성분의 비율

09 수아가 100 m를 달리는 데 걸린 시간에 대한 달린 거리의 비율을 바르게 구한 것에 색칠하세요.

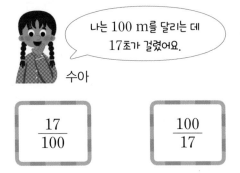

나는 100 m를 달리는 데 17초가 걸렸어요.

수아

$\dfrac{17}{100}$ $\dfrac{100}{17}$

10 진영이가 사는 지역의 넓이에 대한 인구의 비율을 구해 보세요.

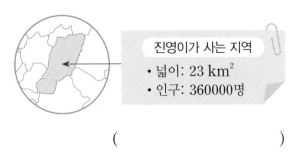

진영이가 사는 지역
• 넓이: 23 km²
• 인구: 360000명

( )

11 두 야구 선수의 전체 타수에 대한 안타 수의 비율을 각각 구해 보세요.

선수	김설민	이동유
전체 타수	160	150
안타 수	60	45
전체 타수에 대한 안타 수의 비율		

서술형

12 신선 우유와 튼튼 우유 중에서 우유량에 대한 지방량의 비율이 0.04보다 작은 우유는 어느 것인지 풀이 과정을 쓰고, 답을 구해 보세요.

우유	신선 우유	튼튼 우유
우유량(mL)	500	200
지방량(g)	20	6

풀이 _____

_____

_____

_____

답 _____

유형 4 백분율이 사용되는 경우

어느 마라톤 대회에 참가한 사람은 500명입니다. 참가한 사람 중에서 370명이 결승점에 도착했습니다. 마라톤 대회에 참가한 사람 수에 대한 결승점에 도착한 사람 수의 비율은 몇 %인지 구해 보세요.

(   ) %

백분율이 사용되는 경우

성공률   불량률

찬성률   이자율

소금물의 진하기

4
단원

공부한 날

월

일

13 공장에서 자전거를 300대 생산할 때 불량품이 21대 나온다고 합니다. 전체 생산한 자전거 수에 대한 불량품 수의 비율은 몇 %인지 구해 보세요.

(   ) %

15 학생들이 부모님께 듣고 싶은 말을 조사했습니다. '사랑해', '잘했어', '최고야'라고 대답한 학생은 각각 전체의 몇 %인지 구해 보세요.

부모님께 듣고 싶은 말

말	사랑해	잘했어	최고야	합계
학생 수(명)	90	40	70	200

사랑해 (   ) %

잘했어 (   ) %

최고야 (   ) %

Tip 전체 학생 수에 대한 찬성한 학생 수의 비율을 찬성률이라고 합니다.

14 알뜰 시장을 열 것인지 학생들의 의견을 조사했습니다. 각 반의 찬성률을 백분율로 나타내 보세요.

반	1반	2반
전체 학생 수(명)	20	25
찬성하는 학생 수(명)	11	12
찬성률(%)		

Tip 1년 동안 예금한 돈에 대한 이자는 얼마인지 먼저 구합니다.

16 은희가 40000원을 은행에 예금하였더니 1년 후에 이자를 합하여 44000원이 되었습니다. 1년 동안 예금한 돈에 대한 이자의 비율은 몇 %인가요?

(   ) %

응용유형 1 비교하는 양 구하기

문제해결 추론

명준이네 반의 여학생 수에 대한 남학생 수의 비율이 $\frac{2}{3}$이고 여학생은 15명입니다. 남학생은 몇 명인지 구해 보세요.

(1) 비교하는 양을 구하는 방법을 알아보고 ☐ 안에 알맞은 말을 써넣으세요.

$$\text{(비율)}=\text{(비교하는 양)}\div\text{(기준량)} \Rightarrow \text{(비교하는 양)}=\text{(기준량)}\times\left(\boxed{}\right)$$

(2) 남학생 수를 구하는 식을 쓰고 구해 보세요.

식 $15\times\dfrac{\boxed{}}{\boxed{}}=\boxed{}$ 답 _____ 명

 유사

1-1 색연필의 길이에 대한 볼펜의 길이의 비율은 $\frac{4}{5}$이고 색연필의 길이는 10 cm입니다. 볼펜의 길이는 몇 cm인가요?

볼펜
색연필

(   ) cm

 변형

1-2 어느 회사의 지원자 수에 대한 합격자 수의 비가 1 : 8이고 지원자 수는 960명입니다. 합격자는 몇 명인가요?

(   )명

 초6-2 미리보기

비례식의 성질 ➡ 비례식에서 외항의 곱과 내항의 곱은 같습니다.

비율이 같은 두 비를 기호 '＝'를 사용하여 나타낸 식을 비례식이라고 해요.

예
외항
비례식 2 : 3 ＝ 4 : 6
내항

(외항의 곱)＝2×6＝☐
(내항의 곱)＝3×4＝☐

답 12, 12

→ 바른답·알찬풀이 31 쪽

응용유형 2 **판매 가격 구하기**

선영이는 신발 가게에서 20000원에 팔고 있는 신발을 20 % 할인받아 샀습니다. 선영이가 신발을 사는 데 낸 돈은 얼마인지 구해 보세요.

(1) 신발은 얼마를 할인받았나요?

(   )원

(2) 선영이가 신발을 사는 데 낸 돈은 얼마인가요?

(   )원

유사

2-1 어느 공연의 입장권을 25 % 할인하여 판매하고 있습니다. 이 공연의 입장권이 30000원이라면 할인받아 얼마에 살 수 있는지 구해 보세요.

입장권

일시: 2023년 5월 5일 4시

~~30000원~~ ⟶ 25 % 할인

(   )원

변형

2-2 인형 가게에서 가격이 다음과 같은 인형을 할인하여 판매하고 있습니다. 코끼리 인형과 토끼 인형 중에서 20000원으로 살 수 있는 인형은 어느 것인지 구해 보세요.

인형	코끼리 인형	토끼 인형
가격(원)	26000	32000
할인율(%)	20	40

(   )

응용유형 **3**　새로 만든 도형의 넓이 구하기

가로가 30 cm이고, 세로가 12 cm인 직사각형이 있습니다. 이 직사각형의 가로를 20 %만큼 늘여서 새로운 직사각형을 만들었을 때 새로 만든 직사각형의 넓이는 몇 cm²인지 구해 보세요.

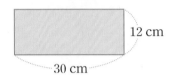
12 cm
30 cm

(1) 새로 만든 직사각형의 가로는 몇 cm인가요?

(　　　　　　　　) cm

(2) 새로 만든 직사각형의 넓이는 몇 cm²인가요?

(　　　　　　　　) cm²

3-1 유사

밑변이 20 cm이고, 높이가 10 cm인 평행사변형이 있습니다. 이 평행사변형의 밑변을 10 %만큼 줄여서 새로운 평행사변형을 만들었을 때 새로 만든 평행사변형의 넓이는 몇 cm²인지 구해 보세요.

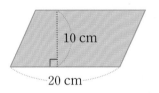
10 cm
20 cm

(　　　　　　　　) cm²

3-2 변형

한 변이 20 cm인 정사각형이 있습니다. 이 정사각형의 가로를 15 %만큼 늘이고, 세로를 20 %만큼 줄여서 새로운 직사각형을 만들었습니다. 새로 만든 직사각형의 넓이는 몇 cm²인지 구해 보세요.

(　　　　　　　　) cm²

→ 바른답·알찬풀이 **31** 쪽

응용유형 **4** 비율 비교하기

진수와 영미는 흰색 물감과 검은색 물감을 섞어 회색 물감을 만들었습니다. 누가 만든 회색 물감이 더 어두운지 구해 보세요.

나는 흰색 500 mL에 검은색 35 mL를 섞었어요.

진수

나는 흰색 240 mL에 검은색 12 mL를 섞었어요.

영미

(1) 진수가 만든 회색 물감에서 흰색 물감양에 대한 검은색 물감양의 비율을 소수로 나타내 보세요.

( )

(2) 영미가 만든 회색 물감에서 흰색 물감양에 대한 검은색 물감양의 비율을 소수로 나타내 보세요.

( )

(3) 누가 만든 회색 물감이 더 어두운가요?

( )

4 단원

공부한 날

월

일

유사

4-1 가 지역과 나 지역 중에서 넓이에 대한 인구의 비율이 더 큰 곳은 어디인지 구해 보세요.

지역	가 지역	나 지역
인구(명)	9200	14700
넓이(km²)	4	7

( )

변형

4-2 소율이는 물 240 g에 설탕 10 g을 녹여 설탕물을 만들었고, 하은이는 물 380 g에 설탕 20 g을 녹여 설탕물을 만들었습니다. 누가 만든 설탕물이 더 단지 구해 보세요.

( )

4. 비와 비율

[01~04] 한 상자에 사과 1개와 배 3개를 나누어 담았습니다. 물음에 답하세요.

01 상자 수에 따른 사과 수와 배 수에 맞게 표를 완성해 보세요.

상자 수	1	2	3	4	...
사과 수(개)	1	2	3	4	...
배 수(개)	3	6			...

02 상자 수에 따른 사과 수와 배 수를 뺄셈으로 비교해 보세요.

상자 수에 따라 배는 사과보다 각각 2개, 4개, ☐개, ☐개, ...가 더 많습니다.

03 상자 수에 따른 사과 수와 배 수를 나눗셈으로 비교해 보세요.

배 수는 사과 수의 ☐배입니다.

04 상자 수에 따른 사과 수와 배 수를 비교한 방법에 대해 <u>잘못</u> 설명한 친구의 이름을 써 보세요.

호영: 뺄셈으로 비교한 경우에는 사과 수와 배 수의 관계가 변하지 않아요.
연미: 나눗셈으로 비교한 경우에는 사과 수와 배 수의 관계가 변하지 않아요.

( )

05 비에서 기준량과 비교하는 양을 찾아 써 보세요.

9 : 4

기준량 ( )
비교하는 양 ( )

06 밀가루 6컵에 물 11컵을 부었습니다. 밀가루 양과 물의 양의 비를 써 보세요.

( )

07 비가 <u>다른</u> 것을 찾아 기호를 써 보세요.

㉠ 16 : 11
㉡ 16에 대한 11의 비
㉢ 16과 11의 비

( )

중요
08 비에서 비교하는 양과 기준량을 찾아 비율을 구해 보세요.

비	비교하는 양	기준량	비율
3 : 20			
50에 대한 27의 비			

09 비교하는 양이 기준량보다 작은 것의 기호를 써 보세요.

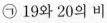

> ㉠ 19와 20의 비
> ㉡ 8의 3에 대한 비

(   )

중요

10 ☐ 안에 알맞은 수를 써넣어 백분율을 구해 보세요.

$$0.86 = \frac{\boxed{}}{100} = \boxed{} \%$$

11 전체에 대한 색칠한 부분의 비를 써 보세요.

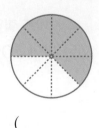

(   )

12 전체에 대한 색칠한 부분의 비율을 백분율로 나타내 보세요.

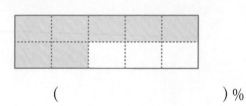

(   ) %

13 삼각형의 높이와 밑변의 비율을 분수로 나타내 보세요.

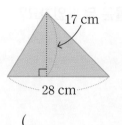

(   )

14 은우는 농구공을 300번 던져 225번 성공했습니다. 은우의 성공률은 몇 %인가요?

(   ) %

응용

15 같은 시각에 두 화분의 그림자 길이를 재었습니다. 두 화분의 높이에 대한 그림자 길이의 비율을 각각 구하고, 알맞은 말에 ◯표 하세요.

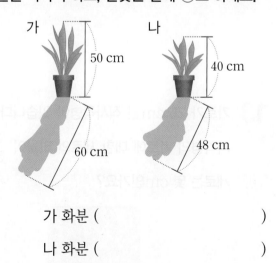

가 화분 (   )

나 화분 (   )

> 같은 시각에 잰 두 화분의 높이에 대한 그림자 길이의 비율은 (같습니다 , 다릅니다).

중요

16 지호네 반 여학생은 12명, 남학생은 13명입니다. 지호네 반 전체 학생 수에 대한 남학생 수의 비율은 몇 %인가요?

(   ) %

17 달빛 마을과 해님 마을 중에서 넓이에 대한 인구의 비율이 더 큰 곳은 어디인지 구해 보세요.

마을	달빛 마을	해님 마을
인구(명)	5600	8100
넓이(km²)	2	3

(   )

18 가로가 25 cm인 직사각형이 있습니다. 이 직사각형의 가로에 대한 세로의 비율이 $\frac{4}{5}$일 때 세로는 몇 cm인가요?

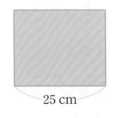

25 cm

(   ) cm

서술형 문제

19 석진이는 용돈 1000원 중에서 300원을 저금했습니다. 용돈에 대한 저금한 돈의 비를 1000 : 300으로 나타낼 수 있는지 없는지 쓰고, 그 이유를 써 보세요.

답 _____

이유 _____

_____

응용

20 마트에서 세탁 세제를 20 % 할인하여 판매하고 있습니다. 세탁 세제의 가격이 15000원이라면 할인받아 얼마에 살 수 있는지 풀이 과정을 쓰고, 답을 구해 보세요.

△△ 마트 할인 행사
세탁 세제 20 % 할인!

풀이 _____

_____

_____

_____

답 _____ 원

[01~02] 야구공이 8개, 배구공이 2개 있습니다. 물음에 답하세요.

01 야구공 수와 배구공 수를 뺄셈으로 비교해 보세요.

$$8 - 2 = \boxed{}$$

야구공은 배구공보다 $\boxed{}$개 더 많습니다.

02 야구공 수와 배구공 수를 나눗셈으로 비교해 보세요.

$$8 \div 2 = \boxed{}$$

야구공 수는 배구공 수의 $\boxed{}$배입니다.

03 그림을 보고 강아지 수와 고양이 수의 비를 써 보세요.

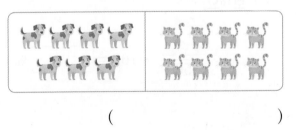

( )

04 ☐ 안에 알맞은 수를 써넣으세요.

1의 2에 대한 비

기준량은 $\boxed{}$, 비교하는 양은 $\boxed{}$입니다.

05 비를 써 보세요.

21의 33에 대한 비

( )

06 비율이 같은 것끼리 이어 보세요.

16 : 25 •　　• $\dfrac{19}{50}$

50에 대한 19의 비 •　　• 0.64

중요
07 비율을 분수와 소수로 각각 나타내 보세요.

2 : 5

분수	소수

08 비율을 백분율로 나타내 보세요.

0.89

( ) %

4 단원

공부한 날

월

일

09 집과 지하철역 사이의 거리에 대한 집과 경찰서 사이의 거리의 비를 써 보세요.

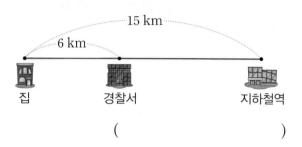

(   )

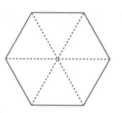

12 전체에 대한 색칠한 부분의 비가 5 : 6이 되도록 색칠해 보세요.

응용

13 비율을 비교하여 ○ 안에 >, =, <를 알맞게 써넣으세요.

2 : 5   ○   10에 대한 3의 비

중요

10 바르게 말한 친구의 이름을 써 보세요.

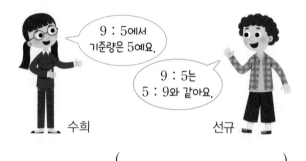

9 : 5에서 기준량은 5예요.

9 : 5는 5 : 9와 같아요.

수희   선규

(   )

14 어느 공장에서 선풍기를 500대 만들었습니다. 그중에서 10대가 불량품이라면 전체 선풍기 수에 대한 불량품 수의 비율은 몇 %인지 구해 보세요.

$$\frac{\boxed{}}{500} \times 100 = \boxed{}, \boxed{} \%$$

11 비율이 더 큰 것에 ○표 하세요.

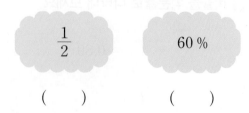

$\frac{1}{2}$ 60 %

(   )   (   )

15 고속 버스를 타고 서울에서 부산까지 약 400 km를 가는 데 5시간이 걸렸습니다. 고속 버스가 서울에서 부산까지 가는 데 걸린 시간에 대한 간 거리의 비율을 구해 보세요.

(   )

→ 바른답·알찬풀이 **33**쪽

16 물 200 g에 소금 50 g을 녹여 소금물을 만들었습니다. 만든 소금물양에 대한 소금양의 비율은 몇 %인가요?

(   ) %

응용

17 어느 은행의 1년 동안 예금한 돈에 대한 이자의 비율은 12 %입니다. 이 은행에 1년 동안 50000원을 예금했을 때 받을 수 있는 이자는 얼마인가요?

(   )원

18 밑변이 20 cm이고, 높이가 30 cm인 평행사변형이 있습니다. 이 평행사변형의 높이를 20 %만큼 늘여서 새로운 평행사변형을 만들었을 때 새로 만든 평행사변형의 넓이는 몇 cm²인지 구해 보세요.

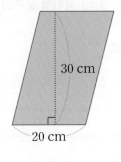

30 cm

20 cm

(   ) cm²

서술형 문제

19 지도에서 집과 도서관 사이의 거리는 1 cm인데 실제 거리는 250 m입니다. 실제 거리에 대한 지도에서 거리의 비율은 얼마인지 풀이 과정을 쓰고, 답을 구해 보세요.

풀이 _____

_____

_____

답 _____

중요

20 명우와 윤아는 고리 던지기 놀이를 하였습니다. 성공률이 더 큰 친구는 누구인지 풀이 과정을 쓰고, 답을 구해 보세요.

> 명우: 고리를 25번 던져서 21번 성공했어요.
> 윤아: 고리를 20번 던져서 16번 성공했어요.

풀이 _____

_____

_____

답 _____

5

여러 가지 그래프

단원의 공부 계획을 세우고,
공부한 내용을 얼마나 이해했는지 스스로 평가해 보세요.

☆☆☆ 자신있게 설명할 수 있어요.　☆☆ 설명하기 조금 힘들어요.　☆ 어려워서 설명할 수 없어요.

자료를 그림그래프로 나타내요

우리나라 권역별 공공 어린이 도서관 수를 나타낸 그림그래프예요.

탐구 그림그래프를 알아볼까요?

개념 동영상

권역별 공공 어린이 도서관 수(2020년)

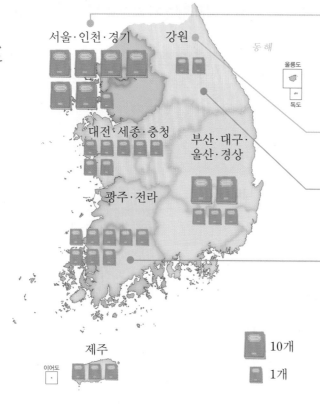

큰 그림이 가장 많은 서울·인천·경기의 공공 어린이 도서관이 가장 많습니다.

큰 그림이 없고 작은 그림이 가장 적은 강원의 공공 어린이 도서관이 가장 적습니다.

두 권역의 그림의 수를 비교해 보면 광주·전라의 공공 어린이 도서관 수가 강원의 4배쯤 됨을 알 수 있습니다.

📚 10개
📕 1개

참고 그림그래프로 나타내면 좋은 점
- 그림의 크기로 많고 적음을 한눈에 알 수 있습니다.
- 지도에 직접 나타내서 지역별 분포를 한눈에 알 수 있습니다.

🔍 그림그래프로 나타내기

권역별 인구수

반올림해 십만의 자리까지 나타냈습니다.

권역	인구수(명)	어림값(명)
서울·인천·경기	26043325	26000000
강원	1521763	1500000
대전·세종·충청	5651092	5700000
부산·대구·울산·경상	12872952	12900000
광주·전라	5069146	5100000
제주	670858	700000

참고 자료의 값이 큰 경우 어림값을 활용하여 나타낼 수 있습니다.

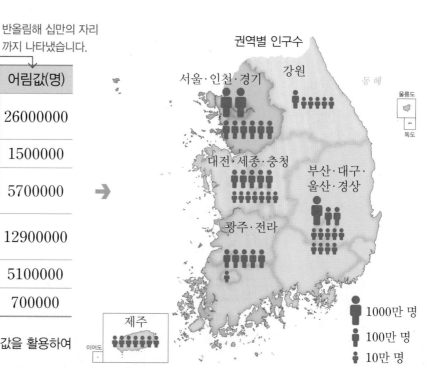

권역별 인구수

👤 1000만 명
👤 100만 명
👤 10만 명

[1~4] 과수원별 사과 수확량을 조사하여 나타낸 그림 그래프입니다. 물음에 답하세요.

과수원별 사과 수확량

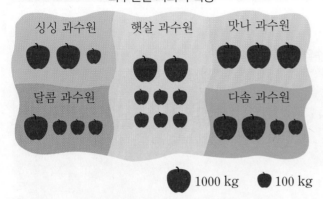

🍎 1000 kg   🍎 100 kg

1 🍎과 🍎은 각각 몇 kg을 나타내나요?

🍎 (   ) kg

🍎 (   ) kg

2 햇살 과수원의 사과 수확량은 몇 kg인가요?

(   ) kg

Tip 큰 그림의 수를 비교해 봅니다.
3 사과 수확량이 가장 많은 과수원을 찾아 써 보세요.

(   )

4 사과 수확량이 가장 적은 과수원을 찾아 써 보세요.

(   )

[5~7] 마을별 자전거 수를 조사하여 나타낸 표를 보고 그림그래프를 완성하려고 합니다. 물음에 답하세요.

마을별 자전거 수

마을	가	나	다	라
자전거 수(대)	120	50	230	100

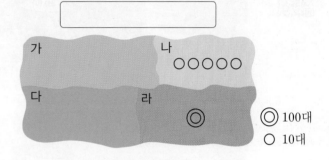

◎ 100대
○ 10대

5 ◎과 ○은 각각 몇 대를 나타내나요?

◎ (   )대

○ (   )대

6 □ 안에 알맞은 수를 써넣으세요.

그림그래프로 나타낼 때 가 마을의 자전거 수는 120대이므로 ◎을 □개, ○을 □개 그리고, 다 마을의 자전거 수는 □대이므로 ◎을 □개, ○을 □개 그립니다.

7 그림그래프를 완성해 보세요.

그림그래프를 활용해요

러시아, 중국, 일본의 재외 동포 수와 한글 학교 수를 함께 나타낸 그림그래프를 살펴보세요.

└외국에 살고 있는   └재외 동포가 각 지역에
같은 나라 또는   스스로 설립하여 한글을
같은 민족의 사람   가르치는 교육 기관

탐구 재외 동포 수와 한글 학교 수를 알아볼까요?

개념 동영상

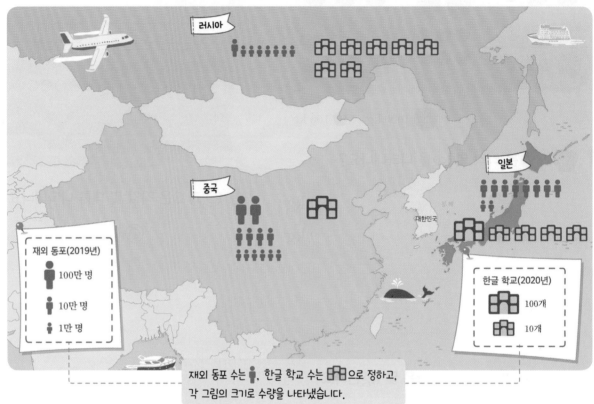

재외 동포 수와 한글 학교 수

재외 동포 수는 🧍, 한글 학교 수는 🏫으로 정하고, 각 그림의 크기로 수량을 나타냈습니다.

재외 동포 수	한글 학교 수
재외 동포가 가장 많이 살고 있는 나라는 중국이고, 가장 적게 살고 있는 나라는 러시아입니다.	한글 학교가 가장 많은 나라는 일본이고, 가장 적은 나라는 러시아입니다.

재외 동포 수와 한글 학교 수

재외 동포 수가 많다고 한글 학교 수도 많은 것은 아닙니다.
일본이 중국보다 재외 동포 수는 적지만 한글 학교 수는 더 많습니다.

참고 2가지 자료를 함께 나타낸 그림그래프
• 자료에 따라 서로 다른 그림을 정하고, 각 그림의 크기로 자료의 값을 나타낸 그래프입니다.
• 두 가지 자료를 한눈에 비교하여 정보를 파악할 수 있습니다.

교과서 + 익힘책

1단계 개념탄탄

[1~3] 권역별 유치원생 수를 조사하여 나타낸 그림그래프입니다. 물음에 답하세요.

권역별 유치원생 수

- 👀 10만 명
- 👀 1만 명

1 👀 과 👀 은 각각 몇 명을 나타내나요?

👀 ( )명

👀 ( )명

2 유치원생 수가 가장 많은 권역을 찾아 써 보세요.

( )

3 그림그래프를 보고 알 수 있는 내용을 설명한 것입니다. ☐ 안에 알맞은 수나 말을 써넣으세요.

- 대전·세종·충청의 유치원생 수는 광주·전라의 유치원생 수보다 ☐ 만 명 더 많습니다.
- 강원의 유치원생 수와 ☐ 의 유치원생 수는 같습니다.

[4~7] 지역별 젖소와 돼지 수를 조사하여 나타낸 그림그래프입니다. 물음에 답하세요.

지역별 젖소와 돼지 수

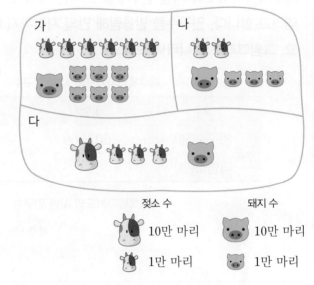

젖소 수	돼지 수
🐄 10만 마리	🐷 10만 마리
🐄 1만 마리	🐷 1만 마리

4 가 지역의 돼지 수는 몇 마리인가요?

( )마리

5 나 지역의 젖소 수는 몇 마리인가요?

( )마리

Tip 나 지역과 다 지역의 돼지 그림의 크기와 수를 비교합니다.

6 나 지역의 돼지 수는 다 지역의 돼지 수보다 몇 마리 더 많은가요?

( )마리

7 가 지역의 젖소 수는 나 지역의 젖소 수의 몇 배인가요?

( )배

유형 1 그림그래프로 나타내기

제주특별자치도의 시별 인구수를 조사한 표를 보고 그림그래프로 나타내려고 합니다. 인구수를 반올림해 만의 자리까지 나타내어 표를 완성하고, 그림그래프로 나타내 보세요.

제주특별자치도의 시별 인구수

시	제주시	서귀포시
인구수(명)	507269	191429
어림값(명)		

제주특별자치도의 시별 인구수

😊 10만 명
😊 1만 명

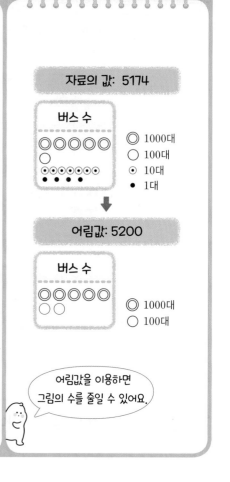

자료의 값: 5174

버스 수

◎ 1000대
○ 100대
◉ 10대
● 1대

↓

어림값: 5200

버스 수

◎ 1000대
○ 100대

어림값을 이용하면 그림의 수를 줄일 수 있어요.

01 지역별 약국 수를 반올림해 백의 자리까지 나타내어 표를 완성하고, 그림그래프로 나타내 보세요.

지역별 약국 수

지역	가	나	다
약국 수(개)	3564	4013	520
어림값(개)			

지역별 약국 수

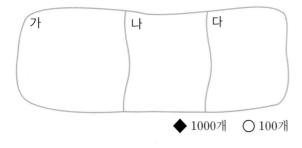

◆ 1000개 ○ 100개

02 농장별 자두 생산량을 반올림해 천의 자리까지 나타내어 표를 완성하고, 그림그래프로 나타내 보세요.

농장별 자두 생산량

농장	가	나	다
생산량(상자)	18510	7300	20630
어림값(상자)			

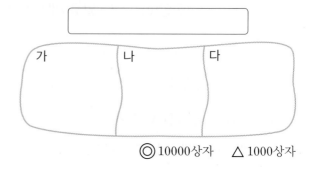

◎ 10000상자 △ 1000상자

→ 바른답·알찬풀이 **34**쪽

┌ 책을 보관하는 집이나 방
서고별 책 수를 조사했습니다. 표와 그림그래프를 완성해 보세요.

서고별 책 수

서고	책 수(권)
가	530
나	300
다	
라	280
마	

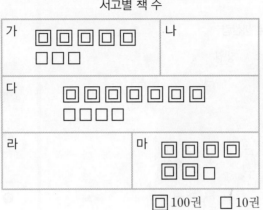

서고별 책 수

□ 100권 □ 10권

그림그래프를 보고 표 완성하기 → 표를 보고 그림그래프 완성하기

↓ ↓

그림이 나타내는 단위 확인!

↓ ↓

그림그래프의 그림의 수로 책 수 확인! → 책 수를 그림그래프에 그림으로 나타내기!

5 단원

공부한 날
월
일

[03~04] 양봉장별 꿀 채취량을 조사했습니다. 물음에 답하세요.

양봉장별 꿀 채취량

양봉장	신선	초록	싱싱	달빛
채취량(L)			750	440

양봉장별 꿀 채취량

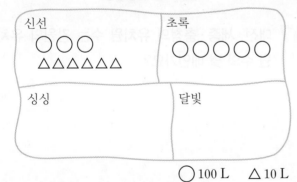

○ 100 L △ 10 L

03 표와 그림그래프를 완성해 보세요.

04 양봉장별 꿀 채취량의 많고 적음을 한눈에 알 수 있는 것은 표와 그림그래프 중에서 어느 것인가요?

( )

[05~06] 지역별 자동차 수를 조사했습니다. 물음에 답하세요.

지역별 자동차 수

지역	자동차 수 (만 대)
가	
나	
다	22

지역별 자동차 수

🚐 10만 대 🚗 1만 대

05 표와 그림그래프를 완성해 보세요.

서술형

06 자동차 수가 가장 많은 지역은 가장 적은 지역보다 몇 만 대 더 많은지 풀이 과정을 쓰고, 답을 구해 보세요.

풀이 _____

_____

_____

답 _____ 대

유형 3 · 그림그래프 활용하기(1)

권역별 우유 생산량을 조사하여 나타낸 그림그래프입니다. ☐ 안에 알맞은 수를 써넣으세요.

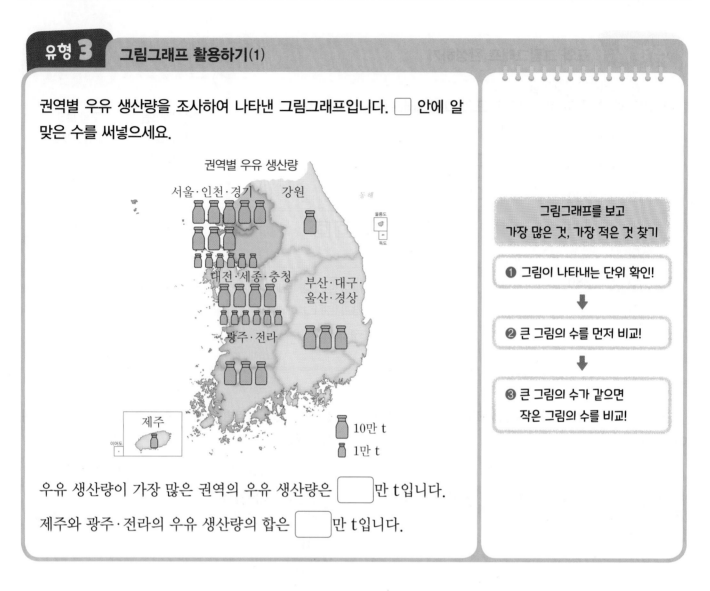

권역별 우유 생산량

그림그래프를 보고
가장 많은 것, 가장 적은 것 찾기

❶ 그림이 나타내는 단위 확인!

❷ 큰 그림의 수를 먼저 비교!

❸ 큰 그림의 수가 같으면
작은 그림의 수를 비교!

우유 생산량이 가장 많은 권역의 우유 생산량은 ☐만 t입니다.

제주와 광주·전라의 우유 생산량의 합은 ☐만 t입니다.

[07~08] 권역별 유치원 수를 조사하여 나타낸 그림그래프입니다. 물음에 답하세요.

권역별 유치원 수

😊 1000개
😊 100개

07 대전·세종·충청의 유치원 수는 강원의 유치원 수의 몇 배인가요?

(   )배

서술형

08 그림그래프를 보고 알 수 있는 내용을 써 보세요.

_____

_____

_____

유형 4 그림그래프 활용하기(2)

지난해 출간한 신간 수와 수입 금액을 출판사별로 조사하여 나타낸 그림그래프입니다. ☐ 안에 알맞은 수나 말을 써넣으세요.

출간한 신간 수와 수입 금액

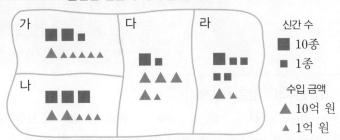

신간 수
■ 10종
■ 1종

수입 금액
▲ 10억 원
▲ 1억 원

가 출판사가 출간한 신간 수는 ☐종이고, 수입 금액은 ☐억 원입니다. 출간한 신간 수가 가장 많은 출판사는 ☐ 출판사이고, 수입 금액이 가장 많은 출판사는 ☐ 출판사입니다.

과수원 수와 사과 생산량

가 나
다

하나의 그림그래프에 두 가지 자료를 함께 나타냈어요.

과수원 수   사과 생산량
🌳 10개   🍎 10 t
🌲 1개   🍎 1 t

나무 그림은 과수원 수를 나타내요.

사과 그림은 사과 생산량을 나타내요.

5 단원

공부한 날

월

일

[09~11] 회사별 장난감 생산량과 수입 금액을 조사하여 나타낸 그림그래프입니다. 물음에 답하세요.

장난감 생산량과 수입 금액

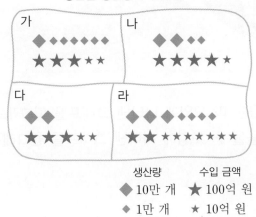

생산량   수입 금액
◆ 10만 개   ★ 100억 원
◆ 1만 개   ★ 10억 원

09 장난감 생산량이 가장 많은 회사와 수입 금액이 가장 많은 회사를 차례로 써 보세요.

(   ) 회사, (   ) 회사

10 나 회사는 다 회사보다 수입 금액이 얼마나 더 많은가요?

(   )원

11 그림그래프를 보고 잘못 말한 친구의 이름을 써 보세요.

가 회사와 다 회사는 수입 금액이 같아요.

장난감 생산량이 가장 적은 회사가 수입 금액이 가장 적어요.

신애   진구

(   )

3 띠그래프와 원그래프를 알아봐요

6학년 학생 100명에게 연주하고 싶은 사물 악기를
조사하여 나타낸 막대그래프예요.

개념 동영상

비율을 나타낸 그래프를 알아볼까요?

전체 학생 수에 대한
악기별 연주하고 싶은 학생 수의
비율을 두 가지 모양의
그래프로 나타냈어요.

연주하고 싶은 사물 악기

(가) 연주하고 싶은 사물 악기

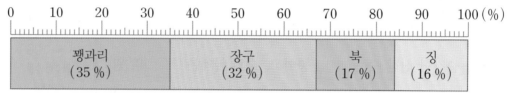

| 꽹과리 (35 %) | 장구 (32 %) | 북 (17 %) | 징 (16 %) |

(나) 연주하고 싶은 사물 악기

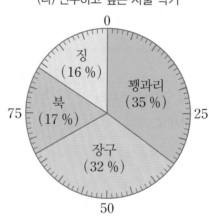

(가) 그래프와 같이 전체에 대한 각 부분의 비율을 띠 모양에 나타낸 그래프를 띠그래프,
(나) 그래프와 같이 전체에 대한 각 부분의 비율을 원 모양에 나타낸 그래프를 원그래프
라고 합니다.

- 장구를 연주하고 싶은 학생은 전체 학생의 32 %입니다.

- 가장 큰 비율의 학생들이 연주하고 싶은 사물 악기는 꽹과리입니다.

- 가장 작은 비율의 학생들이 연주하고 싶은 사물 악기는 징입니다.

- 장구를 연주하고 싶은 학생과 북을 연주하고 싶은 학생은 전체 학생의 49 %입니다.

장구를 연주하고 싶은 학생의
비율인 32 %와 북을 연주하
고 싶은 학생의 비율인 17 %
의 합입니다.

→ 바른답·알찬풀이 **36**쪽

교과서+익힘책

1단계 개념탄탄

[1~4] 준수네 학교 학생들의 장래 희망을 조사하여 나타낸 그래프입니다. 물음에 답하세요.

장래 희망

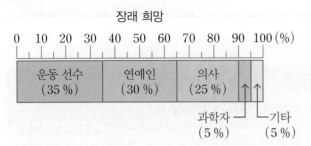

1 위와 같이 전체에 대한 각 부분의 비율을 띠 모양에 나타낸 그래프를 무엇이라고 하나요?

( )

2 장래 희망이 의사인 학생은 전체 학생의 몇 %인가요?

( ) %

Tip 띠그래프에서 비율이 가장 큰 장래 희망을 찾아봅니다.

3 가장 많은 학생들의 장래 희망은 무엇인가요?

( )

4 전체 학생 중에서 30 %의 학생들이 되고 싶은 장래 희망은 무엇인가요?

( )

[5~8] 미영이네 학교 학생 회장 선거 결과를 나타낸 그래프입니다. 물음에 답하세요.

학생 회장 선거 결과

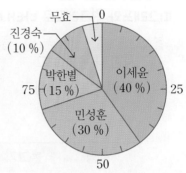

5 위와 같이 전체에 대한 각 부분의 비율을 원 모양에 나타낸 그래프를 무엇이라고 하나요?

( )

6 가장 적은 표를 얻은 학생은 누구인가요?

( )

7 가장 많은 표를 얻은 학생 한 명이 학생 회장으로 당선된다고 할 때, 당선된 학생은 누구인가요?

( )

Tip 백분율의 합계는 100%임을 이용합니다.

8 전체 투표수에 대한 무효표의 비율은 몇 %인가요?

( ) %

5 단원

공부한 날

월

일

4 자료를 띠그래프와 원그래프로 나타내요

학생들이 가장 좋아하는 피자 토핑을 조사했어요.

탐구 띠그래프와 원그래프로 나타내 볼까요?

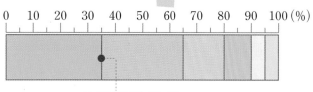

| 조사한 내용을 보고 각 항목의 백분율 구하기 | 각 항목의 백분율만큼 칸을 나누기 | 각 칸에 항목의 내용과 백분율 쓰기 | 제목 쓰기 |

> 자룟값이 적은 것들은 모아서 '기타'로 나타내요.

가장 좋아하는 피자 토핑

토핑	불고기	햄	새우	고구마	감자	기타	합계
학생 수(명)	70	60	30	20	10	10	200
백분율(%)	35	30	15	10	5	5	100

방법 1 $\frac{70}{200} = \frac{35}{100} = 35\%$, 방법 2 $\frac{70}{200} \times 100 = 35 \rightarrow 35\%$

백분율의 합계가 100 %인지 확인합니다.

0 10 20 30 40 50 60 70 80 90 100 (%)

각 항목의 백분율만큼 칸을 나눕니다.

각 항목의 백분율만큼 칸을 나눕니다.

그래프에 알맞은 제목을 씁니다.

가장 좋아하는 피자 토핑

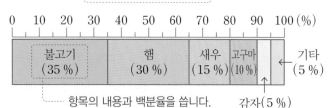

0 10 20 30 40 50 60 70 80 90 100 (%)

| 불고기 (35 %) | 햄 (30 %) | 새우 (15 %) | 고구마 (10 %) | 기타 (5 %) |

항목의 내용과 백분율을 씁니다.

감자(5 %)

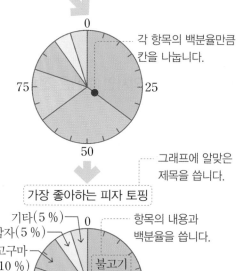

그래프에 알맞은 제목을 씁니다.

가장 좋아하는 피자 토핑

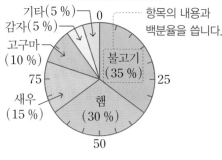

항목의 내용과 백분율을 씁니다.

기타(5 %)
감자(5 %)
고구마 (10 %)
새우 (15 %)
불고기 (35 %)
햄 (30 %)

이미지로 개념 쏙

띠그래프와 원그래프를 바르게 나타냈는지 확인해 보세요!

각 항목의 백분율을 구했나요? 백분율의 합계가 100 % 인가요?

각 항목의 백분율만큼 칸을 나누었나요?

각 칸에 항목의 내용과 백분율을 썼나요?

그래프에 알맞은 제목을 썼나요?

[1~3] 우주네 학교 학생들이 좋아하는 과목을 조사했습니다. 물음에 답하세요.

좋아하는 과목

과목	체육	영어	미술	기타	합계
학생 수(명)	20	12	10	8	50
백분율(%)	40				

Tip 기준량을 100으로 할 때의 비율을 백분율이라고 합니다.

1 전체 학생 수에 대한 각 과목을 좋아하는 학생 수의 백분율을 구해 보세요.

영어: $\dfrac{12}{50} = \dfrac{\boxed{}}{100} = \boxed{}$ %

미술: $\dfrac{10}{50} = \dfrac{\boxed{}}{100} = \boxed{}$ %

기타: $\dfrac{8}{50} = \dfrac{\boxed{}}{100} = \boxed{}$ %

2 표를 완성해 보세요.

3 표를 보고 띠그래프를 완성해 보세요.

좋아하는 과목

```
0  10  20  30  40  50  60  70  80  90  100 (%)
```

| 체육 (40 %) | |

[4~6] 수아네 학교 학생들이 먹고 싶은 간식을 조사했습니다. 물음에 답하세요.

먹고 싶은 간식

간식	과자	빵	초콜릿	기타	합계
학생 수(명)	110	50	30	10	200
백분율(%)	55				

Tip 분수로 나타낸 비율에 100을 곱한 다음 기호 %를 붙여 백분율로 나타냅니다.

4 전체 학생 수에 대한 각 간식을 먹고 싶은 학생 수의 백분율을 구해 보세요.

빵: $\dfrac{50}{200} \times 100 = \boxed{} \Rightarrow \boxed{}$ %

초콜릿: $\dfrac{30}{200} \times 100 = \boxed{} \Rightarrow \boxed{}$ %

기타: $\dfrac{10}{200} \times 100 = \boxed{} \Rightarrow \boxed{}$ %

5 표를 완성해 보세요.

6 표를 보고 원그래프를 완성해 보세요.

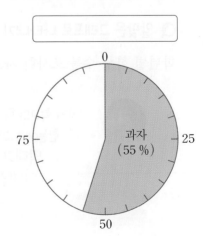

여러 가지 그래프를 비교해요

봉사 활동을 하는 우리 동네 청소년 수를 조사하여
여러 가지 그래프로 나타냈어요.

우리 동네 알림

탐구 여러 가지 그래프를 비교해 볼까요?

개념 동영상

띠그래프

봉사 활동을 하는 청소년의 동별 비율

| 가 동 (36 %) | 나 동 (20 %) | 다 동 (24 %) | 라 동 (12 %) |

↑ 기타 (8 %)

전체에 대한 각 부분의 비율을 한눈에 알아보기 쉽습니다.
각 항목끼리의 비율을 비교하기 좋습니다.

원그래프

봉사 활동을 하는
청소년의 동별 비율

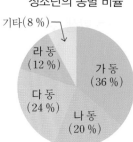

막대그래프

봉사 활동을 하는 동별 청소년 수

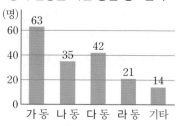

막대의 길이로 자료의 많고 적음을
한눈에 비교할 수 있습니다.

그림그래프

봉사 활동을 하는 동별 청소년 수

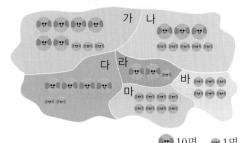

😀 10명   😐 1명

그림의 크기로 자료의 많고 적음을 쉽게 알 수 있습니다.

꺾은선그래프

연도별 봉사 활동을 하는 청소년 수

자료의 변화하는 모습과 정도를 쉽게
알 수 있습니다.

🔍 알맞은 그래프로 나타내기

학년별 학생 수를 조사한 자료를 알고 싶은 내용에 따라 알맞은 그래프로 나타낼 수 있습니다.

우리 학교의 학년별 학생 수를
한눈에 비교할 수 있게
막대그래프로
나타낼래요.

전교생에 대한 학년별 학생 수의
비율을 알 수 있게
띠그래프나 원그래프로
나타낼 거예요.

[1~4] 학교 보건실을 방문한 학생 수를 조사하여 나타낸 그래프입니다. 물음에 답하세요.

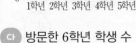 **가** 3월에 방문한 학생 수

 **나** 3월에 방문한 학생 수

6학년 (23 %), 1학년 (22 %), 2학년 (15 %), 3학년 (10 %), 4학년 (12 %), 5학년 (18 %)

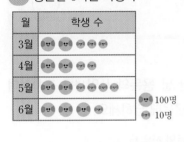 **다** 방문한 6학년 학생 수

월	학생 수
3월	
4월	
5월	
6월	

100명 10명

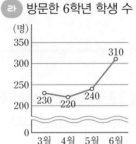 **라** 방문한 6학년 학생 수

마 방문한 6학년 학생 수

3월 (23 %)	4월 (22 %)	5월 (24 %)	6월 (31 %)

1 각 그래프가 어떤 그래프인지 이어 보세요.

가 •　　　　　• 막대그래프

나 •　　　　　• 꺾은선그래프

다 •　　　　　• 그림그래프

라 •　　　　　• 원그래프

마 •　　　　　• 띠그래프

2 3월에 보건실을 방문한 2학년 학생 수와 3월에 보건실을 방문한 전체 학생 수에 대한 2학년 학생 수의 백분율을 각각 써 보세요.

학생 수 _____ 명

백분율 _____ %

3 5월에 보건실을 방문한 6학년 학생 수와 조사한 기간 동안 보건실을 방문한 6학년 학생 수에 대한 5월에 보건실을 방문한 6학년 학생 수의 백분율을 각각 써 보세요.

학생 수 _____ 명

백분율 _____ %

Tip 각 그래프의 특징을 생각해 봅니다.

4 가 ~ 마 중에서 다음 친구들이 사용하기에 알맞은 그래프를 찾아 기호를 써 보세요.

(1)

월별로 보건실을 방문한 6학년 학생 수의 변화를 알아보고 싶어요.

(　　　　　　　　)

(2)

3월에 보건실을 방문한 전체 학생 수에 대한 학년별 학생 수의 비율을 비교해 보고 싶어요.

(　　　　　　　　)

(3)

3월에 보건실을 방문한 학생 수를 학년별로 알아보고 싶어요.

(　　　　　　　　)

유형 1 띠그래프 알아보기

서우네 반 학생들의 혈액형을 조사하여 나타낸 띠그래프입니다. 가장 많은 학생들의 혈액형과 가장 적은 학생들의 혈액형을 차례로 써 보세요.

학생들의 혈액형

0 10 20 30 40 50 60 70 80 90 100 (%)

| A형 (35 %) | B형 (30 %) | O형 (20 %) | AB형 (15 %) |

(   ), (   )

띠그래프

전체에 대한 각 부분의 비율을 띠 모양에 나타낸 그래프

띠그래프에서 차지하는 부분이 길수록 비율이 큽니다.

[01~02] 진수네 반 학생들이 좋아하는 꽃을 조사하여 나타낸 표와 띠그래프입니다. 물음에 답하세요.

좋아하는 꽃

꽃	장미	백합	국화	무궁화	기타	합계
학생 수(명)	7	4	4	3	2	20

좋아하는 꽃

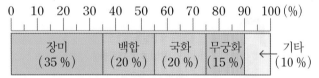

장미 (35 %) | 백합 (20 %) | 국화 (20 %) | 무궁화 (15 %) | 기타 (10 %)

01 학생들이 좋아하는 비율이 같은 꽃을 찾아 써 보세요.

(   ), (   )

02 알맞은 말에 ○표 하세요.

전체에 대한 각 부분의 비율을 한눈에 알아볼 수 있는 것은 (표 , 띠그래프)입니다.

[03~05] 민석이의 한 달 용돈의 쓰임새를 조사하여 나타낸 띠그래프입니다. 물음에 답하세요.

한 달 용돈의 쓰임새

학용품 (40 %) | 간식 (20 %) | 저축 (15 %) | ↑ | 기타 (15 %)

장난감(10 %)

03 전체 용돈 중에서 20 %의 금액이 차지하는 쓰임새는 무엇인가요?

(   )

04 학용품과 저축에 사용한 금액의 비율은 전체의 몇 %인가요?

(   ) %

05 간식에 사용한 금액은 장난감에 사용한 금액의 몇 배인가요?

(   )배

→ 바른답·알찬풀이 **37**쪽

유형2 원그래프 알아보기

성미네 학교 학생들이 가고 싶은 도시를 조사하여 나타낸 원그래프입니다. 가고 싶은 학생 수의 비율이 광주의 2배인 도시는 어디인가요?

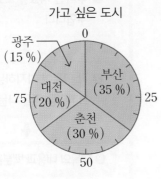

가고 싶은 도시

(   )

> **원그래프**
>
> 전체에 대한 각 부분의 비율을 원 모양에 나타낸 그래프
>
> 원그래프에서는 차지하는 부분이 넓을수록 비율이 큽니다.

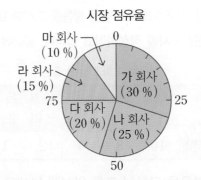

5 단원

공부한 날

월

일

[06~07] 학생들의 의견을 조사하여 학예회 공연을 선정했습니다. 물음에 답하세요.

> **학예회 공연 선정**
>
> 250명의 학생이 참여한 학예회 공연 투표에서 가장 많은 학생이 투표한 ◻이 학예회 공연으로 선정되었습니다.
>
>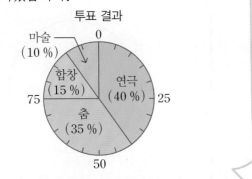
>
> 투표 결과

06 합창에 투표한 학생 수의 비율은 몇 %인가요?

(   ) %

07 선정된 학예회 공연을 쓰고, 투표에 참여한 학생에 대한 해당 공연에 투표한 학생의 비율은 몇 %인지 써 보세요.

(   ), (   ) %

[08~09] 과자 회사별 시장 점유율을 조사하여 나타낸 원그래프입니다. 물음에 답하세요.

시장 점유율

08 시장 점유율이 가장 큰 회사와 점유율이 20 % 인 회사를 차례로 써 보세요.

(   ) 회사, (   ) 회사

> 서술형

09 원그래프를 보고 알 수 있는 내용을 찾아 질문을 만들고 답해 보세요.

질문 _____

_____

답 _____

유형 3 띠그래프와 원그래프로 나타내기

연후네 학교 학생들이 좋아하는 계절을 조사했습니다. 백분율을 구하여
표를 완성하고, 띠그래프로 나타내 보세요.

좋아하는 계절

계절	봄	여름	가을	겨울	합계
학생 수(명)	80	60	120	140	400
백분율(%)					

좋아하는 계절

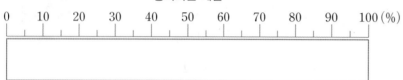

띠그래프와 원그래프를 그리는 방법

❶ 주어진 자료를 보고 백분율을 구합니다.

❷ 각 항목이 차지하는 백분율의 크기만큼 칸을 나눕니다.

❸ 항목의 내용과 백분율을 씁니다.

제목도 잊지 않고 씁니다.

[10~12] 친구들과 하고 싶은 활동을 조사한 표를 활용하여 학급 신문 기사를 작성하려고 합니다. 물음에 답하세요.

친구들과 하고 싶은 활동

활동	종이 접기	보드 게임	운동	공기 놀이	독후 활동	합계
학생 수(명)	10	8	4	2	1	25

10 백분율을 구하여 표를 완성해 보세요.

친구들과 하고 싶은 활동

활동	종이 접기	보드 게임	운동	기타	합계
백분율(%)					

11 10의 표를 보고 띠그래프로 나타내 보세요.

친구들과 하고 싶은 활동

0 10 20 30 40 50 60 70 80 90 100 (%)

12 친구들과 하고 싶은 활동을 주제로 학급 신문 기사를 작성해 보세요.

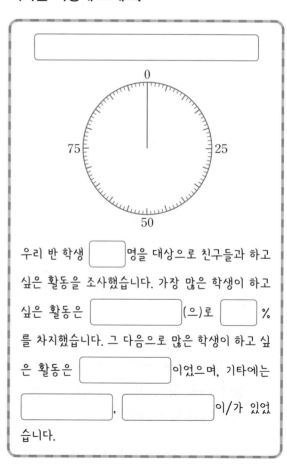

우리 반 학생 ☐ 명을 대상으로 친구들과 하고 싶은 활동을 조사했습니다. 가장 많은 학생이 하고 싶은 활동은 ☐ (으)로 ☐ %를 차지했습니다. 그 다음으로 많은 학생이 하고 싶은 활동은 ☐ 이었으며, 기타에는 ☐ , ☐ 이/가 있었습니다.

유형 4 알맞은 그래프 찾기

석호네 마을의 나이대별 사람 수를 조사했습니다. 친구들이 알고 싶어 하는 내용을 보고 어떤 그래프로 나타내면 좋을지 찾아 이어 보세요.

나이대별 사람 수를 한눈에 비교하려고 할 때 •

전체 사람 수에 대한 나이대별 사람 수의 비율을 알려고 할 때 •

• 원그래프

• 막대그래프

여러 가지 그래프의 특징

막대그래프, 그림그래프	각 항목별 수를 한눈에 비교하기 쉬움.
꺾은선그래프	시간에 따른 자료의 변화를 알기 쉬움.
띠그래프, 원그래프	전체에 대한 각 항목별 수의 비율을 알기 쉬움.

5 단원

공부한 날

월

일

13 호준이가 말한 것을 읽고 어떤 그래프로 나타 내면 좋을지 찾아 색칠해 보세요.

저는 강낭콩 키의 변화를 알아보기 위해 일주일 간격으로 잰 강낭콩의 키를 그래프로 나타내려고 해요.

호준

| 그림그래프 | 꺾은선그래프 |

15 주어진 자료를 어떤 그래프로 나타내면 좋을 지 보기에서 골라 써 보세요.

보기

그림그래프 　　　막대그래프
꺾은선그래프 　　　띠그래프 　　　원그래프

자료	계절별 아이스크림 판매량	연도별 출생아 수
목적	계절별 아이스크림 판매량의 비율	연도별 출생아 수의 변화
그래프		

14 원그래프로 나타내면 좋은 자료를 찾아 기호 를 써 보세요.

　ㄱ 교실에 있는 의자의 수
　ㄴ 존경하는 위인별 학생 수의 비율
　ㄷ 시각별 강수량

(　　　　　　　　　)

서술형

16 지아는 지역별 청소년 수를 그래프로 나타내 어 비교해 보려고 합니다. 어떤 그래프로 나타 내면 좋을지 쓰고, 그 이유를 써 보세요.

답 _____

이유 _____

응용유형 1　조건에 맞게 그림그래프 완성하기

문제해결 추론

마을별 오리 수를 조사하여 나타낸 그림그래프입니다. 전체 오리 수가 640마리이고, 나 마을의 오리 수와 다 마을의 오리 수가 같을 때 그림그래프를 완성해 보세요.

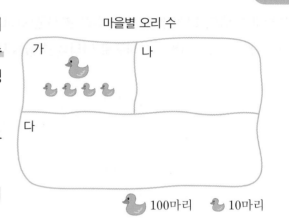

마을별 오리 수

🦆 100마리　🦆 10마리

(1) 나 마을의 오리 수와 다 마을의 오리 수는 모두 몇 마리인가요?

(　　　　　　　　　)마리

(2) 나 마을의 오리 수와 다 마을의 오리 수는 각각 몇 마리인가요?

나 마을 (　　　　　　　)마리, 다 마을 (　　　　　　　)마리

(3) 그림그래프를 완성해 보세요.

유사

1-1

마을별 모은 헌 종이의 무게를 조사하여 나타낸 그림그래프입니다. 가, 나, 다 마을에서 모은 헌 종이의 무게가 모두 500 kg이고, 나 마을에서 모은 헌 종이의 무게와 다 마을에서 모은 헌 종이의 무게가 같을 때 그림그래프를 완성해 보세요.

마을별 모은 헌 종이의 무게

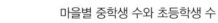

가　　　나　　　다

☐ 100 kg
☐ 10 kg

변형

1-2

마을별 중학생 수와 초등학생 수를 조사하여 나타낸 그림그래프입니다. 가 마을과 나 마을의 중학생 수는 같고, 가 마을의 초등학생과 중학생이 모두 250명일 때 그림그래프를 완성해 보세요.

마을별 중학생 수와 초등학생 수

가　　　나

중학생 수　초등학생 수
☐ 100명　◎ 100명
☐ 10명　○ 10명

→ 바른답·알찬풀이 **38**쪽

응용유형 2 띠그래프와 원그래프 활용하기(1)

어느 회사의 작년 수출 품목과 수입 품목을 조사하여 그래프로 나타냈습니다. 이 회사의 **수출 금액이 가장 많은 품목**과 **수입 금액이 가장 많은 품목**을 찾고 비율을 써 보세요.

수출 품목의 수출 금액 비율

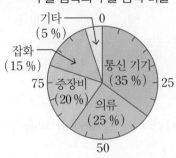

수입 품목의 수입 금액 비율

(1) 수출 금액이 가장 많은 품목은 무엇이고, 비율은 몇 %인가요?

(   ), (   ) %

(2) 수입 금액이 가장 많은 품목은 무엇이고, 비율은 몇 %인가요?

(   ), (   ) %

유사

2-1

어느 지역의 작년 전출 세대와 전입 세대를 조사하여 그래프로 나타냈습니다. 이 지역의 전출이 가장 많은 세대와 전입이 가장 많은 세대를 찾고 비율을 써 보세요.

전출 세대의 세대별 비율

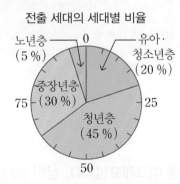

전입 세대의 세대별 비율

전출이 가장 많은 세대 (   ), (   ) %

전입이 가장 많은 세대 (   ), (   ) %

변형

2-2

어느 지역의 2010년과 2020년의 나이대별 인구수를 조사하여 그래프로 나타냈습니다. 2010년에 비해 2020년에 인구수의 비율이 작아진 나이대를 모두 찾아 써 보세요.

나이대별 인구수

2010년	0~19세 (30 %)	20~39세 (34 %)	40~69세 (28 %)	70세 이상 (8 %)
2020년	0~19세 (21 %)	20~39세 (40 %)	40~69세 (24 %)	70세 이상 (15 %)

(   )

응용유형 3 띠그래프와 원그래프 활용하기(2)

경수네 학교 학생들의 텔레비전 시청 시간을 조사하여 나타낸 띠그래프입니다. 시청 시간이 3시간 이상인 학생은 전체의 몇 %인지 구해 보세요.

텔레비전 시청 시간

(1) 시청 시간이 3시간 이상 4시간 미만인 학생의 비율과 4시간 이상인 학생의 비율을 차례로 써 보세요.　　　(　　　　　　) %, (　　　　　　) %

(2) 시청 시간이 3시간 이상인 학생은 전체의 몇 %인가요?

(　　　　　　) %

3-1

[유사]

어느 아파트의 가구별 전기 사용량을 조사하여 나타낸 원그래프입니다. 전기 사용량이 100 KWh 이하인 가구는 전체의 몇 %인가요?
└ '킬로와트시'라고 읽습니다.

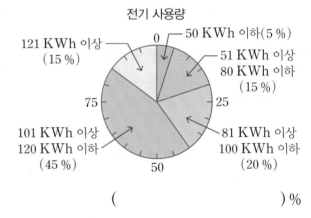

전기 사용량

(　　　　　　) %

3-2

[변형]

민수네 학교 학생들의 독서량을 조사하여 나타낸 띠그래프입니다. 상위 20 %의 학생들에게 독서왕 상을 준다면 책을 몇 권 이상 읽은 학생이 독서왕 상을 받을 수 있나요?

독서량

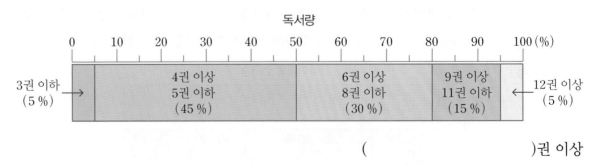

(　　　　　　)권 이상

→ 바른답·알찬풀이 **38**쪽

응용유형 4 띠그래프와 원그래프를 활용하여 수량 구하기
문제 해결 / 추론 / 정보 처리

민석이네 학교 6학년 학생들이 좋아하는 우유를 조사하여 나타낸 띠그래프입니다. 민석이네 학교 학생이 150명이라면 딸기 우유를 좋아하는 학생은 몇 명인지 구해 보세요.

좋아하는 우유

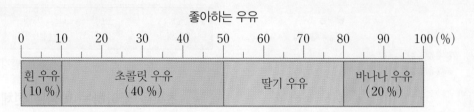

| 흰 우유 (10 %) | 초콜릿 우유 (40 %) | 딸기 우유 | 바나나 우유 (20 %) |

(1) 딸기 우유를 좋아하는 학생은 전체의 몇 %인가요?

( ) %

(2) 딸기 우유를 좋아하는 학생은 몇 명인가요?

( )명

유사

4-1

경숙이네 학교 6학년 학생들의 등교 방법을 조사하여 나타낸 띠그래프입니다. 경숙이네 학교 학생이 200명이라면 자전거로 등교하는 학생은 몇 명인가요?

등교 방법

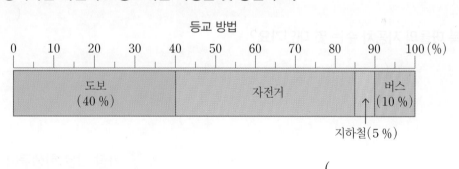

| 도보 (40 %) | 자전거 | 지하철(5 %) | 버스 (10 %) |

( )명

변형

4-2

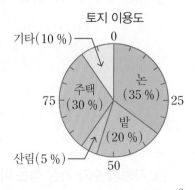

어느 지역의 토지 이용도를 조사하여 나타낸 원그래프입니다. 밭의 넓이가 $800 \ km^2$라면 이 지역의 전체 토지의 넓이는 몇 km^2인가요?

토지 이용도

( ) km^2

5. 여러 가지 그래프

한 문항당 배점은 5점입니다.

점수

점

[01~04] 마을별 자동차 수를 조사하여 나타낸 그림그 래프입니다. 물음에 답하세요.

마을별 자동차 수

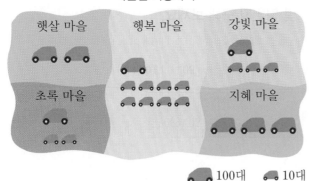

🚐 100대 🚗 10대

01 🚐과 🚗은 각각 몇 대를 나타내나요?

🚐 ( )대

🚗 ( )대

02 행복 마을의 자동차 수는 몇 대인가요?

( )대

중요
03 자동차 수가 가장 많은 마을을 찾아 써 보세요.

( ) 마을

04 자동차 수가 가장 적은 마을을 찾아 써 보세요.

( ) 마을

[05~08] 현아네 반 학생들이 좋아하는 색깔을 조사 하여 나타낸 띠그래프입니다. 물음에 답하세요.

좋아하는 색깔

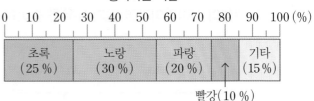

빨강(10 %)

05 초록을 좋아하는 학생은 전체 학생의 몇 %인 가요?

( ) %

06 전체 학생의 20 %가 좋아하는 색깔은 무엇인 가요?

( )

07 가장 많은 학생들이 좋아하는 색깔은 무엇인가 요?

( )

08 파랑을 좋아하는 학생 수는 빨강을 좋아하는 학생 수의 몇 배인가요?

( )배

[09~12] 민지네 반 학생들이 배우고 싶은 악기를 조사했습니다. 물음에 답하세요.

배우고 싶은 악기

악기	피아노	바이올린	플루트	단소	합계
학생 수(명)	20	15	10	5	50
백분율(%)	40			10	

09 표를 완성해 보세요.

중요
10 표를 보고 띠그래프로 나타내 보세요.

배우고 싶은 악기

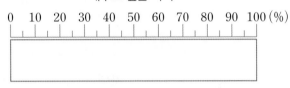

중요
11 표를 보고 원그래프로 나타내 보세요.

배우고 싶은 악기

12 두 번째로 많은 학생들이 배우고 싶은 악기와 비율을 써 보세요.

( ), ( ) %

[13~16] 선우네 학교에서 지난 학기에 나온 급식과 학생들이 좋아하는 급식을 조사하여 나타낸 그래프입니다. 물음에 답하세요.

지난 학기 급식

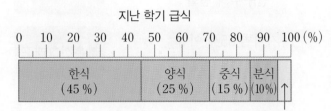

학생들이 좋아하는 급식

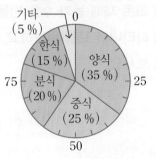

13 지난 학기에 가장 많이 나온 급식은 무엇인가요?

( )

14 지난 학기에 급식으로 한식이 나온 비율은 중식이 나온 비율의 몇 배인가요?

( )배

응용
15 중식을 좋아하는 학생과 분식을 좋아하는 학생은 전체 학생의 몇 %인가요?

( ) %

16 가장 많은 학생들이 좋아하는 급식이 지난 학기에 나온 비율은 몇 %인가요?

( ) %

중요

17 내용에 알맞은 그래프를 찾아 이어 보세요.

연도별 65세 이상
인구수의 변화 ·

· 띠그래프

지역별 65세 이상
인구수의 비율 ·

· 꺾은선그래프

18 권역별 화초 재배 농가 수를 반올림해 백의 자리까지 나타내어 표를 완성하고, 그림그래프로 나타내 보세요.

권역별 화초 재배 농가 수

권역	농가 수(개)	어림값(개)
서울·인천·경기	2296	2300
강원	160	
대전·세종·충청	939	
부산·대구·울산·경상	1658	
광주·전라	1892	
제주	124	

권역별 화초 재배 농가 수

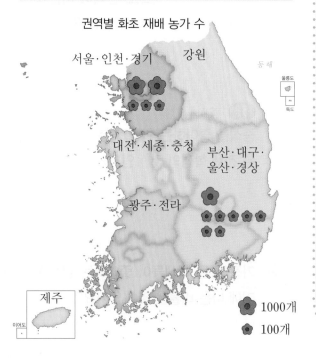

🌸 1000개
🌸 100개

19 지역별 농장 수와 가축 수를 조사하여 나타낸 그림그래프입니다. 농장이 가장 많은 지역과 가축이 가장 많은 지역을 차례로 구하는 풀이 과정을 쓰고, 답을 구해 보세요.

지역별 농장 수와 가축 수

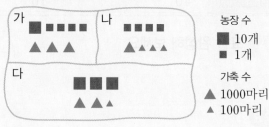

농장 수
■ 10개
■ 1개

가축 수
▲ 1000마리
▲ 100마리

풀이 _____

_____

_____

답 _____ 지역, _____ 지역

응용

20 어느 지역 주민들이 한 달 동안 주민 센터를 이용한 횟수를 조사하여 나타낸 띠그래프입니다. 주민 센터를 5회 이상 이용한 주민은 전체 주민의 몇 %인지 풀이 과정을 쓰고, 답을 구해 보세요.

주민 센터 이용 횟수 (%)

| 0 | 10 | 20 | 30 | 40 | 50 | 60 | 70 | 80 | 90 | 100 |

| 1회 이하 (40 %) | 2회 이상 4회 이하 (35 %) | 5회 이상 7회 이하 (15 %) | 8회 이상 (10 %) |

풀이 _____

_____

_____

답 _____ %

5. 여러 가지 그래프

점수

점

한 문항당 배점은 5점입니다.

→ 바른답·알찬풀이 **40**쪽

[01~04] 권역별 감자 생산량을 조사하여 나타낸 그림 그래프입니다. 물음에 답하세요.

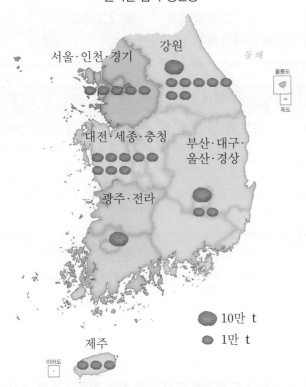

권역별 감자 생산량

10만 t
1만 t

01 ●과 •은 각각 몇 t을 나타내나요?

● (   ) t

• (   ) t

중요

02 감자 생산량이 가장 많은 권역을 찾아 써 보세요.

(   )

03 감자 생산량이 가장 적은 권역을 찾아 써 보세요.

(   )

04 광주·전라의 감자 생산량은 서울·인천·경기 의 감자 생산량의 몇 배인가요?

(   )배

[05~08] 어느 마을에 있는 가로수의 종류를 조사하 여 나타낸 표와 원그래프입니다. 물음에 답하세요.

가로수의 종류

종류	은행나무	소나무	단풍나무	벚나무	기타	합계
수(그루)	200	100	100	25	75	500

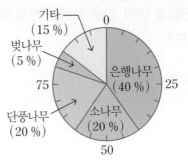

가로수의 종류

05 벚나무의 비율은 전체의 몇 %인가요?

(   ) %

06 가장 많은 가로수의 종류를 찾아 써 보세요.

(   )

07 가로수 중에서 비율이 같은 가로수의 종류를 찾아 써 보세요.

(   )

08 전체에 대한 각 가로수의 비율을 한눈에 알아 볼 수 있는 것은 표와 원그래프 중에서 어느 것 인가요?

(   )

[09~12] 윤지네 학교 학생들이 받고 싶은 선물을 조사하여 나타낸 띠그래프입니다. 물음에 답하세요.

받고 싶은 선물

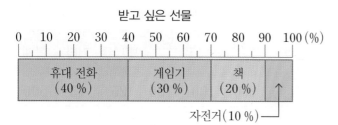

09 휴대 전화를 받고 싶은 학생은 전체 학생의 몇 %인가요?

(   ) %

10 가장 적은 학생들이 받고 싶은 선물을 찾아 써 보세요.

(   )

11 게임기를 받고 싶은 학생과 책을 받고 싶은 학생은 전체 학생의 몇 %인가요?

(   ) %

응용

12 자전거를 받고 싶은 학생이 20명이라면 조사한 전체 학생은 몇 명인가요?

(   )명

[13~14] 주어진 자료를 어떤 그래프로 나타내면 좋을지 보기에서 골라 써 보세요.

보기

| 그림그래프 | 막대그래프 |
| 꺾은선그래프 | 띠그래프 | 원그래프 |

13

자료	목적
연도별 청소년 수	연도별 청소년 수의 변화

(   )

14

자료	목적
취미별 학생 수	취미별 학생 수의 비율 비교

(   )

[15~16] 도서관별 도서 수와 하루 이용자 수를 조사하여 나타낸 그림그래프입니다. 물음에 답하세요.

도서관별 도서 수와 하루 이용자 수

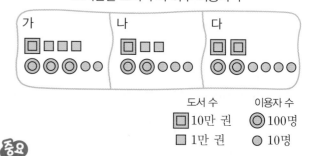

중요

15 도서 수가 가장 많은 도서관과 하루 이용자 수가 가장 많은 도서관을 차례로 써 보세요.

(   ) 도서관, (   ) 도서관

16 도서 수가 12만 권인 도서관의 하루 이용자 수는 몇 명인가요?

(   )명

중요

17 영수네 학교 학생들이 좋아하는 운동을 조사했습니다. 백분율을 구하여 표를 완성하고, 원그래프로 나타내 보세요.

좋아하는 운동

운동	축구	농구	피구	배구	합계
학생 수(명)	220	80	60	40	400
백분율(%)					

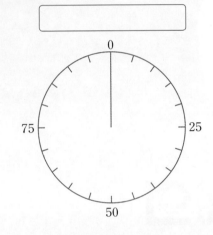

응용

18 농장별 닭 수를 조사하여 나타낸 그림그래프입니다. 전체 닭 수가 750마리이고, 나 농장의 닭 수와 다 농장의 닭 수가 같을 때 그림그래프를 완성해 보세요.

농장별 닭 수

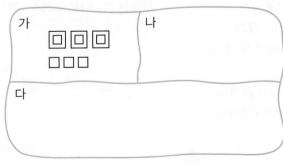

□ 100마리   □ 10마리

서술형 문제

[19~20] 규호네 학교 학생들이 기르는 반려동물을 조사하여 나타낸 원그래프입니다. 물음에 답하세요.

기르는 반려동물

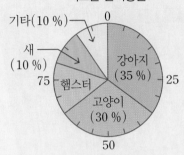

19 햄스터를 기르는 학생은 전체 학생의 몇 % 인지 풀이 과정을 쓰고, 답을 구해 보세요.

풀이 _____

_____

_____

답 _____ %

20 고양이를 기르는 학생은 새를 기르는 학생의 몇 배인지 풀이 과정을 쓰고, 답을 구해 보세요.

풀이 _____

_____

_____

답 _____ 배

5 단원

공부한 날

월

일

6

직육면체의
겉넓이와 부피

무엇을 배울까요?

배운 내용

- 5-1 6. 다각형의 둘레와 넓이
- 넓이 단위를 알고, 평면도형의 넓이 구하기

- 5-2 5. 직육면체
- 직육면체의 구성 요소 및 성질을 이해하고, 전개도 그리기

- 6-1 2. 각기둥과 각뿔
- 각기둥의 구성 요소와 전개도 이해하기

이 단원 내용

- 직육면체와 정육면체의 겉넓이 구하기
- 직육면체의 부피 비교하기
- 부피의 단위인 1 cm^3 알기
- 직육면체와 정육면체의 부피 구하기
- 부피의 큰 단위인 1 m^3를 알고, 1 m^3와 1 cm^3의 관계 이해하기

배울 내용

- 6-2 2. 공간과 입체
- 쌓기나무로 만든 입체도형을 보고 사용된 쌓기나무의 개수 구하기

단원의 공부 계획을 세우고,
공부한 내용을 얼마나 이해했는지 스스로 평가해 보세요.

☆☆☆ 자신있게 설명할 수 있어요.　　☆☆ 설명하기 조금 힘들어요.　　☆ 어려워서 설명할 수 없어요.

1 직육면체의 겉넓이를 구해요

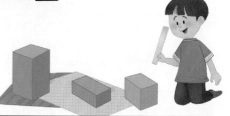

직육면체 모양의 선물 상자를 포장하려고 해요.
필요한 포장지의 넓이를 구하려면 겉넓이를 알아야 해요.

탐구 **직육면체의 겉넓이를 구해 볼까요?** ― 겉넓이는 입체도형의 겉면의 넓이입니다.

개념 동영상

방법 1 여섯 면의 넓이의 합으로 구하기

(직육면체의 겉넓이) $= 4 \times 2 + 2 \times 3 + 4 \times 3 + 2 \times 3 + 4 \times 3 + 4 \times 2$
$= 52\,(cm^2)$

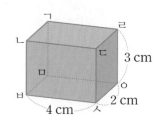

방법 2 세 쌍의 면이 합동인 성질을 이용하여 구하기

(직육면체의 겉넓이) $= (4 \times 2 + 2 \times 3 + 4 \times 3) \times 2 = 52\,(cm^2)$

방법 3 전개도를 이용하여 구하기

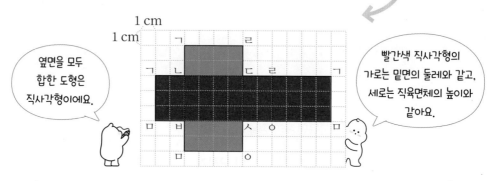

옆면을 모두 합한 도형은 직사각형이에요.

빨간색 직사각형의 가로는 밑면의 둘레와 같고, 세로는 직육면체의 높이와 같아요.

(직육면체의 겉넓이) $= \underbrace{(4 \times 2) \times 2}_{\text{두 밑면의 넓이}} + \underbrace{(2 + 4 + 2 + 4) \times 3}_{\text{옆면을 모두 합한 도형의 넓이}} = 52\,(cm^2)$

정육면체의 겉넓이 구하기

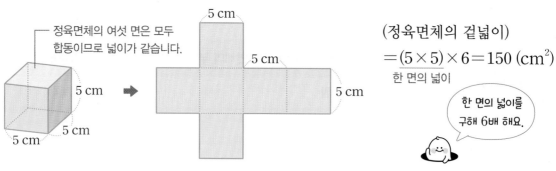

정육면체의 여섯 면은 모두 합동이므로 넓이가 같습니다.

(정육면체의 겉넓이)
$= (5 \times 5) \times 6 = 150\,(cm^2)$
한 면의 넓이

한 면의 넓이를 구해 6배 해요.

이미지로 개념 콕콕

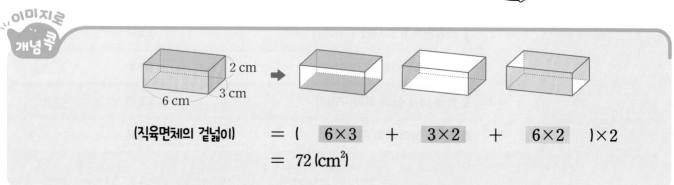

(직육면체의 겉넓이) $= ($ 6×3 $+$ 3×2 $+$ 6×2 $) \times 2$
$= 72\,(cm^2)$

바른답·알찬풀이 **42**쪽

1단계 개념탄탄

1 여섯 면의 넓이의 합으로 직육면체의 겉넓이를 구해 보세요.

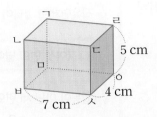

(1) 직육면체의 각 면의 넓이를 구해 보세요.

면 ㄱㄴㄷㄹ	28 cm²	면 ㄱㄴㅂㅁ	▢ cm²
면 ㄴㅂㅅㄷ	▢ cm²	면 ㄷㅅㅇㄹ	▢ cm²
면 ㄱㅁㅇㄹ	▢ cm²	면 ㅁㅂㅅㅇ	▢ cm²

(2) 직육면체의 여섯 면의 넓이를 더하여 겉넓이를 구해 보세요.

(   ) cm²

2 직육면체의 세 쌍의 면이 합동인 성질을 이용하여 직육면체의 겉넓이를 구해 보세요.

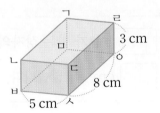

(1) 직육면체에서 합동인 면을 찾아보세요.

면 ㄱㄴㄷㄹ과 면 ▢ ,

면 ㄱㄴㅂㅁ과 면 ▢ ,

면 ㄴㅂㅅㄷ과 면 ▢

(2) 합동인 두 면의 넓이가 같음을 이용하여 겉넓이를 구해 보세요.

(▢ + ▢ + ▢) × 2

= ▢ (cm²)

3 빗금 친 부분이 직육면체의 한 밑면일 때 전개도를 이용하여 직육면체의 겉넓이를 구해 보세요.

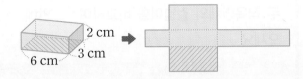

(1) 한 밑면의 넓이를 구해 보세요.

(   ) cm²

(2) 옆면을 모두 합한 도형의 넓이를 구해 보세요.

(   ) cm²

(3) 직육면체의 겉넓이를 구해 보세요.

(   ) cm²

4 정육면체의 겉넓이를 구해 보세요.

정육면체의 한 면의 넓이가 ▢ cm²이므로

정육면체의 겉넓이는 ▢ cm²입니다.

5 직육면체와 정육면체의 겉넓이를 구해 보세요.

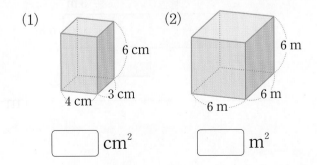

(1) ▢ cm²   (2) ▢ m²

6
단원

공부한 날

월

일

유형 1 직육면체의 겉넓이 구하기

두 직육면체의 겉넓이를 비교하여 ○ 안에 >, =, <를 알맞게 써넣으세요.

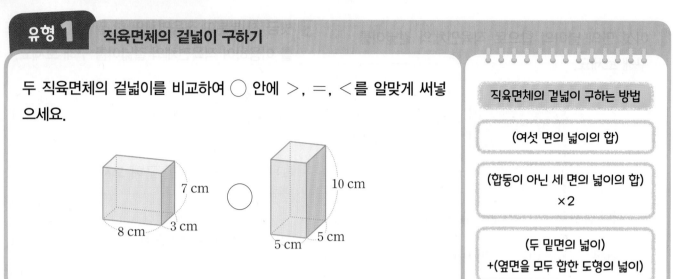

직육면체의 겉넓이 구하는 방법

(여섯 면의 넓이의 합)

(합동이 아닌 세 면의 넓이의 합)
×2

(두 밑면의 넓이)
+(옆면을 모두 합한 도형의 넓이)

01 선화는 마트에서 직육면체 모양 상자에 담긴 과자를 샀습니다. 과자 상자의 겉넓이를 구해 보세요.

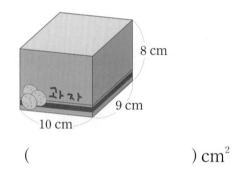

(   ) cm^2

02 직육면체의 전개도를 보고 겉넓이를 구해 보세요.

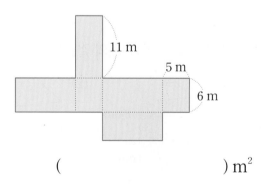

(   ) m^2

03 수민이와 현서가 직육면체 모양의 상자를 만들었습니다. 누가 만든 상자의 겉넓이가 얼마나 더 넓은지 구해 보세요.

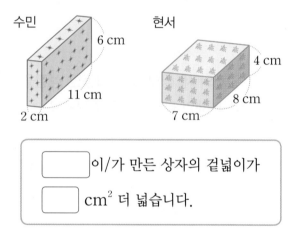

이/가 만든 상자의 겉넓이가

☐ cm^2 더 넓습니다.

04 직육면체에서 빗금 친 면의 넓이가 63 cm^{2}입니다. 이 직육면체의 겉넓이를 구해 보세요.

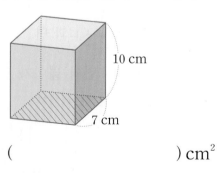

(   ) cm^2

→ 바른답·알찬풀이 **42**쪽

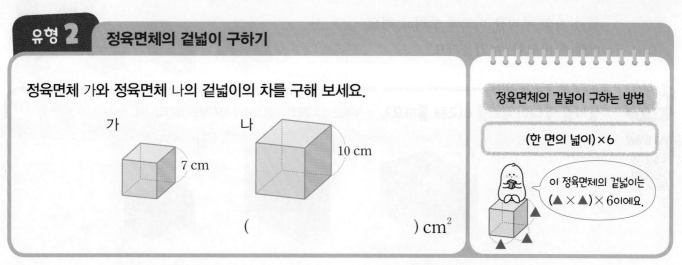

유형2 정육면체의 겉넓이 구하기

정육면체 가와 정육면체 나의 겉넓이의 차를 구해 보세요.

( ) cm²

정육면체의 겉넓이 구하는 방법

(한 면의 넓이)×6

이 정육면체의 겉넓이는
(▲×▲)×6이에요.

05 한 모서리가 8 cm인 정육면체 모양 주사위의 겉넓이를 구해 보세요.

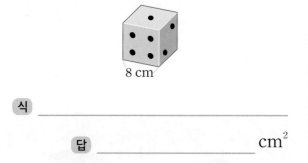

식 _____

답 _____ cm²

서술형

07 한 모서리가 2 cm인 정육면체가 있습니다. 이 정육면체의 모든 모서리를 2배로 늘이면 겉넓이는 몇 배가 되는지 풀이 과정을 쓰고, 답을 구해 보세요.

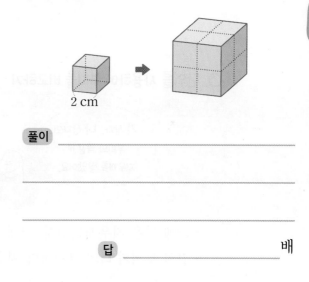

풀이 _____

_____

_____

답 _____ 배

06 정육면체의 전개도를 보고 겉넓이를 구해 보세요.

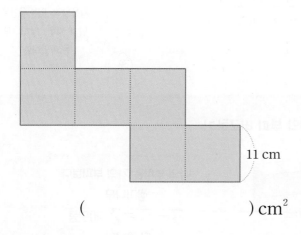

( ) cm²

08 정육면체의 겉넓이가 864 m²일 때 빗금 친 면의 넓이는 몇 m²인가요?

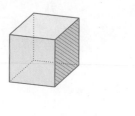

( ) m²

6

단원

공부한 날

월

일

2 직육면체의 부피를 비교해요

세 상자의 부피를 비교해 보려고 해요.
어떻게 비교할 수 있을까요?

 상자를 맞대어 부피를 비교해 볼까요? ─ 부피는 입체도형이 공간에서 차지하는 크기입니다.

개념 동영상

가　　　　나　　　　다

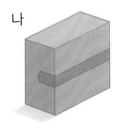

- 직접 맞대었을 때 모든 면의 넓이가 더 작은 다 상자의 부피가 가장 작습니다.
- 맞대었을 때 모든 면의 넓이를 비교하기 어려운 가 상자와 나 상자의 부피는 맞대어 비교하기 어렵습니다.

🔍 단위를 사용하여 부피를 비교하기

가　　　　　　나

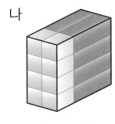

가 상자, 나 상자의
부피와 똑같게
지우개를 쌓았어요.

- 가에 쌓은 지우개는 9개, 나에 쌓은 지우개는 8개입니다.
- 가의 부피가 나의 부피보다 지우개 1개만큼 더 큽니다.
  └ $9-8=1$(개)

부피를 재는 단위로
사용할 수 있는 물건은
낱개 모형, 쌓기나무
등이 있어요.

이미지로
개념쏙

같은 크기의 쌓기나무를 쌓아 만든 두 직육면체의 부피 비교하기

가　　　　　　나

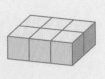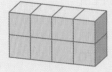

6개　　　　　8개

나의 부피는 가의 부피보다
쌓기나무
$8-6=2$(개)만큼
더 큽니다.

→ 바른답·알찬풀이 **43**쪽

1단계 개념탄탄

1 부피가 더 큰 것은 어느 것인가요?

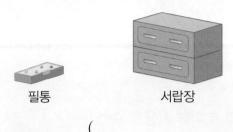

필통   서랍장

(   )

2 빗금 친 부분의 넓이가 같을 때 부피가 더 큰 직육면체에 ○표 하세요.

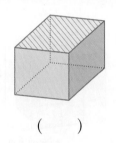 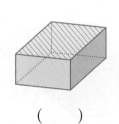

(   )   (   )

3 같은 크기의 쌓기나무로 각자 도시락의 부피와 똑같게 쌓았습니다. ☐ 안에 알맞은 이름을 써넣으세요.

이름	승기	종수	민기
쌓기나무의 개수(개)	88	72	91

부피가 가장 작은 것은 ☐의 도시락이고,

가장 큰 것은 ☐의 도시락입니다.

4 모양과 크기가 같은 벽돌을 쌓아서 직육면체를 만들었습니다. 가와 나 중에서 부피가 더 작은 것은 어느 것인가요?

가   나

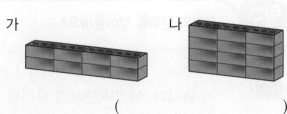

(   )

5 같은 크기의 쌓기나무를 쌓아 만든 두 직육면체의 부피를 비교해 보세요.

가   나

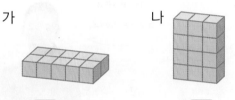

직육면체 ☐의 부피가 쌓기나무 ☐개만큼 더 큽니다.

6 부피가 작은 직육면체부터 차례로 기호를 써 보세요.

가   나   다

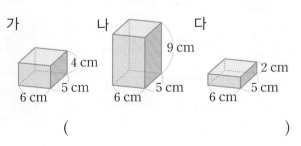

4 cm
5 cm
6 cm

9 cm
5 cm
6 cm

2 cm
5 cm
6 cm

(   )

cm³를 알아봐요

상자의 부피와 똑같게 쌓기나무를 쌓았어요.
상자의 부피는 어떻게 나타낼 수 있을까요?

파란색 쌓기나무
54개

노란색 쌓기나무
16개

 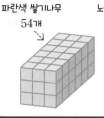 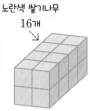

탐구 부피의 단위를 알아볼까요?

개념 동영상

부피의 단위로 한 모서리가 1 cm인 정육면체의 부피를 사용할 수 있습니다. 이 정육면체의 부피를 **1 cm³**라 쓰고, 1 세제곱센티미터라고 읽습니다.

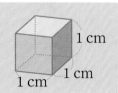
1 cm
1 cm
1 cm

쓰기 ‒‒‒ 1 cm^3 읽기 1 세제곱센티미터

Q **부피가 1 cm³인 쌓기나무를 쌓아 만든 직육면체의 부피 구하기**

한 층의 쌓기나무 개수를 세어 층수만큼 곱해요.

가  2층

나 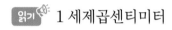 3층

└ 한 층에 12개   └ 한 층에 6개

부피가 1 cm³인 쌓기나무가 3개이면 부피는 3 cm³예요.

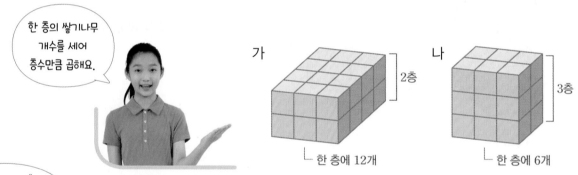

	가	나
쌓기나무의 개수	24개 └ 12×2=24(개)	18개 └ 6×3=18(개)
직육면체의 부피	24 cm³	18 cm³

참고 부피가 1 cm³인 쌓기나무 ■개의 부피는 ■cm³입니다.

이미지로 개념쏙

1 cm
1 cm
1 cm

1 cm³

한 층에 4개씩 4층이니까 16개예요.

부피가 1 cm³인 쌓기나무가 16개이므로 직육면체의 부피는 16 cm³입니다.

1 ☐ 안에 알맞게 써넣으세요.

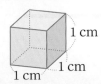

> 한 모서리가 1 cm인 정육면체의 부피를
> ☐ (이)라 쓰고,
> ☐ (이)라고 읽습
> 니다.

2 부피가 1 cm³인 쌓기나무를 쌓아
직육면체를 만들었습니다. ☐ 안에
알맞은 수를 써넣으세요.

> 쌓기나무는 한 층에 ☐ 개씩 ☐ 층이므로
> ☐ × ☐ = ☐ (개)입니다.
> 직육면체의 부피는 ☐ cm³입니다.

3 부피가 1 cm³인 쌓기나무를 쌓아 직육면체를 만
들었습니다. 표를 완성해 보세요.

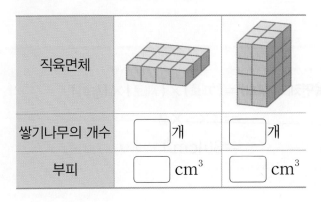

직육면체		
쌓기나무의 개수	☐ 개	☐ 개
부피	☐ cm³	☐ cm³

4 부피가 1 cm³인 쌓기나무를 쌓아 만든 직육면체
의 부피를 구해 보세요.

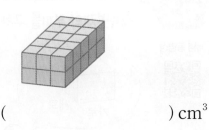

( ) cm³

5 부피가 1 cm³인 쌓기나무를 쌓아 만든 직육면체
의 부피를 구하려고 합니다. 알맞게 이어 보세요.

 · · 12 cm³

 · · 9 cm³

 · · 8 cm³

6 부피가 1 cm³인 쌓기나무를 쌓아 만든 직육면체
입니다. 부피가 더 큰 직육면체의 기호를 써 보
세요.

가 나
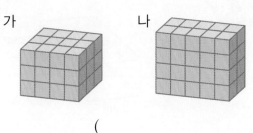

( )

4 직육면체의 부피를 구해요

휴지 갑과 똑같게 쌓기나무를 쌓기 어려워요.

쌓기나무를 사용하지 않고 부피를 구할 수 있을까요?

직육면체의 부피를 구하는 방법을 알아볼까요?

개념 동영상

가로 세로 높이

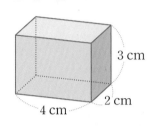

3 cm
4 cm
2 cm

	모서리의 길이	한 모서리에 놓인 쌓기나무 개수
가로	4 cm	4개
세로	2 cm	2개
높이	3 cm	3개

→ (직육면체의 부피)$=4\times2\times3=24\,(\text{cm}^3)$

(직육면체의 부피)$=$(가로)$\times$(세로)$\times$(높이)
↓
$=$(한 밑면의 넓이)$\times$(높이)

정육면체의 부피 구하기

정육면체의 모든 모서리는 길이가 같아요.

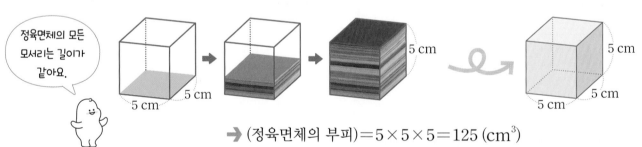

5 cm 5 cm 5 cm 5 cm 5 cm 5 cm

→ (정육면체의 부피)$=5\times5\times5=125\,(\text{cm}^3)$

참고 (정육면체의 부피)$=$(한 모서리)$\times$(한 모서리)$\times$(한 모서리)

이미지로 개념 쏙

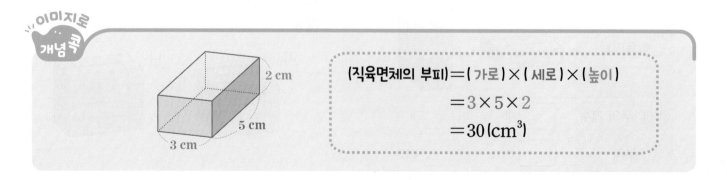

2 cm
5 cm
3 cm

(직육면체의 부피)$=$(가로)$\times$(세로)$\times$(높이)
$=3\times5\times2$
$=30\,(\text{cm}^3)$

1 직육면체의 가로, 세로, 높이에 맞게 부피가 1 cm³인 쌓기나무를 쌓았습니다. □ 안에 알맞은 수를 써넣으세요.

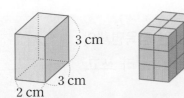

	모서리의 길이	한 모서리에 놓인 쌓기나무 개수
가로	□ cm	□ 개
세로	□ cm	□ 개
높이	□ cm	□ 개

(직육면체의 부피) = □ × □ × □

= □ (cm³)

2 □ 안에 알맞은 수나 말을 써넣으세요.

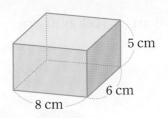

(직육면체의 부피) = (가로) × (세로) × (□)

= □ × □ × □

= □ (cm³)

3 □ 안에 알맞은 수를 써넣으세요.

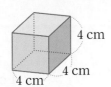

(정육면체의 부피)

= □ × □ × □ = □ (cm³)

4 직육면체의 부피를 구해 보세요.

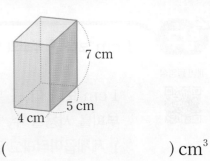

( ) cm³

5 정육면체의 부피를 구해 보세요.

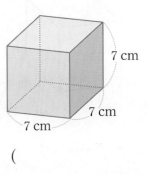

( ) cm³

6 빗금 친 면의 넓이가 28 cm³일 때 직육면체의 부피를 구해 보세요.

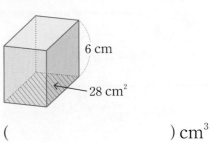

( ) cm³

6. 직육면체의 겉넓이와 부피 **167**

5 m³를 알아봐요

직육면체 모양인 수족관의 부피를 어떻게 나타낼 수 있을까요?

개념 동영상

탐구 1 cm³보다 큰 부피의 단위를 알아볼까요?

1 cm³보다 더 큰 부피의 단위로 한 모서리가 1 m인 정육면체의 부피를 사용할 수 있습니다. 이 정육면체의 부피를 **1 m³**라 쓰고, **1 세제곱미터**라고 읽습니다.

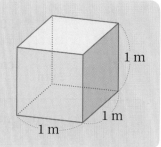

 쓰기 **1 m³** 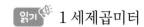 읽기 1 세제곱미터

Q 1 m³와 1 cm³의 관계 알아보기

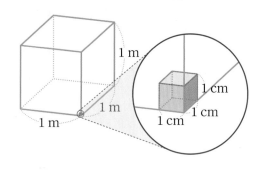

부피가 1 m³인 정육면체를 만들려면 부피가 1 cm³인 쌓기나무가 $100 \times 100 \times 100 = 1000000$(개) 필요합니다.

$$1 \ m^3 = 1000000 \ cm^3$$

Q 알맞은 부피의 단위 고르기

방 30 m³

필통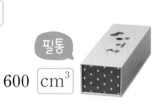
600 cm³

 세탁기

0.5 m³

이미지로 개념콕

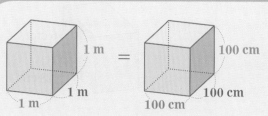

1 m³ = 1000000 cm³

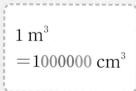

1 m³를 만들려면 1 cm³를 가로 100개, 세로 100개씩 100층으로 쌓아야 해요.

1 그림을 보고 ⬜ 안에 알맞게 써넣으세요.

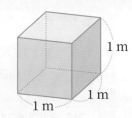

1 m
1 m
1 m

한 모서리가 1 m인 정육면체의 부피를

⬜ (이)라 쓰고,

⬜ (이)라고 읽습니다.

2 한 모서리가 1 cm인 쌓기나무를 쌓아서 부피가 1 m³인 정육면체를 만들려고 합니다. 필요한 쌓기나무는 모두 몇 개인가요?

( )개

3 직육면체를 보고 물음에 답하세요.

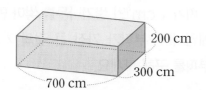

200 cm
300 cm
700 cm

(1) 직육면체의 가로, 세로, 높이를 m로 나타내 보세요.

가로 ( ) m
세로 ( ) m
높이 ( ) m

(2) 직육면체의 부피는 몇 m³인가요?

( ) m³

4 직육면체의 부피를 구해 보세요.

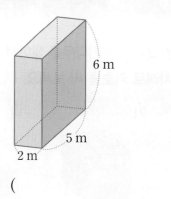

6 m
5 m
2 m

( ) m³

5 정육면체의 부피를 구해 보세요.

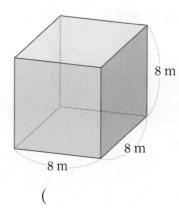

8 m
8 m
8 m

( ) m³

6 ⬜ 안에 알맞은 수를 써넣으세요.

(1) 4 m³ = ⬜ cm³

(2) 15 m³ = ⬜ cm³

(3) 5000000 cm³ = ⬜ m³

(4) 7700000 cm³ = ⬜ m³

유형 1   쌓기나무를 사용하여 직육면체의 부피 비교하기

같은 크기의 쌓기나무를 쌓아서 만든 직육면체입니다. 부피가 작은 것부터 차례로 기호를 써 보세요.

가   나   다

(   )

쌓기나무로 직육면체의 부피 비교하기

같은 크기의 쌓기나무 사용하기

쌓기나무의 개수 비교하기

부피가 1 cm^3인 쌓기나무 ■개의 부피는 ■ cm^3예요.

---

01 같은 크기의 쌓기나무를 쌓아서 만든 직육면체입니다. 부피가 같은 직육면체를 만든 두 친구의 이름을 써 보세요.

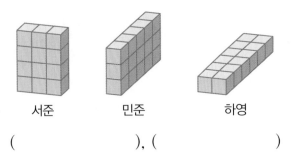

서준   민준   하영

(   ), (   )

02 같은 크기의 쌓기나무를 쌓아서 만든 직육면체입니다. 보기와 같이 부피를 비교하는 문장을 써 보세요.

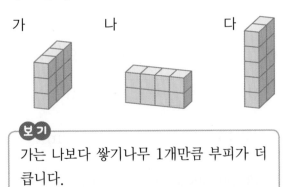

가   나   다

보기

가는 나보다 쌓기나무 1개만큼 부피가 더 큽니다.

문장 _____

---

03 같은 크기의 쌓기나무로 다음과 같은 직육면체를 만들 때 부피가 더 작은 것의 기호를 써 보세요.

㉠ 가로로 3개, 세로로 5개씩 6층으로 쌓은 모양
㉡ 1층에 20개씩 4층으로 쌓은 모양

(   )

04 부피가 1 cm^3인 쌓기나무를 쌓아 만든 직육면체입니다. 부피가 가장 큰 것의 기호를 쓰고, 부피를 구해 보세요.

가   나   다

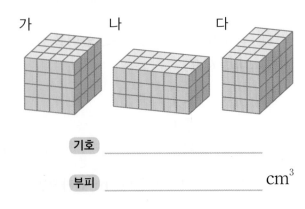

기호 _____

부피 _____ cm^3

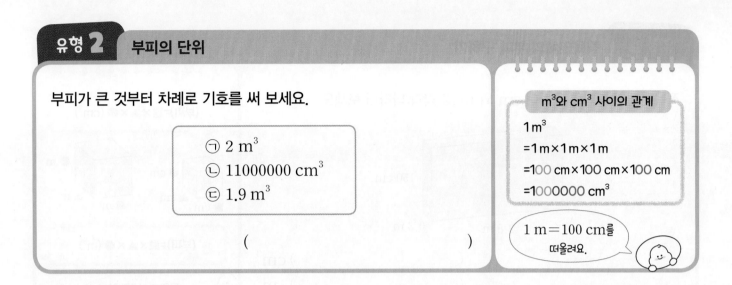

유형 2 부피의 단위

부피가 큰 것부터 차례로 기호를 써 보세요.

> ㉠ 2 m³
> ㉡ 11000000 cm³
> ㉢ 1.9 m³

(   )

m³와 cm³ 사이의 관계

1 m³
=1 m×1 m×1 m
=100 cm×100 cm×100 cm
=1000000 cm³

1 m=100 cm를 떠올려요.

05 부피를 비교하여 ○ 안에 >, =, <를 알맞게 써넣으세요.

(1) 7.2 m³ ◯ 720000 cm³

(2) 9000000 cm³ ◯ 60 m³

 서술형

06 잘못 말한 친구의 이름을 쓰고, 바르게 고쳐 보세요.

명한: 5 m³=5000000 cm³예요.

예진: 20 m³는 2000000 cm³와 같아요.

한수: 8.1 m³=8100000 cm³예요.

답 _____

바르게 고치기 _____

_____

07 옷장의 실제 부피와 가장 가까운 것을 찾아 이어 보세요.

· 120 cm³

· 1.2 m³

· 12 m³

08 ☐ 안에 cm³와 m³ 중에서 알맞은 단위를 골라 써넣으세요.

(1) 과자 상자의 부피는 400 ☐ 입니다.

(2) 냉장고의 부피는 2 ☐ 입니다.

(3) 주사위의 부피는 8 ☐ 입니다.

(4) 내 방의 부피는 35 ☐ 입니다.

6 단원

공부한 날

월

일

유형 3 직육면체의 부피 구하기

직육면체의 부피를 구하여 cm^3와 m^3로 각각 나타내 보세요.

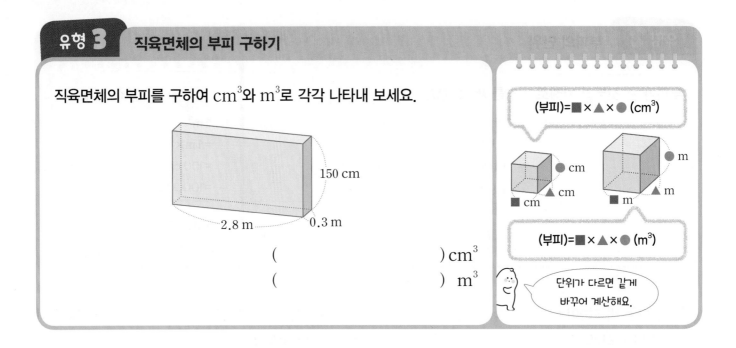

150 cm
2.8 m
0.3 m

(   ) cm^3
(   ) m^3

(부피)=■×▲×● (cm^3)

cm
cm
cm

m
m
m

(부피)=■×▲×● (m^3)

단위가 다르면 같게
바꾸어 계산해요.

---

09 정육면체의 부피를 구하여 cm^3와 m^3로 각각 나타내 보세요.

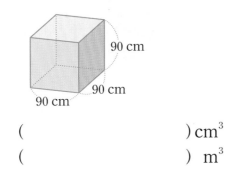

90 cm
90 cm
90 cm

(   ) cm^3
(   ) m^3

10 전개도를 이용하여 직육면체를 만들려고 합니다. 직육면체의 부피를 구해 보세요.

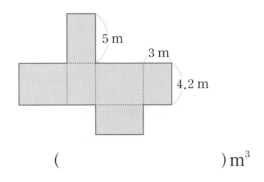

5 m
3 m
4.2 m

(   ) m^3

---

11 부피가 큰 것부터 차례로 기호를 써 보세요.

> ㉠ 가로가 6 cm, 세로가 10 cm, 높이가 7 cm인 직육면체
> ㉡ 한 밑면의 넓이가 81 cm^2, 높이가 5 cm인 직육면체
> ㉢ 한 모서리가 8 cm인 정육면체

(   )

서술형

12 직육면체 가와 정육면체 나 중에서 어느 것의 부피가 더 작은지 풀이 과정을 쓰고, 답을 구해 보세요.

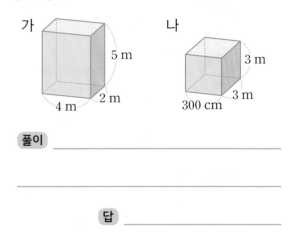

가
5 m
4 m
2 m

나
3 m
3 m
300 cm

풀이 _____

_____

답 _____

유형 4 직육면체 부피의 활용

경수는 가로가 12 cm, 세로가 12 cm, 높이가 5 cm인 직육면체 모양의 두부를 샀습니다. 경수가 산 두부의 부피를 구해 보세요.

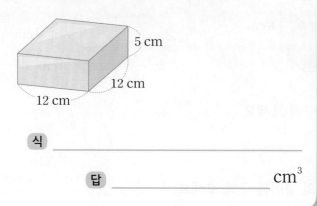

식 _____

답 _____ cm³

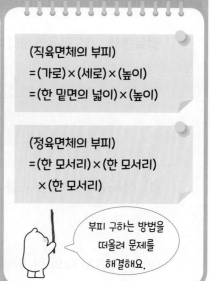

(직육면체의 부피)
= (가로) × (세로) × (높이)
= (한 밑면의 넓이) × (높이)

(정육면체의 부피)
= (한 모서리) × (한 모서리)
  × (한 모서리)

부피 구하는 방법을 떠올려 문제를 해결해요.

---

13 제과점에서 한 모서리가 9 cm인 정육면체 모양의 식빵을 샀습니다. 식빵의 부피를 구해 보세요.

식 _____

답 _____ cm³

14 부피가 1 cm³인 쌓기나무를 쌓아 부피가 120 cm³인 직육면체를 만들려고 합니다. 쌓기나무를 가로로 4개, 세로로 6개씩 쌓는다면 몇 층으로 쌓아야 할까요?

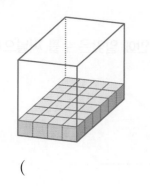

(_____)층

ⓣ️ⓟ 모든 모서리를 같게 잘라야 합니다.

15 직육면체 모양의 떡을 잘라서 정육면체 모양으로 만들려고 합니다. 만들 수 있는 가장 큰 정육면체의 부피를 구해 보세요.

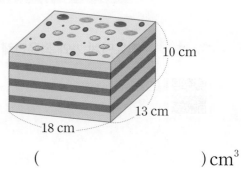

(_____) cm³

16 직육면체의 부피는 280 m³입니다. ☐ 안에 알맞은 수를 써넣으세요.

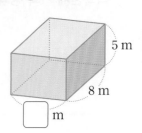

6
단원

공부한 날

월

일

응용유형 1　직육면체의 모서리 구하기

문제해결　추론　정보처리

정육면체 가와 직육면체의 나의 부피가 같습니다. ▢ 안에 알맞은 수를 구해 보세요.

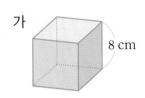

가

8 cm

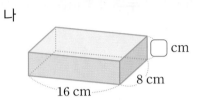

나

▢ cm

8 cm

16 cm

(1) 정육면체 가의 부피를 구해 보세요.

(　　　　　　) cm³

(2) 직육면체 나의 한 밑면의 넓이를 구해 보세요.

(　　　　　　) cm²

(3) ▢ 안에 알맞은 수를 구해 보세요.

(　　　　　　)

유사

1-1　직육면체 가와 정육면체 나의 부피가 같습니다. ▢ 안에 알맞은 수를 써넣으세요.

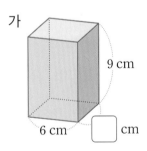

가

9 cm

6 cm

▢ cm

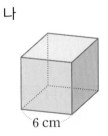

나

6 cm

변형

1-2　직육면체 가와 정육면체 나의 겉넓이가 같습니다. ▢ 안에 알맞은 수를 써넣으세요.

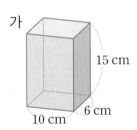

가

15 cm

10 cm

6 cm

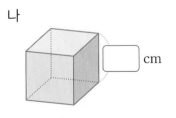

나

▢ cm

응용유형 **2**   자른 직육면체의 겉넓이 구하기

직육면체 모양의 떡을 똑같이 2조각으로 잘랐습니다. 자른 떡 2조각의 겉넓이를 구해 보세요.

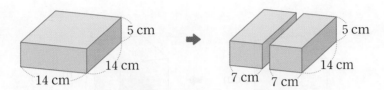

(1) 자르기 전 떡의 겉넓이를 구해 보세요.

(   ) cm^2

(2) 떡을 자르면 자른 면이 생깁니다. 자른 두 면을 색칠하고, 색칠한 두 면의 넓이의 합을 구해 보세요.

(   ) cm^2

(3) 자르기 전 떡의 겉넓이에 자른 두 면의 넓이를 더해서 자른 떡 2조각의 겉넓이를 구해 보세요.

(   ) cm^2

6
단원

공부한 날

월

일

유사

2-1

직육면체 모양의 나무토막을 3조각으로 잘랐습니다. 자른 나무토막 3조각의 겉넓이를 구해 보세요.

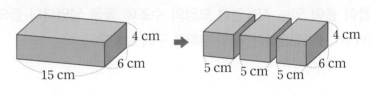

(   ) cm^2

변형

2-2

정육면체 모양의 치즈를 똑같이 4조각으로 잘랐을 때, 자른 치즈 4조각의 겉넓이는 자르기 전 치즈의 겉넓이보다 몇 cm^2 늘어나는지 구해 보세요.

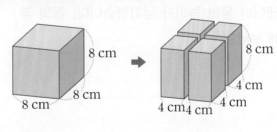

(   ) cm^2

응용유형 3 물에 넣은 돌의 부피 구하기

물이 들어 있는 직육면체 모양의 수조에 돌을 넣었더니 물의 높이가 높아졌습니다. 돌의 부피를 구해 보세요.

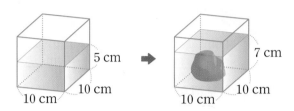

(1) 수조 안의 물의 높이가 몇 cm 높아졌나요?

(   ) cm

(2) ☐ 안에 알맞은 수를 써넣으세요.

> 돌의 부피는 가로가 ☐ cm, 세로가 ☐ cm, 높이가 ☐ cm인 직육면체의 부피와 같습니다.

(3) 돌의 부피를 구해 보세요.

(   ) cm³

유사

3-1 물이 들어 있는 직육면체 모양의 수조에 돌을 넣었더니 물의 높이가 3 cm 높아졌습니다. 돌의 부피를 구해 보세요.

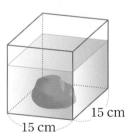

(   ) cm³

변형

3-2 돌이 완전히 잠겨 있는 직육면체 모양의 수조에서 돌을 꺼냈더니 물의 높이가 낮아졌습니다. 돌의 부피를 구해 보세요.

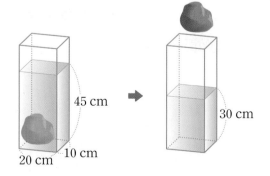

(   ) cm³

→ 바른답·알찬풀이 **45**쪽

응용유형 4 입체도형의 부피 구하기

입체도형의 부피를 구해 보세요.

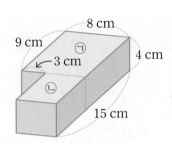

(1) ㉠ 부분의 부피를 구해 보세요.

( ) cm³

(2) ㉡ 부분의 부피를 구해 보세요.

( ) cm³

(3) 입체도형의 부피를 구해 보세요.

( ) cm³

4-1 입체도형의 부피를 구해 보세요.

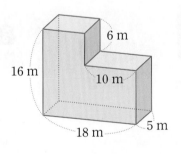

( ) m³

4-2 입체도형의 부피를 구해 보세요.

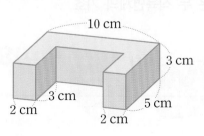

( ) cm³

6. 직육면체의 겉넓이와 부피

[01~02] 직육면체의 겉넓이를 구하려고 합니다. 물음에 답하세요.

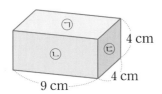

01 면 ㉠, ㉡, ㉢의 넓이를 구해 보세요.

㉠ (   ) cm²

㉡ (   ) cm²

㉢ (   ) cm²

02 직육면체의 겉넓이를 구해 보세요.

(   ) cm²

03 부피가 큰 것부터 차례로 써 보세요.

휴대 전화   여행 가방   휴지 갑

(   )

04 같은 크기의 쌓기나무를 쌓아서 직육면체를 만들었습니다. 부피가 같은 두 직육면체의 기호를 써 보세요.

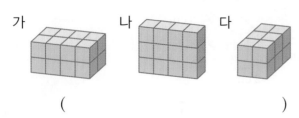

(   )

05 부피가 1 cm³인 쌓기나무를 쌓아 만든 직육면체의 부피를 구해 보세요.

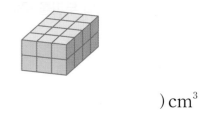

(   ) cm³

06 부피가 1 cm³인 쌓기나무를 쌓아 만든 직육면체입니다. 부피를 비교하여 빈칸에 알맞게 써넣으세요.

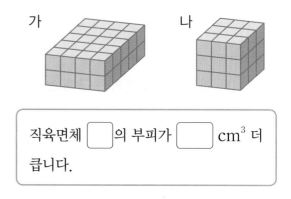

직육면체 ☐ 의 부피가 ☐ cm³ 더 큽니다.

중요

07 정육면체의 겉넓이를 구해 보세요.

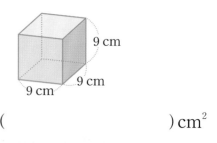

(   ) cm²

08 ☐ 안에 알맞은 수를 써넣으세요.

(1) 27 m³ = ☐ cm³

(2) 900000 cm³ = ☐ m³

→ 바른답·알찬풀이 **46**쪽

09 직육면체의 부피를 구해 보세요.

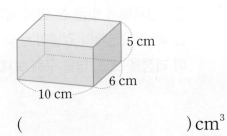

( ) cm³

중요
10 부피를 비교하여 ◯ 안에 >, =, <를 알맞게 써넣으세요.

7 m³ ◯ 77000000 cm³

11 전개도를 이용하여 만든 직육면체의 부피를 구해 보세요.

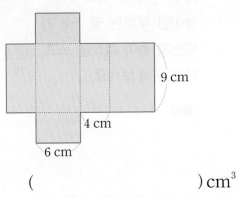

( ) cm³

12 가로가 7 cm, 세로가 6 cm, 높이가 12 cm인 직육면체의 겉넓이를 구해 보세요.

( ) cm²

13 직육면체의 부피를 구해 보세요.

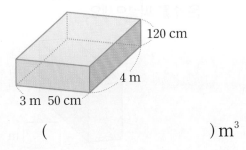

( ) m³

14 직육면체 가와 정육면체 나의 겉넓이의 차를 구해 보세요.

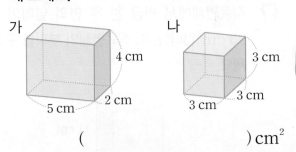

( ) cm²

응용
15 부피가 더 큰 직육면체를 만든 친구는 누구인가요?

한 밑면의 넓이가 55 cm²이고 높이가 10 cm인 직육면체를 만들었어요.

한 모서리가 8 cm인 정육면체를 만들었어요.

민호   하연

( )

6
단원

공부한 날

월

일

6. 직육면체의 겉넓이와 부피 **179**

1회 단원 평가

중요

16 직육면체의 부피가 $480 \ \text{m}^3$일 때 □ 안에 알맞은 수를 써넣으세요.

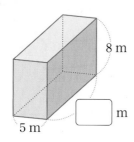

8 m
5 m
□ m

17 직육면체에서 빗금 친 두 면의 넓이의 합이 $90 \ \text{cm}^2$입니다. 이 직육면체의 부피를 구해 보세요.

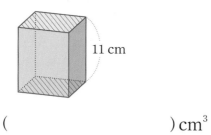

11 cm

(   ) cm^3

18 물이 들어 있는 직육면체 모양의 수조에 왕관을 넣었더니 물의 높이가 높아졌습니다. 왕관의 부피를 구해 보세요.

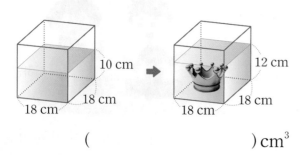

10 cm
18 cm
18 cm

12 cm
18 cm
18 cm

(   ) cm^3

서술형 문제

19 정육면체에서 빗금 친 면의 넓이가 $49 \ \text{cm}^2$일 때 정육면체의 겉넓이는 몇 cm^2인지 풀이 과정을 쓰고, 답을 구해 보세요.

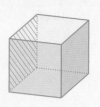

풀이 _____

_____

답 _____ cm^2

응용

20 오른쪽 직육면체의 가로, 세로, 높이를 각각 2배로 늘이면 부피는 몇 cm^3가 되는지 풀이 과정을 쓰고, 답을 구해 보세요.

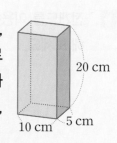

20 cm
10 cm
5 cm

풀이 _____

_____

_____

답 _____ cm^3

01 빗금 친 부분의 넓이가 같을 때 부피가 더 큰 직육면체에 ◯표 하세요.

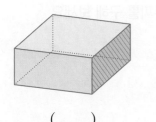 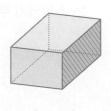

(   )   (   )

02 모양과 크기가 같은 상자를 쌓아서 직육면체를 만들었습니다. 부피가 더 작은 것의 기호를 써 보세요.

가   나

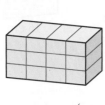 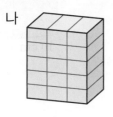

(   )

[03~04] 직육면체를 보고 ☐ 안에 알맞은 수를 써넣으세요.

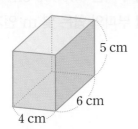

5 cm
6 cm
4 cm

03 (직육면체의 겉넓이)

$= (4 \times 6 + 6 \times \boxed{} + \boxed{} \times 5) \times 2$

$= \boxed{} \ (\text{cm}^2)$

04 (직육면체의 부피)

$= \boxed{} \times \boxed{} \times \boxed{}$

$= \boxed{} \ (\text{cm}^3)$

05 오른쪽 정육면체의 겉넓이를 바르게 구한 친구는 누구인가요?

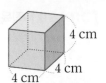

4 cm
4 cm
4 cm

$(4 \times 4) \times 4$
$= 64 \ (\text{cm}^2)$
재형

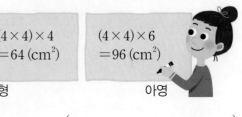
$(4 \times 4) \times 6$
$= 96 \ (\text{cm}^2)$
아영

(   )

06 부피가 $1 \ \text{cm}^3$인 쌓기나무를 쌓아 만든 직육면체입니다. 부피가 큰 것부터 차례로 기호를 써 보세요.

가   나   다

(   )

중요
07 보기 에서 알맞은 것을 골라 문장을 완성해 보세요.

보기
| 냉장고   수족관   칠판지우개 |

(1) ☐의 부피는 $336 \ \text{cm}^3$입니다.

(2) ☐의 부피는 $70 \ \text{m}^3$입니다.

(3) ☐의 부피는 $1.2 \ \text{m}^3$입니다.

[08~09] 직육면체의 부피를 구해 보세요.

08

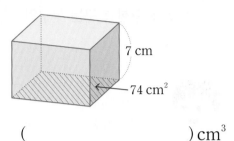

7 cm

74 cm²

( ) cm³

09

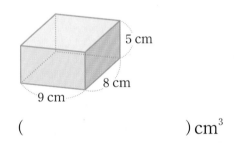

5 cm

8 cm

9 cm

( ) cm³

10 부피를 잘못 나타낸 것을 찾아 기호를 써 보세요.

㉠ 20 m³＝20000000 cm³
㉡ 3.5 m³＝35000000 cm³
㉢ 9000000 cm³＝9 m³

( )

11 전개도를 이용하여 만든 직육면체의 겉넓이와 부피를 구해 보세요.

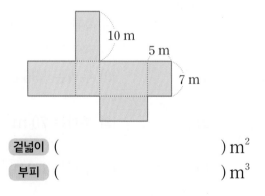

10 m

5 m

7 m

겉넓이 ( ) m²

부피 ( ) m³

중요
12 현수는 한 모서리가 20 cm인 정육면체 모양의 스피커를 사려고 합니다. 현수가 사려고 하는 스피커의 부피를 구해 보세요.

( ) cm³

13 정육면체 가와 직육면체 나의 부피의 차를 구해 보세요.

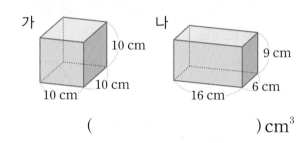

가
10 cm
10 cm
10 cm

나
9 cm
6 cm
16 cm

( ) cm³

14 윤정이의 방에 있는 침대의 부피는 1 m³이고 서랍장의 부피는 550000 cm³입니다. 침대와 서랍장의 부피의 합은 몇 m³인가요?

( ) m³

응용
15 전개도를 이용하여 만든 정육면체의 겉넓이를 구해 보세요.

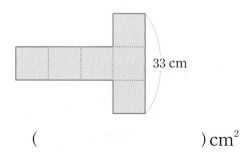

33 cm

( ) cm²

중요

16 직육면체의 부피를 구하여 cm^3와 m^3로 각각 나타내 보세요.

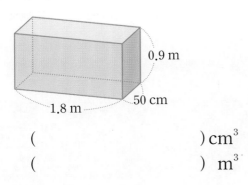

( ) cm^3

( ) m^3

17 직육면체 모양의 두부를 똑같이 3조각으로 잘 랐습니다. 자른 두부 3조각의 겉넓이를 구해 보 세요.

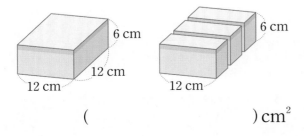

( ) cm^2

응용

18 입체도형의 부피를 구해 보세요.

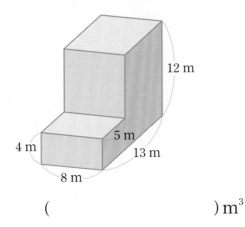

( ) m^3

서술형 문제

19 모든 모서리의 합이 36 cm인 정육면체가 있습니다. 이 정육면체의 부피는 몇 cm^3인 지 풀이 과정을 쓰고, 답을 구해 보세요.

풀이 _____

_____

_____

답 _____ cm^3

20 직육면체를 잘라서 정육면체로 만들려고 합 니다. 만들 수 있는 가장 큰 정육면체의 겉넓 이는 몇 cm^2인지 풀이 과정을 쓰고, 답을 구 해 보세요.

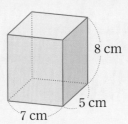

풀이 _____

_____

_____

답 _____ cm^2

6 단원

공부한 날

월

일

문장제 해결력 강화

문제
해결의
길잡이

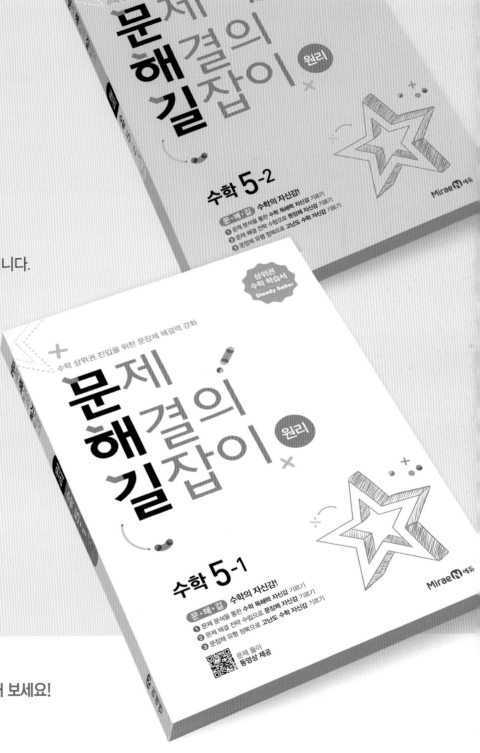

문해길 시리즈는

문장제 해결력을 키우는 상위권 수학 학습서입니다.

문해길은 8가지 문제 해결 전략을 익히며

수학 사고력을 향상하고,

수학적 성취감을 맛보게 합니다.

이런 성취감을 맛본 아이는

수학에 자신감을 갖습니다.

수학의 자신감, 문해길로 이루세요.

문해길 원리를 공부하고, 문해길 심화에 도전해 보세요!
원리로 닦은 실력이 심화에서 빛이 납니다.

문해길 원리

문장제 해결력 강화
1~6학년 학기별 [총12책]

문해길 심화

고난도 유형 해결력 완성
1~6학년 학년별 [총6책]

미래엔 초등 도서 목록

 초코

교과서 달달 쓰기 · 교과서 달달 풀기
1~2학년 국어 · 수학 교과 학습력을 향상시키고
초등 코어를 탄탄하게 세우는 기본 학습서
[4책] 국어 1~2학년 학기별
[4책] 수학 1~2학년 학기별

미래엔 교과서 길잡이, 초코
초등 공부의 핵심[CORE]를 탄탄하게 해 주는
슬림 & 심플한 교과 필수 학습서
[8책] 국어 3~6학년 학기별, [8책] 수학 3~6학년 학기별
[8책] 사회 3~6학년 학기별, [8책] 과학 3~6학년 학기별

전과목 단원평가
빠르게 단원 핵심을 정리하고, 수준별 문제로 실전력을 키우는
교과 평가 대비 학습서
[8책] 3~6학년 학기별

문제 해결의 길잡이

원리 8가지 문제 해결 전략으로 문장제와 서술형 문제 정복
[12책] 1~6학년 학기별

심화 문장제 유형 정복으로 초등 수학 최고 수준에 도전
[6책] 1~6학년 학년별

 **퍼즐런**

초등 필수 어휘를 퍼즐로 재미있게 익히는 학습서
[3책] 사자성어, 속담, 맞춤법

하루한장 예비 초등

한글완성
초등학교 입학 전 한글 읽기·쓰기 동시에 끝내기
[3책] 기본 자모음, 받침, 복잡한 자모음

예비초등
기본 학습 능력을 향상하며 초등학교 입학을 준비하기
[2책] 국어, 수학

하루한장 독해

독해 시작편
초등학교 입학 전 기본 문해력 익히기 30일 완성
[2책] 문장으로 시작하기, 짧은 글 독해하기

어휘
문해력의 기초를 다지는 초등 필수 어휘 학습서
[6책] 1~6학년 단계별

독해
국어 교과서와 연계하여 문해력의 기초를 다지는 독해 기본서
[6책] 1~6학년 단계별

독해+플러스
본격적인 독해 훈련으로 문해력을 향상시키는 독해 실전서
[6책] 1~6학년 단계별

비문학 독해 (사회편·과학편)
비문학 독해로 배경지식을 확장하고 문해력을 완성시키는
독해 심화서
[사회편 6책, 과학편 6책] 1~6학년 단계별

초등
코어

초코

바른답·알찬풀이

수학
6·1

 에듀

❶ 핵심 개념을 비주얼로 이해하는 **탄탄한 초코!**
❷ 기본부터 응용까지 공부가 즐거운 **달콤한 초코!**
❸ 온오프 학습 시스템으로 실력이 쌓이는 **신나는 초코!**

- **국어**　　3~6학년　학기별 [총8책]
- **수학**　　3~6학년　학기별 [총8책]
- **사회**　　3~6학년　학기별 [총8책]
- **과학**　　3~6학년　학기별 [총8책]

바른답·알찬풀이

수학 6·1

1단원 분수의 나눗셈

9쪽

교과서+익힘책 개념탄탄

1 (1) 예   (2) 2

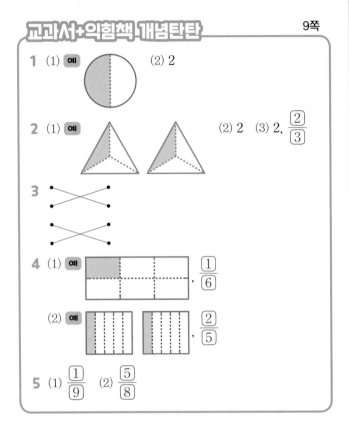

2 (1) 예   (2) 2   (3) 2, $\dfrac{2}{3}$

3

4 (1) 예 $\dfrac{1}{6}$

    (2) 예 $\dfrac{2}{5}$

5 (1) $\dfrac{1}{9}$ (2) $\dfrac{5}{8}$

1 (1) 원 1개를 똑같이 2로 나눈 것 중의 한 칸을 색칠합니다.

    (2) $1 \div 2 = \dfrac{1}{2}$

2 (1) 삼각형 2개를 각각 똑같이 3으로 나눈 것 중의 한 칸씩을 색칠합니다.

    (3) $\dfrac{1}{3}$이 2개이면 $\dfrac{2}{3}$이므로 $2 \div 3 = \dfrac{2}{3}$입니다.

3 • $3 \div 5$는 오각형 3개를 각각 똑같이 5로 나눈 것 중의 한 칸씩을 색칠한 것과 같습니다. ➡ $\dfrac{1}{5}$이 3개

    • $4 \div 5$는 오각형 4개를 각각 똑같이 5로 나눈 것 중의 한 칸씩을 색칠한 것과 같습니다. ➡ $\dfrac{1}{5}$이 4개

4 (1) 사각형 1개를 똑같이 6으로 나누고 그중의 한 칸을 색칠합니다. ➡ $1 \div 6 = \dfrac{1}{6}$

    (2) 사각형 2개를 각각 똑같이 5로 나누고 그중의 한 칸씩을 색칠합니다.

    ➡ $\dfrac{1}{5}$이 2개이므로 $2 \div 5 = \dfrac{2}{5}$입니다.

---

5 (자연수)÷(자연수)의 몫은 나누어지는 수를 분자, 나누는 수를 분모로 하는 분수로 나타낼 수 있습니다.

11쪽

교과서+익힘책 개념탄탄

1 1   **2** 3

3 $\dfrac{1}{3}$, 5, 5, $1\dfrac{2}{3}$

4 예 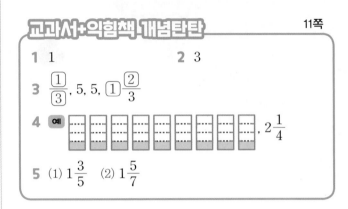 , $2\dfrac{1}{4}$

5 (1) $1\dfrac{3}{5}$ (2) $1\dfrac{5}{7}$

1 분홍색으로 색칠한 부분은 1과 $\dfrac{1}{2}$이므로

    $3 \div 2 = 1\dfrac{1}{2}$입니다.

2 분홍색으로 색칠한 부분은 $\dfrac{1}{2}$이 3개이므로

    $3 \div 2 = \dfrac{3}{2}$입니다.

3 $5 \div 3$은 사각형 5개를 각각 똑같이 3으로 나눈 것 중의 한 칸씩이므로 $\dfrac{1}{3}$이 5개입니다. $5 \div 3 = \dfrac{5}{3}$이고, 대분수로 나타내면 $1\dfrac{2}{3}$입니다.

4 9개를 각각 똑같이 4로 나누고 한 칸씩 색칠하면 색칠한 부분은 $\dfrac{1}{4}$이 9개이므로 $9 \div 4 = \dfrac{9}{4} = 2\dfrac{1}{4}$입니다.

다른 풀이

$9 \div 4 = 2 \cdots 1$이므로 2개를 색칠하고 남은 1개를 똑같이 4로 나누어 한 칸을 색칠하면 색칠한 부분은 2와 $\dfrac{1}{4}$입니다. 따라서 $9 \div 4 = 2\dfrac{1}{4}$입니다.

5 (자연수)÷(자연수)의 몫은 나누어지는 수를 분자, 나누는 수를 분모로 하는 분수로 나타낼 수 있습니다.

    (1) $8 \div 5 = \dfrac{8}{5} = 1\dfrac{3}{5}$

    (2) $12 \div 7 = \dfrac{12}{7} = 1\dfrac{5}{7}$

1 7

2 2, $\dfrac{5}{2}$, $2\dfrac{1}{2}$

3 $\boxed{\dfrac{1}{8} \times \dfrac{1}{3}}$ $\boxed{\dfrac{1}{8} \times 3}$ $\boxed{8 \times \dfrac{1}{3}}$

4 (1) $\dfrac{1}{7}$ (2) $\dfrac{1}{13}$

5 (1) 9, $\dfrac{2}{9}$ (2) 4, $\dfrac{11}{4}$, $2\dfrac{3}{4}$

6 $10 \div 3 = 10 \times \dfrac{1}{3} = \dfrac{10}{3} = 3\dfrac{1}{3}$

---

1 $3 \div 7$의 몫은 3을 7등분한 것 중의 하나입니다. 이것은 3의 $\dfrac{1}{7}$이므로 $3 \times \dfrac{1}{7}$로 나타낼 수 있습니다.

2 $5 \div 2$는 $5 \times \dfrac{1}{2}$로 나타낼 수 있습니다.

3 $\blacktriangle \div \blacksquare = \blacktriangle \times \dfrac{1}{\blacksquare}$

5 $\blacktriangle \div \blacksquare = \blacktriangle \times \dfrac{1}{\blacksquare} = \dfrac{\blacktriangle}{\blacksquare}$

6 **보기**와 같이 $\div 3$을 $\times \dfrac{1}{3}$로 바꾸어 계산합니다.

1 (   )(○)(   )

01 ㉡

02

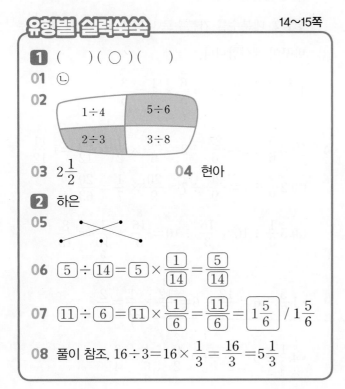

03 $2\dfrac{1}{2}$ **04** 현아

2 하은

05

06 $\boxed{5} \div \boxed{14} = \boxed{5} \times \dfrac{1}{\boxed{14}} = \dfrac{5}{14}$

07 $\boxed{11} \div \boxed{6} = \boxed{11} \times \dfrac{1}{\boxed{6}} = \dfrac{\boxed{11}}{6} = \boxed{1\dfrac{5}{6}}$ / $1\dfrac{5}{6}$

08 풀이 참조, $16 \div 3 = 16 \times \dfrac{1}{3} = \dfrac{16}{3} = 5\dfrac{1}{3}$

1
- $7 \div 10 = \dfrac{7}{10}$
- $12 \div 5 = \dfrac{12}{5} = 2\dfrac{2}{5}$
- $9 \div 2 = \dfrac{9}{2} = 4\dfrac{1}{2}$

01 ㉠ $7 \div 9 = \dfrac{7}{9}$

㉡ $8 \div 5 = \dfrac{8}{5} = 1\dfrac{3}{5}$

㉢ $2 \div 11 = \dfrac{2}{11}$

나눗셈의 몫이 1보다 큰 것은 ㉡입니다.

02 $1 \div 4 = \dfrac{1}{4}$, $5 \div 6 = \dfrac{5}{6}$, $2 \div 3 = \dfrac{2}{3}$, $3 \div 8 = \dfrac{3}{8}$입니다.

$\dfrac{1}{2}$보다 큰 몫을 모두 찾으면 $\dfrac{5}{6}$, $\dfrac{2}{3}$이므로 $5 \div 6$, $2 \div 3$에 색칠합니다.

03 한 명이 가질 수 있는 색 테이프는 $5 \div 2 = \dfrac{5}{2} = 2\dfrac{1}{2}$ (m)입니다.

04 민수가 물병 1개에 담은 물의 양: $3 \div 4 = \dfrac{3}{4}$ (L)

현아가 물병 1개에 담은 물의 양: $4 \div 5 = \dfrac{4}{5}$ (L)

$\dfrac{3}{4} = \dfrac{15}{20}$, $\dfrac{4}{5} = \dfrac{16}{20}$이므로 물병 1개에 담은 물이 더 많은 친구는 현아입니다.

2 (자연수)÷(자연수)를 (자연수)$\times \dfrac{1}{(자연수)}$로 바꾸어 계산할 수 있으므로 석주는 $5 \div 9 = 5 \times \dfrac{1}{9} = \dfrac{5}{9}$로 계산해야 합니다.

05
- $4 \div 9 = 4 \times \dfrac{1}{9}$ $9 \div 4 = 9 \times \dfrac{1}{4}$

06 $5 < 14$이므로 (작은 수)÷(큰 수)$= 5 \div 14$를 분수의 곱셈으로 나타내어 계산합니다.

07 한 명이 가질 수 있는 귤은 $11 \div 6 = 11 \times \dfrac{1}{6} = \dfrac{11}{6} = 1\dfrac{5}{6}$ (kg)입니다.

08 **예** **❶** 나누는 수를 분수로 바꾸어 곱해야 하는데 나누어지는 수를 분수로 바꾸었습니다.

❷ $16 \div 3 = 16 \times \dfrac{1}{3} = \dfrac{16}{3} = 5\dfrac{1}{3}$

채점 기준
❶ 이유를 바르게 쓴 경우
❷ 바르게 계산한 경우

교과서+익힘책 개념탄탄 17쪽

1 (1) 9 (2) 3 (3) 9, 3, 3

2 4, 2, 2   **3** 4, $\dfrac{3}{20}$

4 **예** 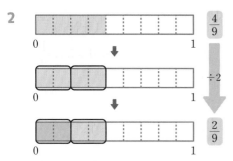 , $\dfrac{1}{2}$, $\dfrac{3}{8}$

5 (1) $\dfrac{1}{7}$, $\dfrac{2}{21}$ (2) $\dfrac{1}{4}$, $\dfrac{5}{36}$

6 (1) $\dfrac{2}{7}$ (2) $\dfrac{7}{24}$ (3) $\dfrac{5}{42}$

---

1 (2) $\dfrac{9}{10}$ 는 $\dfrac{1}{10}$ 이 9개이므로 $\dfrac{9}{10} \div 3$ 은 $\dfrac{1}{10}$ 이 9개인 수를 3으로 나누는 것입니다.

$9 \div 3 = 3$ 이므로 $\dfrac{9}{10} \div 3$ 은 $\dfrac{1}{10}$ 이 3개입니다.

2

$\dfrac{4}{9}$

$\div 2$

$\dfrac{2}{9}$

$\dfrac{4}{9} \div 2$ 는 $\dfrac{1}{9}$ 이 4개인 수를 2로 나누는 것입니다.

3 $\dfrac{3}{5} \div 4$ 의 몫은 $\dfrac{3}{5}$ 을 4등분한 것 중의 하나이므로 $\dfrac{3}{5} \times \dfrac{1}{4}$ 로 나타낼 수 있습니다.

---

4 $\dfrac{3}{4} \div 2$ 의 몫은 $\dfrac{3}{4}$ 을 2등분한 것 중의 하나입니다.

5 (분수)÷(자연수)를 (분수)$\times \dfrac{1}{(자연수)}$ 로 바꾸어 계산합니다.

6 (1) $\dfrac{4}{7} \div 2 = \dfrac{\overset{2}{\cancel{4}}}{7} \times \dfrac{1}{\underset{1}{\cancel{2}}} = \dfrac{2}{7}$

(2) $\dfrac{7}{8} \div 3 = \dfrac{7}{8} \times \dfrac{1}{3} = \dfrac{7}{24}$

(3) $\dfrac{5}{6} \div 7 = \dfrac{5}{6} \times \dfrac{1}{7} = \dfrac{5}{42}$

교과서+익힘책 개념탄탄 19쪽

1 3, $\dfrac{1}{3}$, $\dfrac{5}{12}$

2 **방법1** 6, 2, 3   **방법2** (왼쪽에서부터) 2, 3

3 (1) 4, $\dfrac{11}{32}$ (2) 8, $\dfrac{1}{5}$, $\dfrac{8}{15}$

4 (1) $1\dfrac{11}{12}$ (2) $\dfrac{20}{63}$ (3) $\dfrac{8}{15}$

5 $\dfrac{2}{7}$, $\dfrac{3}{4}$

---

2 **방법1** 대분수를 가분수로 나타낸 뒤 분자를 2로 나누어 계산합니다.

방법2 대분수를 가분수로 나타낸 뒤 ÷2를 $\times \dfrac{1}{2}$ 로 바꾸어 계산합니다.

$1\dfrac{1}{5} \div 2 = \dfrac{6}{5} \div 2 = \dfrac{\overset{3}{\cancel{6}}}{5} \times \dfrac{1}{\underset{1}{\cancel{2}}} = \dfrac{3}{5}$

4 (1) $3\dfrac{5}{6} \div 2 = \dfrac{23}{6} \div 2 = \dfrac{23}{6} \times \dfrac{1}{2} = \dfrac{23}{12} = 1\dfrac{11}{12}$

(2) $2\dfrac{2}{9} \div 7 = \dfrac{20}{9} \div 7 = \dfrac{20}{9} \times \dfrac{1}{7} = \dfrac{20}{63}$

(3) $5\dfrac{1}{3} \div 10 = \dfrac{16}{3} \div 10 = \dfrac{\overset{8}{\cancel{16}}}{3} \times \dfrac{1}{\underset{5}{\cancel{10}}} = \dfrac{8}{15}$

5 • $1\dfrac{5}{7} \div 6 = \dfrac{12}{7} \div 6 = \dfrac{\overset{2}{\cancel{12}}}{7} \times \dfrac{1}{\underset{1}{\cancel{6}}} = \dfrac{2}{7}$

• $4\dfrac{1}{2} \div 6 = \dfrac{9}{2} \div 6 = \dfrac{\overset{3}{\cancel{9}}}{2} \times \dfrac{1}{\underset{2}{\cancel{6}}} = \dfrac{3}{4}$

1

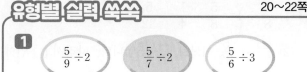

$\boxed{\dfrac{5}{9}\div2}$　$\boxed{\dfrac{5}{7}\div2}$　$\boxed{\dfrac{5}{6}\div3}$

01 =

02 (연결선)

03 $\dfrac{3}{16}$　　**04** $\dfrac{7}{39}$

2 $1\dfrac{1}{6}$, $\dfrac{7}{18}$

05 $1\dfrac{5}{12}$, $\dfrac{17}{60}$

06

$\boxed{5\dfrac{2}{3}\div5}$

07 $\dfrac{5}{7}$　　**08** 풀이 참조

3 $\dfrac{9}{10}\div5=\dfrac{9}{50}$ / $\dfrac{9}{50}$

09 $\dfrac{17}{20}\div3=\dfrac{17}{60}$ / $\dfrac{17}{60}$　**10** $\dfrac{21}{8}\div4=\dfrac{21}{32}$ / $\dfrac{21}{32}$

11 $\dfrac{3}{4}$　　**12** 풀이 참조, $\dfrac{5}{6}$

---

1 ・$\dfrac{5}{9}\div2=\dfrac{5}{9}\times\dfrac{1}{2}=\dfrac{5}{18}$

・$\dfrac{5}{7}\div2=\dfrac{5}{7}\times\dfrac{1}{2}=\dfrac{5}{14}$

・$\dfrac{5}{6}\div3=\dfrac{5}{6}\times\dfrac{1}{3}=\dfrac{5}{18}$

01 ・$\dfrac{3}{10}\div2=\dfrac{3}{10}\times\dfrac{1}{2}=\dfrac{3}{20}$

・$\dfrac{3}{4}\div5=\dfrac{3}{4}\times\dfrac{1}{5}=\dfrac{3}{20}$

02 $\dfrac{6}{7}\div8=\dfrac{\overset{3}{\cancel{6}}}{7}\times\dfrac{1}{\underset{4}{\cancel{8}}}=\dfrac{3}{28}$

$\dfrac{3}{8}\div7=\dfrac{3}{8}\times\dfrac{1}{7}=\dfrac{3}{56}$

$\dfrac{10}{11}\div9=\dfrac{10}{11}\times\dfrac{1}{9}=\dfrac{10}{99}$

03 마름모의 넓이는 (한 대각선)×(다른 대각선)÷2로 구할 수 있습니다.

➡ $\dfrac{3}{4}\times\dfrac{1}{2}\div2=\dfrac{3}{8}\div2=\dfrac{3}{8}\times\dfrac{1}{2}=\dfrac{3}{16}$ (m²)

---

04 어떤 수를 □라 하면 $□\times3=\dfrac{7}{13}$이고,

$□=\dfrac{7}{13}\div3=\dfrac{7}{13}\times\dfrac{1}{3}=\dfrac{7}{39}$입니다.

2 $2\dfrac{1}{3}\div2=\dfrac{7}{3}\div2=\dfrac{7}{3}\times\dfrac{1}{2}=\dfrac{7}{6}=1\dfrac{1}{6}$,

$1\dfrac{1}{6}\div3=\dfrac{7}{6}\div3=\dfrac{7}{6}\times\dfrac{1}{3}=\dfrac{7}{18}$

05 $2\dfrac{5}{6}\div2=\dfrac{17}{6}\div2=\dfrac{17}{6}\times\dfrac{1}{2}=\dfrac{17}{12}=1\dfrac{5}{12}$,

$1\dfrac{5}{12}\div5=\dfrac{17}{12}\div5=\dfrac{17}{12}\times\dfrac{1}{5}=\dfrac{17}{60}$

06 $3\dfrac{5}{9}\div5=\dfrac{32}{9}\div5=\dfrac{32}{9}\times\dfrac{1}{5}=\dfrac{32}{45}$ ➡ 빨간색

$5\dfrac{2}{3}\div5=\dfrac{17}{3}\div5=\dfrac{17}{3}\times\dfrac{1}{5}=\dfrac{17}{15}=1\dfrac{2}{15}$

➡ 파란색

$1\dfrac{3}{5}\div4=\dfrac{8}{5}\div4=\dfrac{\overset{2}{\cancel{8}}}{5}\times\dfrac{1}{\underset{1}{\cancel{4}}}=\dfrac{2}{5}$ ➡ 빨간색

07 가장 작은 수: $4\dfrac{2}{7}$, 가장 큰 수: 6

➡ $4\dfrac{2}{7}\div6=\dfrac{30}{7}\div6=\dfrac{\overset{5}{\cancel{30}}}{7}\times\dfrac{1}{\underset{1}{\cancel{6}}}=\dfrac{5}{7}$

08 예 ❶ $2\dfrac{4}{5}\div8=\dfrac{14}{5}\div8=\dfrac{\overset{7}{\cancel{14}}}{5}\times\dfrac{1}{\underset{4}{\cancel{8}}}=\dfrac{7}{20}$

❷ 대분수는 가분수로 나타낸 뒤 나눗셈을 곱셈으로 바꾸어 계산할 수 있다는 것을 알게 되었다.

채점 기준
❶ 알맞은 계산 과정을 쓴 경우
❷ 알게 된 점을 쓴 경우

3 한 컵에 담은 우유는

$\dfrac{9}{10}\div5=\dfrac{9}{10}\times\dfrac{1}{5}=\dfrac{9}{50}$ (L)입니다.

09 한 모둠이 가지는 찰흙은

$\dfrac{17}{20}\div3=\dfrac{17}{20}\times\dfrac{1}{3}=\dfrac{17}{60}$ (kg)입니다.

10 4분 동안 $\dfrac{21}{8}$ km를 달렸으므로 1분 동안 달린 거리는 $\dfrac{21}{8}\div4=\dfrac{21}{8}\times\dfrac{1}{4}=\dfrac{21}{32}$ (km)입니다.

11 쌀 $5\frac{1}{4}$ kg을 7일 동안 똑같이 나누어 먹었으므로 하루에 먹은 쌀은

$$5\frac{1}{4} \div 7 = \frac{21}{4} \div 7 = \frac{\overset{3}{\cancel{21}}}{4} \times \frac{1}{\underset{1}{\cancel{7}}} = \frac{3}{4} \text{ (kg)입니다.}$$

12 예 **❶** 배 3개의 무게는

$$3\frac{3}{8} - \frac{7}{8} = 2\frac{11}{8} - \frac{7}{8} = 2\frac{4}{8} = 2\frac{1}{2} \text{ (kg)입니다.}$$

❷ 따라서 배 1개의 무게는

$$2\frac{1}{2} \div 3 = \frac{5}{2} \div 3 = \frac{5}{2} \times \frac{1}{3} = \frac{5}{6} \text{ (kg)입니다.}$$

❸ $\frac{5}{6}$

채점 기준
❶ 배 3개의 무게를 구한 경우
❷ 배 1개의 무게를 구한 경우
❸ 답을 바르게 쓴 경우

응용＋수학역량 UPUP

23~27쪽

1 (1) $\frac{5}{32}$ (2) 5 (3) 1, 2, 3, 4

1-1 7   **1-2** 10, 11, 12, 13, 14

2 (1) 넓이, 가로 (2) $1\frac{1}{8}$

2-1 $1\frac{13}{15}$ **2-2** $1\frac{7}{9}$

3 (1) ■$\times 5 = 45$ (2) 9 (3) $1\frac{4}{5}$

3-1 $4\frac{2}{3}$ **3-2** $\frac{4}{21}$

4 (1) 3 / 4, 5 (2) $\frac{\boxed{3}}{\boxed{4}} \div \boxed{5}$ (또는 $\frac{\boxed{3}}{\boxed{5}} \div \boxed{4}$) / $\frac{3}{20}$

4-1 $\frac{\boxed{5}}{\boxed{6}} \div \boxed{7}$ (또는 $\frac{\boxed{5}}{\boxed{7}} \div \boxed{6}$) / $\frac{5}{42}$

4-2 $\boxed{5}\frac{\boxed{1}}{\boxed{3}} \div 2$ / $2\frac{2}{3}$

5 (1) $3\frac{1}{2}$ (2) $3\frac{1}{2} \div 7 = \frac{1}{2}$ / $\frac{1}{2}$

5-1 $\frac{1}{40}$ **5-2** $\frac{1}{75}$

---

1 (1) $\dfrac{5}{8} \div 4 = \dfrac{5}{8} \times \dfrac{1}{4} = \dfrac{5}{32}$

(2) $\dfrac{\square}{32} < \dfrac{5}{32}$이므로 $\square < 5$입니다. 따라서 $\square$ 안에는 **⑤**보다 작은 수가 들어갈 수 있습니다.

(3) $\square$ 안에 들어갈 수 있는 자연수는 5보다 작은 수인 1, 2, 3, 4입니다.

1-1 $\dfrac{6}{11} \div 5 = \dfrac{6}{11} \times \dfrac{1}{5} = \dfrac{6}{55}$

➡ $\dfrac{\square}{55} > \dfrac{6}{55}$이므로 $\square > 6$입니다.

따라서 $\square$ 안에 들어갈 수 있는 자연수는 7, 8, 9, …이고 이 중에서 가장 작은 자연수는 7입니다.

1-2 $6\dfrac{2}{5} \div 4 = \dfrac{32}{5} \div 4 = \dfrac{32 \div 4}{5} = \dfrac{8}{5} = 1\dfrac{3}{5}$

➡ $1\dfrac{3}{5} < 1\dfrac{\square}{15}$, $1\dfrac{9}{15} < 1\dfrac{\square}{15}$이므로 $9 < \square$입니다.

이때 $1\dfrac{\square}{15}$가 대분수이므로 $\square$는 15보다 작습니다.

따라서 $\square$ 안에 들어갈 수 있는 자연수는 9보다 크고 15보다 작은 수인 10, 11, 12, 13, 14입니다.

2 (2) $2\dfrac{1}{4} \div 2 = \dfrac{9}{4} \div 2 = \dfrac{9}{4} \times \dfrac{1}{2} = \dfrac{9}{8} = 1\dfrac{1}{8}$ (m)

2-1 평행사변형의 넓이는 (밑변)$\times$(높이)이므로 높이는 (넓이)$\div$(밑변)으로 구합니다.

$$5\dfrac{3}{5} \div 3 = \dfrac{28}{5} \div 3 = \dfrac{28}{5} \times \dfrac{1}{3} = \dfrac{28}{15} = 1\dfrac{13}{15} \text{ (cm)}$$

2-2 정사각형 가의 넓이는

$$2\dfrac{2}{3} \times 2\dfrac{2}{3} = \dfrac{8}{3} \times \dfrac{8}{3} = \dfrac{64}{9} = 7\dfrac{1}{9} \text{ (cm}^2\text{)입니다.}$$

직사각형 나의 세로는

$$7\dfrac{1}{9} \div 4 = \dfrac{64}{9} \div 4 = \dfrac{\overset{16}{\cancel{64}}}{9} \times \dfrac{1}{\underset{1}{\cancel{4}}} = \dfrac{16}{9} = 1\dfrac{7}{9} \text{ (cm)}$$

입니다.

3 (1) 어떤 자연수에 5를 곱했더니 45가 나왔으므로 ■$\times 5 = 45$입니다.

(2) ■$\times 5 = 45$이므로 ■$= 45 \div 5 = 9$입니다.

(3) 바르게 계산하면 $9 \div 5 = \dfrac{9}{5} = 1\dfrac{4}{5}$입니다.

3-1 어떤 자연수를 □라 하면 □+3=17,
□=17-3=14입니다.

따라서 바르게 계산하면 $14÷3=\dfrac{14}{3}=4\dfrac{2}{3}$ 입니다.

3-2 6컵에 담긴 포도주스는 $\dfrac{2}{\overset{}{9}}×\overset{2}{6}=\dfrac{4}{3}=1\dfrac{1}{3}$ (L)이고,

$1\dfrac{1}{3}$ L를 7컵에 똑같이 나누어 담으면 한 컵에 담기는

포도주스는 $1\dfrac{1}{3}÷7=\dfrac{4}{3}÷7=\dfrac{4}{3}×\dfrac{1}{7}=\dfrac{4}{21}$ (L)

입니다.

4 (2) $\dfrac{3}{4}÷5=\dfrac{3}{4}×\dfrac{1}{5}=\dfrac{3}{20}$,

$\dfrac{3}{5}÷4=\dfrac{3}{5}×\dfrac{1}{4}=\dfrac{3}{20}$

4-1 $\dfrac{㉠}{㉡}÷㉢=\dfrac{㉠}{㉡}×\dfrac{1}{㉢}=\dfrac{㉠}{㉡×㉢}$ 의 계산 결과를 가장

작게 하려면 분자인 ㉠은 가장 작게, 분모인 ㉡×㉢
은 가장 크게 만들어야 합니다. 따라서 ㉠에 5를 쓰
고 ㉡과 ㉢에는 남은 수 6, 7을 씁니다.

➡ $\dfrac{5}{6}÷7=\dfrac{5}{6}×\dfrac{1}{7}=\dfrac{5}{42}$

또는 $\dfrac{5}{7}÷6=\dfrac{5}{7}×\dfrac{1}{6}=\dfrac{5}{42}$

4-2 계산 결과를 가장 크게 하려면 나누어지는 대분수를
가장 크게 만들어야 하고 수 카드로 만들 수 있는 가
장 큰 대분수는 $5\dfrac{1}{3}$ 입니다.

➡ $5\dfrac{1}{3}÷2=\dfrac{16}{3}÷2=\dfrac{16÷2}{3}=\dfrac{8}{3}=2\dfrac{2}{3}$

5 (1) 30분$=\dfrac{30}{60}$ 시간$=\dfrac{1}{2}$ 시간이므로

3시간 30분$=3\dfrac{1}{2}$ 시간입니다.

(2) 1 km를 올라가는 데 걸린 시간은
(전체 걸린 시간)÷(거리)로 구합니다.

$3\dfrac{1}{2}÷7=\dfrac{7}{2}÷7=\dfrac{\overset{1}{7}}{2}×\dfrac{1}{\underset{1}{7}}=\dfrac{1}{2}$ (시간)

5-1 15분$=\dfrac{15}{60}$ 시간$=\dfrac{1}{4}$ 시간이므로

2시간 15분$=2\dfrac{1}{4}$ 시간입니다.

물 1 L를 받는 데 걸린 시간은

$2\dfrac{1}{4}÷90=\dfrac{9}{4}÷90=\dfrac{\overset{1}{9}}{4}×\dfrac{1}{\underset{10}{90}}=\dfrac{1}{40}$ (시간)입니다.

5-2 버스가 2시간 동안 간 거리는 $50×2=100$ (km)이고

20분$=\dfrac{20}{60}$ 시간$=\dfrac{1}{3}$ 시간이므로

1시간 20분$=1\dfrac{1}{3}$ 시간입니다.

따라서 택시가 1 km를 가는 데 걸린 시간은

$1\dfrac{1}{3}÷100=\dfrac{4}{3}÷100=\dfrac{\overset{1}{4}}{3}×\dfrac{1}{\underset{25}{100}}=\dfrac{1}{75}$ (시간)입

니다.

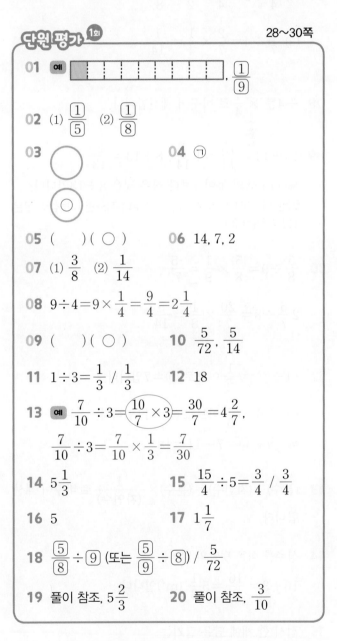

단원 평가 1회 28~30쪽

01 예 [색칠된 막대 그림], $\dfrac{1}{9}$

02 (1) $\dfrac{1}{5}$ (2) $\dfrac{1}{8}$

03 [원]   **04** ㉠

05 ( )(○)   **06** 14, 7, 2

07 (1) $\dfrac{3}{8}$ (2) $\dfrac{1}{14}$

08 $9÷4=9×\dfrac{1}{4}=\dfrac{9}{4}=2\dfrac{1}{4}$

09 ( )(○)   **10** $\dfrac{5}{72}$, $\dfrac{5}{14}$

11 $1÷3=\dfrac{1}{3}$ / $\dfrac{1}{3}$ **12** 18

13 예 $\dfrac{7}{10}÷3=\left(\dfrac{10}{7}×3\right)=\dfrac{30}{7}=4\dfrac{2}{7}$,

$\dfrac{7}{10}÷3=\dfrac{7}{10}×\dfrac{1}{3}=\dfrac{7}{30}$

14 $5\dfrac{1}{3}$ **15** $\dfrac{15}{4}÷5=\dfrac{3}{4}$ / $\dfrac{3}{4}$

16 5   **17** $1\dfrac{1}{7}$

18 $\dfrac{5}{8}÷9$ (또는 $\dfrac{5}{9}÷8$) / $\dfrac{5}{72}$

19 풀이 참조, $5\dfrac{2}{3}$ **20** 풀이 참조, $\dfrac{3}{10}$

01 $1÷9$는 사각형 1개를 똑같이 9로 나눈 것 중의 한
칸을 색칠하고, 몫을 분수로 나타내면 $\dfrac{1}{9}$ 입니다.

02 (자연수)÷(자연수)를 (자연수)×$\dfrac{1}{(자연수)}$로 나타낼 수 있습니다.

04 각각을 분수로 나타내면 ㉠ $\dfrac{2}{3}$, ㉡ $\dfrac{1}{3}$, ㉢ $\dfrac{3}{2}$이므로 $2 \div 3 = \dfrac{2}{3}$와 관계있는 것은 ㉠입니다.

05 $\dfrac{1}{6} \div 5 = \dfrac{1}{6} \times \dfrac{1}{5} = \dfrac{1}{30}$

07 (1) $\dfrac{3}{4} \div 2 = \dfrac{3}{4} \times \dfrac{1}{2} = \dfrac{3}{8}$

(2) $\dfrac{2}{7} \div 4 = \dfrac{\overset{1}{2}}{7} \times \dfrac{1}{\underset{2}{4}} = \dfrac{1}{14}$

08 ÷4를 ×$\dfrac{1}{4}$로 바꾸어 계산합니다.

09 $15 \div 14 = \dfrac{15}{14} = 1\dfrac{1}{14}$, $8 \div 13 = \dfrac{8}{13}$

➡ 나눗셈의 몫이 1보다 작은 것은 8÷13입니다.

참고 나누어지는 수가 나누는 수보다 작으면 나눗셈의 몫은 1보다 작습니다.

10 $\dfrac{5}{8} \div 9 = \dfrac{5}{8} \times \dfrac{1}{9} = \dfrac{5}{72}$,

$2\dfrac{6}{7} \div 8 = \dfrac{\overset{5}{20}}{7} \times \dfrac{1}{\underset{2}{8}} = \dfrac{5}{14}$

12 • $1 \div ㉠ = \dfrac{1}{㉠}$이므로 ㉠=7입니다.

• $㉡ \div 6 = \dfrac{㉡}{6}$이므로 ㉡=11입니다.

➡ ㉠+㉡=7+11=18

13 (분수)÷(자연수)는 (분수)×$\dfrac{1}{(자연수)}$로 바꾸어 계산합니다.

14 상추를 심은 텃밭의 넓이는

$16 \div 3 = \dfrac{16}{3} = 5\dfrac{1}{3}$ (m²)입니다.

15 접시 한 개에 담은 딸기는

$\dfrac{15}{4} \div 5 = \dfrac{\overset{3}{15}}{4} \times \dfrac{1}{\underset{1}{5}} = \dfrac{3}{4}$ (kg)입니다.

16 $9\dfrac{2}{3} \div 2 = \dfrac{29}{3} \div 2 = \dfrac{29}{3} \times \dfrac{1}{2} = \dfrac{29}{6} = 4\dfrac{5}{6}$이고

$4\dfrac{5}{6} < \square$이므로 $\square$ 안에 들어갈 수 있는 자연수 중에서 가장 작은 수는 5입니다.

17 어떤 자연수를 $\square$라 하면 $\square \times 7 = 56$,

$\square = 56 \div 7 = 8$입니다.

따라서 바르게 계산하면 $8 \div 7 = \dfrac{8}{7} = 1\dfrac{1}{7}$입니다.

18 $\dfrac{㉠}{㉡} \div ㉢ = \dfrac{㉠}{㉡} \times \dfrac{1}{㉢} = \dfrac{㉠}{㉡ \times ㉢}$의 계산 결과를 가장 작게 하려면 분자인 ㉠은 가장 작게, 분모인 ㉡×㉢은 가장 크게 만들어야 합니다. 따라서 ㉠에 5를 쓰고 ㉡과 ㉢에는 남은 수 8, 9를 씁니다.

➡ $\dfrac{5}{8} \div 9 = \dfrac{5}{8} \times \dfrac{1}{9} = \dfrac{5}{72}$

또는 $\dfrac{5}{9} \div 8 = \dfrac{5}{9} \times \dfrac{1}{8} = \dfrac{5}{72}$

19 예 ❶ 가장 큰 수는 17, 가장 작은 수는 3입니다.

❷ (가장 큰 수)÷(가장 작은 수)

$= 17 \div 3 = \dfrac{17}{3} = 5\dfrac{2}{3}$

❸ $5\dfrac{2}{3}$

채점 기준	배점
❶ 가장 큰 수와 가장 작은 수를 각각 찾은 경우	1점
❷ 가장 큰 수를 가장 작은 수로 나눈 몫을 분수로 나타낸 경우	2점
❸ 답을 바르게 쓴 경우	2점

20 예 ❶ 전체 우유의 양은

$\dfrac{2}{5} \times 3 = \dfrac{6}{5} = 1\dfrac{1}{5}$ (L)입니다.

❷ 한 명이 마셔야 하는 우유의 양은

$1\dfrac{1}{5} \div 4 = \dfrac{\overset{3}{6}}{5} \times \dfrac{1}{\underset{2}{4}} = \dfrac{3}{10}$ (L)입니다.

❸ $\dfrac{3}{10}$

채점 기준	배점
❶ 전체 우유의 양을 구한 경우	1점
❷ 한 명이 마셔야 하는 우유의 양을 구한 경우	2점
❸ 답을 바르게 쓴 경우	2점

단원 평가 2회

01 예 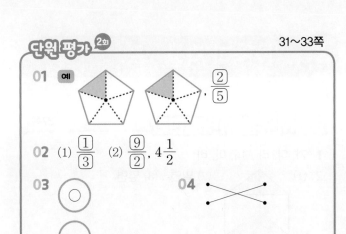 $\dfrac{\boxed{2}}{\boxed{5}}$

02 (1) $\dfrac{\boxed{1}}{\boxed{3}}$　(2) $\dfrac{\boxed{9}}{\boxed{2}}$, $4\dfrac{1}{2}$

03 ◯
○

04 (선 잇기)

05 $\dfrac{\boxed{1}}{\boxed{2}}$, $\dfrac{\boxed{5}}{\boxed{12}}$　**06** (1) $\dfrac{2}{7}$　(2) $\dfrac{4}{11}$

07 $3\dfrac{1}{3}\div5=\dfrac{10}{3}\div5=\dfrac{10\div5}{3}=\dfrac{2}{3}$

08 $\dfrac{14}{15}$, $\dfrac{2}{15}$　**09** 희수

10 $\dfrac{5}{22}$　**11** $<$

12 분자에 ◯표, 분모에 ◯표, $\dfrac{9}{20}$

13 $\dfrac{8}{63}$　**14** $1\dfrac{7}{8}$

15 $3\dfrac{1}{8}$　**16** $1\dfrac{3}{4}$

17 6　**18** $\dfrac{5}{12}$

19 풀이 참조, $\dfrac{13}{48}$　**20** 풀이 참조, $\dfrac{5}{16}$

01 $2\div5$는 오각형 2개를 각각 똑같이 5로 나눈 것 중의 한 칸씩을 색칠합니다. 색칠한 부분은 $\dfrac{1}{5}$이 2개이므로 $2\div5$의 몫은 $\dfrac{2}{5}$입니다.

02 (자연수)÷(자연수)의 몫은 나누어지는 수를 분자, 나누는 수를 분모로 하는 분수로 나타낼 수 있습니다.

03 (자연수)÷(자연수)를 $(자연수)\times\dfrac{1}{(자연수)}$로 나타낼 수 있습니다.

➡ $18\div5=18\times\dfrac{1}{5}$

주의 (자연수)÷(자연수)를 분수의 곱셈으로 나타낼 때 나누어지는 수는 그대로 두고, 나누는 수만 $\dfrac{1}{(자연수)}$로 바꾸어 곱합니다.

04 $4\div3=4\times\dfrac{1}{3}=\dfrac{4}{3}=1\dfrac{1}{3}$

$3\div8=\dfrac{3}{8}$

05 (분수)÷(자연수)를 $(분수)\times\dfrac{1}{(자연수)}$로 바꾸어 계산합니다.

06 (1) $\dfrac{6}{7}\div3=\dfrac{6\div3}{7}=\dfrac{2}{7}$

(2) $\dfrac{8}{11}\div2=\dfrac{\overset{4}{\cancel{8}}}{11}\times\dfrac{1}{\underset{1}{\cancel{2}}}=\dfrac{4}{11}$

07 대분수를 가분수로 나타낸 뒤 분자를 자연수로 나누어 계산합니다.

08 $4\dfrac{2}{3}\div5=\dfrac{14}{3}\div5=\dfrac{14}{3}\times\dfrac{1}{5}=\dfrac{14}{15}$

$\dfrac{14}{15}\div7=\dfrac{\overset{2}{\cancel{14}}}{15}\times\dfrac{1}{\underset{1}{\cancel{7}}}=\dfrac{2}{15}$

09 ・상민: $12\div5=12\times\dfrac{1}{5}=\dfrac{12}{5}=2\dfrac{2}{5}$

・은지: $12\times\dfrac{1}{5}=\dfrac{12}{5}=2\dfrac{2}{5}$

10 $\dfrac{10}{11}\div4=\dfrac{\overset{5}{\cancel{10}}}{11}\times\dfrac{1}{\underset{2}{\cancel{4}}}=\dfrac{5}{22}$

11 $1\div9=\dfrac{1}{9}$, $2\div6=\dfrac{2}{6}=\dfrac{1}{3}$ ➡ $\dfrac{1}{9}<\dfrac{1}{3}$

참고 단위분수는 분모가 작을수록 더 큰 분수입니다.

12 (자연수)÷(자연수)의 몫은 나누어지는 수가 분자, 나누는 수가 분모인 분수로 나타낼 수 있습니다.

13 일주일은 7일이므로 하루에 사용한 참기름은 $\dfrac{8}{9}\div7=\dfrac{8}{9}\times\dfrac{1}{7}=\dfrac{8}{63}$ (L)입니다.

14 정삼각형은 세 변의 길이가 모두 같으므로 한 변은 $5\dfrac{5}{8}\div3=\dfrac{45}{8}\div3=\dfrac{\overset{15}{\cancel{45}}}{8}\times\dfrac{1}{\underset{1}{\cancel{3}}}=\dfrac{15}{8}=1\dfrac{7}{8}$ (m)입니다.

15 $\square\times8=25$ ➡ $\square=25\div8=\dfrac{25}{8}=3\dfrac{1}{8}$

16 평행사변형의 넓이는 (밑변)×(높이)이므로 높이는 (넓이)÷(밑변)으로 구합니다.

$$8\frac{3}{4} \div 5 = \frac{35}{4} \div 5 = \frac{\overset{7}{\cancel{35}}}{4} \times \frac{1}{\cancel{5}} = \frac{7}{4} = 1\frac{3}{4} \text{ (cm)}$$

17 $14 \div 6 = \frac{14}{6} = \frac{7}{3}$

➡ $\frac{\square}{3} < \frac{7}{3}$ 이므로 □ 안에 들어갈 수 있는 자연수는 1, 2, 3, 4, 5, 6으로 모두 6개입니다.

18 20분 $= \frac{20}{60}$ 시간 $= \frac{1}{3}$ 시간이므로

3시간 20분 $= 3\frac{1}{3}$ 시간입니다.

➡ $3\frac{1}{3} \div 8 = \frac{10}{3} \div 8 = \frac{\overset{5}{\cancel{10}}}{3} \times \frac{1}{\cancel{8}} = \frac{5}{12}$ (시간)

19 예 ❶ 색칠한 부분은 정육각형을 똑같이 6칸으로 나눈 것 중의 1칸이므로 넓이는 $\frac{13}{8} \div 6$ 으로 계산합니다.

❷ (색칠한 부분의 넓이)

$$= \frac{13}{8} \div 6 = \frac{13}{8} \times \frac{1}{6} = \frac{13}{48} \text{ (m}^2\text{)}$$

❸ $\frac{13}{48}$

채점 기준	배점
❶ 색칠한 부분의 넓이 구하는 식을 세운 경우	1점
❷ 색칠한 부분의 넓이를 구한 경우	2점
❸ 답을 바르게 쓴 경우	2점

20 예 ❶ $7\frac{1}{2} \div 8 = \frac{15}{2} \div 8 = \frac{15}{2} \times \frac{1}{8} = \frac{15}{16}$

❷ $\frac{15}{16} = $ ★ $\times 3$

➡ ★ $= \frac{15}{16} \div 3 = \frac{\overset{5}{\cancel{15}}}{16} \times \frac{1}{\cancel{3}} = \frac{5}{16}$

❸ $\frac{5}{16}$

채점 기준	배점
❶ $7\frac{1}{2} \div 8$의 몫을 구한 경우	1점
❷ ★에 알맞은 분수를 구한 경우	2점
❸ 답을 바르게 쓴 경우	2점

2단원 각기둥과 각뿔

교과서+익힘책 개념탄탄
37쪽

1 가, 다, 라 / 나, 마, 바

2 (1) (2) 밑면 (3) 옆면

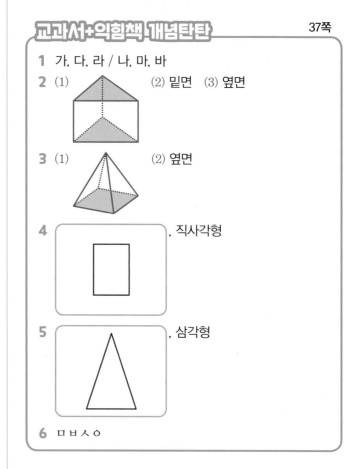

3 (1) (2) 옆면

4 . 직사각형

5 . 삼각형

6 ㅁㅂㅅㅇ

1 • 가, 다, 라와 같이 두 면이 서로 합동이고 평행한 다각형인 입체도형을 각기둥이라고 합니다.
• 나, 마, 바와 같이 한 면이 다각형이고 다른 면은 모두 삼각형인 입체도형을 각뿔이라고 합니다.

2 (2) 각기둥에서 서로 합동이고 평행한 두 면을 밑면이라고 합니다.
(3) 각기둥에서 두 밑면과 만나는 면을 옆면이라고 합니다.

3 (2) 각뿔에서 밑면과 만나는 면을 옆면이라고 합니다.

4 각기둥의 옆면은 모두 직사각형입니다.

5 각뿔의 옆면은 모두 삼각형입니다.

6 면 ㄱㄴㄷㄹ과 서로 합동이고 평행한 면을 찾으면 면 ㅁㅂㅅㅇ입니다.

교과서+익힘책 개념탄탄

1 (위에서부터) 사각형, 칠각형 / 사각기둥, 칠각기둥
2 (위에서부터) 사각형, 칠각형 / 사각뿔, 칠각뿔
3 ( ) (○) ( )　**4** ( ) ( ) (○)
5 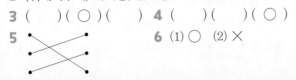　　　**6** (1) ○　(2) ✕

1 밑면의 모양이 사각형인 각기둥의 이름은 사각기둥
입니다.
밑면의 모양이 칠각형인 각기둥의 이름은 칠각기둥
입니다.

2 밑면의 모양이 사각형인 각뿔의 이름은 사각뿔입니다.
밑면의 모양이 칠각형인 각뿔의 이름은 칠각뿔입니다.

3 밑면의 모양이 삼각형인 각기둥의 이름은 삼각기둥
입니다.

4 밑면의 모양이 오각형인 각뿔의 이름은 오각뿔입니다.

5 밑면의 모양이 오각형인 각기둥의 이름은 오각기둥
입니다.
밑면의 모양이 육각형인 각뿔의 이름은 육각뿔입니다.
밑면의 모양이 삼각형인 각뿔의 이름은 삼각뿔입니다.

6 (2) 각뿔의 이름은 밑면의 모양에 따라 정해집니다.

교과서+익힘책 개념탄탄

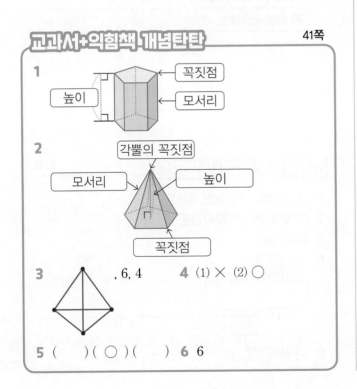

1 꼭짓점 / 높이 / 모서리

2 각뿔의 꼭짓점 / 모서리 / 높이 / 꼭짓점

3 , 6, 4　　**4** (1) ✕　(2) ○

5 ( ) (○) ( )　**6** 6

---

3 모서리는 면과 면이 만나는 선분이고, 꼭짓점은 모서
리와 모서리가 만나는 점입니다.

4 (1) 육각기둥의 꼭짓점은 12개입니다.

5 각뿔의 꼭짓점에서 밑면에 수직으로 내린 선분의 길
이를 잰 그림을 찾습니다.

6 각기둥의 높이는 두 밑면 사이의 거리이므로 6 cm
입니다.
다른 풀이 각기둥의 높이는 옆면과 옆면이 만나서 생기는
모서리의 길이와 같으므로 6 cm입니다.

유형별 실력 쏙쏙

1

입체도형	(육각기둥 ㄱㄴㄷㄹㅁㅂㅅㅇ)	(각뿔 ㄱㄴㄷㄹㅁ)
밑면	면 ㄱㄴㄷㄹ, 면 ㅁㅂㅅㅇ	면 ㄴㄷㄹㅁㅂ
옆면	면 ㄴㅂㅁㄱ, 면 ㄴㅂㅅㄷ, 면 ㄷㅅㅇㄹ, 면 ㄹㅇㅁㄱ	면 ㄱㄴㄷ, 면 ㄱㄷㄹ, 면 ㄱㄹㅁ, 면 ㄱㅂㅁ, 면 ㄱㄴㅂ

01 (위에서부터) 2, 1 / 5, 4
02 ㉠　　　　　**03** 서연
04 ㉡, ㉢
2 팔각기둥
05 육각기둥 / 육각뿔　**06** 삼각기둥
07 구각뿔　　　　**08** ㉡, 풀이 참조
3 ㉢
09 (위에서부터) 5, 6, 7 / 7, 8, 9 / 10, 12, 14 /
15, 18, 21 / 2, 2, 3
10 (위에서부터) 5, 6, 7 / 6, 7, 8 / 6, 7, 8 /
10, 12, 14 / 1, 1, 2
4 삼각기둥
11 사각뿔　　　　　**12**
13 사각기둥, 오각뿔　**14** 풀이 참조, 칠각뿔

02 ㉠ 가의 밑면은 삼각형, 나의 밑면은 사각형입니다.

03 서연: 각기둥의 두 밑면은 나머지 면들과 모두 수직으로 만납니다.

04

	㉠	㉡	㉢	㉣
칠각기둥	2개	7개	칠각형	직사각형
칠각뿔	1개	7개	칠각형	삼각형

2 두 밑면이 서로 합동이고 평행한 다각형이며, 옆면이 모두 직사각형인 입체도형은 각기둥입니다. 밑면의 모양이 팔각형인 각기둥의 이름은 팔각기둥입니다.

05 밑면의 모양이 육각형인 각기둥의 이름은 육각기둥입니다.
밑면의 모양이 육각형인 각뿔의 이름은 육각뿔입니다.

06 밑면이 다각형이고 옆면이 직사각형인 입체도형은 각기둥입니다. 밑면의 모양이 삼각형인 각기둥의 이름은 삼각기둥입니다.

07 밑면이 다각형이고 옆면이 모두 삼각형인 입체도형은 각뿔입니다. 옆면이 9개이면 밑면의 변의 수가 9개이므로 밑면의 모양이 구각형인 각뿔입니다. ➡ 구각뿔

08 ❶ ㉡
예 ❷ 삼각뿔의 옆면은 3개입니다.

채점 기준
❶ 잘못된 문장을 찾아 기호를 쓴 경우
❷ 잘못된 문장을 바르게 고친 경우

3 ㉠ 삼각뿔의 모서리는 6개입니다.
㉡ 사각기둥의 꼭짓점은 8개입니다.
㉢ 사각뿔의 면은 5개입니다.

09 오각기둥의 한 밑면의 변은 5개, 면은 $5+2=7$(개), 꼭짓점은 $5 \times 2=10$(개), 모서리는 $5 \times 3=15$(개)입니다.
육각기둥의 한 밑면의 변은 6개, 면은 $6+2=8$(개), 꼭짓점은 $6 \times 2=12$(개), 모서리는 $6 \times 3=18$(개)입니다.
칠각기둥의 한 밑면의 변은 7개, 면은 $7+2=9$(개), 꼭짓점은 $7 \times 2=14$(개), 모서리는 $7 \times 3=21$(개)입니다.

10 오각뿔의 밑면의 변은 5개, 면은 $5+1=6$(개), 꼭짓점은 $5+1=6$(개), 모서리는 $5 \times 2=10$(개)입니다.
육각뿔의 밑면의 변은 6개, 면은 $6+1=7$(개), 꼭짓점은 $6+1=7$(개), 모서리는 $6 \times 2=12$(개)입니다.
칠각뿔의 밑면의 변은 7개, 면은 $7+1=8$(개), 꼭짓점은 $7+1=8$(개), 모서리는 $7 \times 2=14$(개)입니다.

4 꼭짓점이 6개인 각기둥은 삼각기둥입니다.

11 모서리가 8개인 각뿔은 사각뿔입니다.

12 꼭짓점이 10개인 입체도형은 오각기둥이고, 모서리가 12개인 입체도형은 육각뿔입니다.

13 면이 6개인 각기둥은 사각기둥이고, 면이 6개인 각뿔은 오각뿔입니다.

14 **예** ❶ 꼭짓점이 8개인 입체도형은 사각기둥, 칠각뿔입니다.
❷ 면의 수는 꼭짓점의 수와 같으므로 면이 8개인 입체도형은 칠각뿔입니다.
따라서 조건을 만족하는 입체도형은 칠각뿔입니다.
❸ 칠각뿔

채점 기준
❶ 꼭짓점이 8개인 입체도형을 구한 경우
❷ 면이 8개인 입체도형을 구한 경우
❸ 답을 바르게 쓴 경우

교과서+익힘책 개념탄탄 47쪽

1 (1) 전개도 (2) 실선, 점선
2 (1) 오각형 (2) 오각기둥
3 사각기둥   **4** (○) ( )
5

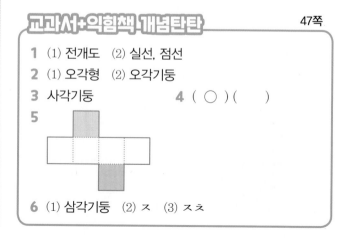

6 (1) 삼각기둥 (2) ㅈ (3) ㅈㅊ

2 (2) 밑면의 모양이 오각형이므로 오각기둥이 됩니다.

3 밑면의 모양이 사각형이므로 사각기둥이 됩니다.

4 오른쪽 그림은 밑면의 모양이 칠각형이므로 칠각기둥의 전개도입니다.

5 전개도를 접었을 때 색칠한 면과 마주 보는 면을 찾습니다.

6 (1) 밑면의 모양이 삼각형이므로 삼각기둥이 됩니다.
(2) 전개도를 접었을 때 점 ㄱ과 만나는 점은 점 ㅈ입니다.
(3) 전개도를 접었을 때 점 ㄱ과 점 ㅈ이 만나므로 선분 ㄱㅊ과 맞닿는 선분은 선분 ㅈㅊ입니다.

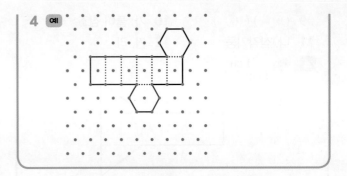

1 (2) 잘린 모서리는 실선으로, 잘리지 않은 모서리는 점선으로 그립니다.

2 전개도를 접었을 때 서로 맞닿는 선분은 길이가 같고 겹치는 면이 없도록 그립니다.
밑면이 2개, 옆면이 4개가 되도록 그립니다.

3 전개도를 접었을 때 서로 맞닿는 선분은 길이가 같고 겹치는 면이 없도록 그립니다.
밑면인 사각형 1개와 옆면인 직사각형 2개를 더 그려서 완성합니다.

4 전개도를 접었을 때 서로 맞닿는 선분은 길이가 같고 겹치는 면이 없도록 그립니다.
밑면인 육각형 1개와 옆면인 직사각형 3개를 더 그려서 완성합니다.

교과서+익힘책 개념탄탄
49쪽

1 (1) 삼각형에 ○표, 직사각형에 ○표
(2)

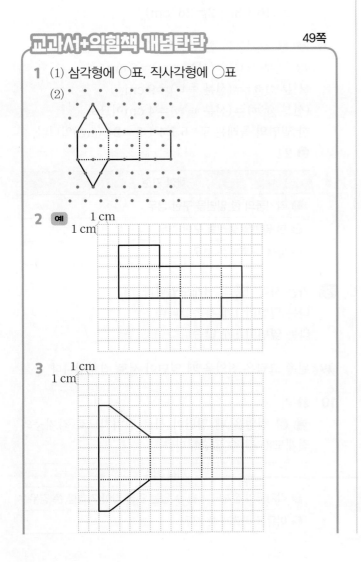

유형별 실력 쑥쑥
50~53쪽

1 선분 ㅊㅈ / 면 ㅋㅇㅅㅌ / 사각기둥

01

02 선분 ㅈㅇ

03 면 ㈏, 면 ㈐, 면 ㈑, 면 ㈒

04

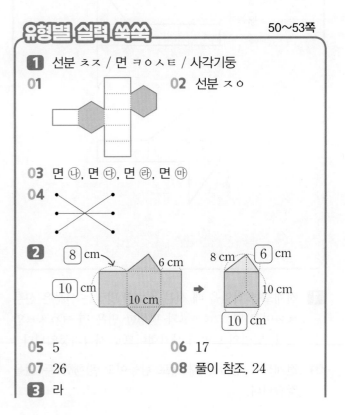

05 5   **06** 17
07 26   **08** 풀이 참조, 24
3 라

바른답·알찬풀이

09 ( )(○) **10** 가, 풀이 참조

11 나, 삼각기둥 **12** 가, 라

④ 예 1 cm
1 cm

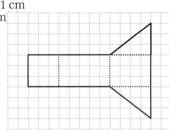

13 예 1 cm
1 cm

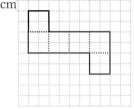

14 예 1 cm
1 cm

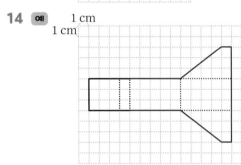

15 예 1 cm
1 cm

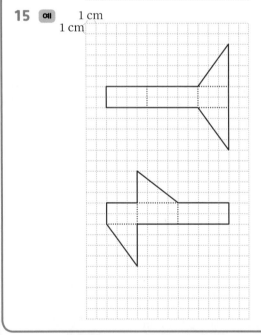

① 전개도를 접었을 때 선분 ㄴㄷ과 맞닿는 선분은 선분 ㅊㅈ이고 면 ㄴㄷㅂㅍ과 평행한 면은 면 ㅋㅇㅅㅌ입니다. 밑면의 모양이 사각형이므로 사각기둥입니다.

01 전개도를 접었을 때 서로 합동이고 평행한 두 면을 찾습니다.

02 전개도를 접었을 때 점 ㄱ과 점 ㅈ이 만나고 점 ㄴ과 점 ㅇ이 만나므로 선분 ㄱㄴ과 맞닿는 선분은 선분 ㅈㅇ입니다.

03 전개도를 접었을 때 면 ㅂ와 만나는 면은 면 ㅂ와 평행한 면인 면 ㉮를 제외한 나머지 4개의 면입니다.

04 전개도를 접었을 때 서로 마주 보는 면끼리 잇습니다.

② 전개도를 접었을 때 서로 맞닿는 선분은 길이가 같습니다.

05 전개도를 접었을 때 선분 ㅌㅋ과 맞닿는 선분은 선분 ㅎㄱ이므로 (선분 ㅌㅋ)=(선분 ㅎㄱ)=5 cm입니다.

06 (선분 ㅊㅈ)=(선분 ㅊㄱ)=4 cm,
(선분 ㅈㅇ)=(선분 ㄱㄴ)=6 cm
➡ (선분 ㄴㅇ)=7+4+6=17 (cm)

07 (선분 ㄱㄹ)=2×5=10 (cm)
➡ (직사각형 ㄱㄴㄷㄹ의 둘레)
=(10+3)×2=26 (cm)

08 예 ❶ 각기둥의 한 밑면은 면 ㄱㄴㅍㅎ입니다.
❷ (선분 ㄱㄴ)=(선분 ㄷㄴ)=5 cm,
(선분 ㄱㅎ)=(선분 ㅋㅌ)=9 cm,
(선분 ㅎㅍ)=(선분 ㅌㅍ)=4 cm이므로
한 밑면의 둘레는 5+6+4+9=24 (cm)입니다.
❸ 24

채점 기준
❶ 각기둥의 한 밑면을 구한 경우
❷ 한 밑면의 둘레를 구한 경우
❸ 답을 바르게 쓴 경우

③ 가는 사각기둥의 전개도입니다.
나는 밑면이 1개 부족합니다.
다는 옆면이 1개 많습니다.

09 왼쪽 그림은 접었을 때 옆면이 서로 겹쳐집니다.

10 ❶ 가
예 ❷ 접었을 때 밑면이 서로 겹쳐지므로 각기둥의 전개도가 될 수 없습니다.

채점 기준
❶ 각기둥의 전개도가 될 수 없는 것을 찾아 기호를 쓴 경우
❷ 이유를 바르게 쓴 경우

14 수학 6-1

11 가는 옆면이 2개 부족합니다.

12 나는 면이 1개 부족합니다.
다는 면이 1개 많습니다.

4 밑면인 삼각형 1개와 옆면인 직사각형 3개를 더 그려서 완성합니다.

13 잘린 모서리는 실선으로, 잘리지 않은 모서리는 점선으로 그립니다.

14 밑면인 사각형 2개와 옆면인 직사각형 2개를 더 그려서 완성합니다.

15 전개도를 접었을 때 삼각형인 두 밑면이 서로 평행하고 높이는 2 cm가 되도록 그립니다.

응용+수학역량 UPUP

54~57쪽

1 (1) 각기둥에 ○표 (2) 5 (3) 오각기둥
1-1 육각기둥　　　　**1-2** 칠각뿔
2 (1) 12 (2) 6 (3) 78
2-1 63　　　　　　**2-2** 6
3 (1) 삼각기둥 (2) 11
3-1 5　　　　　　**3-2** 26
4 (1) 16 (2) 30 (3) 3
4-1 5　　　　　　**4-2** 3

1 (2) 각기둥의 한 밑면의 변의 수를 □라고 하면 모서리의 수는 □×3=15이므로 □=5입니다.
(3) 밑면의 모양이 오각형인 각기둥이므로 오각기둥입니다.

1-1 두 밑면은 서로 합동이고 평행한 다각형이고, 옆면은 모두 직사각형이므로 각기둥입니다.
각기둥의 한 밑면의 변의 수를 □라고 하면 꼭짓점의 수는 □×2=12이므로 □=6입니다.
밑면의 모양이 육각형인 각기둥이므로 육각기둥입니다.

1-2 밑면이 다각형이고 옆면이 모두 삼각형이므로 각뿔입니다.
각뿔의 밑면의 변의 수를 □라고 하면 모서리의 수는 □×2=14이므로 □=7입니다.
밑면의 모양이 칠각형인 각뿔이므로 칠각뿔입니다.

2 (1) 길이가 3 cm인 모서리는 12개입니다.
(2) 길이가 7 cm인 모서리는 6개입니다.
(3) 3×12＋7×6＝36＋42＝78 (cm)

2-1 길이가 2 cm인 모서리가 14개, 길이가 5 cm인 모서리가 7개이므로 각기둥의 모든 모서리의 합은
2×14＋5×7＝28＋35＝63 (cm)입니다.

2-2 길이가 4 cm인 모서리는 10개이므로 길이가 4 cm인 모서리의 합은 4×10＝40 (cm)입니다.
길이가 □ cm인 모서리는 5개이고, 길이가 □ cm인 모서리의 합은 70－40＝30 (cm)이므로
□＝30÷5＝6입니다.

3 (1) 밑면의 모양이 삼각형이므로 삼각기둥입니다.
(2) 삼각기둥의 면은 3＋2＝5(개), 꼭짓점은
3×2＝6(개)입니다. ➡ 5＋6＝11(개)

3-1 밑면의 모양이 오각형이므로 오각기둥입니다.
오각기둥의 모서리는 5×3＝15(개), 꼭짓점은
5×2＝10(개)입니다. ➡ 15－10＝5(개)

3-2 옆면이 6개이므로 육각기둥의 전개도입니다.
육각기둥의 모서리는 6×3＝18(개), 면은
6＋2＝8(개)입니다. ➡ 18＋8＝26(개)

4 (1) 빨간선에서 길이가 2 cm인 선분은 8개이므로 길이의 합은 2×8＝16 (cm)입니다.
(2) 빨간선에서 각기둥의 높이와 길이가 같은 선분의 길이의 합은 46－16＝30 (cm)입니다.
(3) 빨간선에서 각기둥의 높이와 길이가 같은 선분은 10개이므로 각기둥의 높이는 30÷10＝3 (cm)입니다.

4-1 빨간선에서 길이가 3 cm인 선분은 20개이므로 길이의 합은 3×20＝60 (cm)입니다.
각기둥의 높이와 길이가 같은 선분은 2개이고, 길이의 합은 70－60＝10 (cm)이므로 각기둥의 높이는 10÷2＝5 (cm)입니다.

4-2 파란선에서 길이가 2 cm인 선분이 10개, 길이가 4 cm인 선분이 2개이므로 길이의 합은
2×10＋4×2＝20＋8＝28 (cm)입니다.
각기둥의 높이와 길이가 같은 선분은 2개이고, 길이의 합은 34－28＝6 (cm)이므로 각기둥의 높이는 6÷2＝3 (cm)입니다.

바른답·알찬풀이

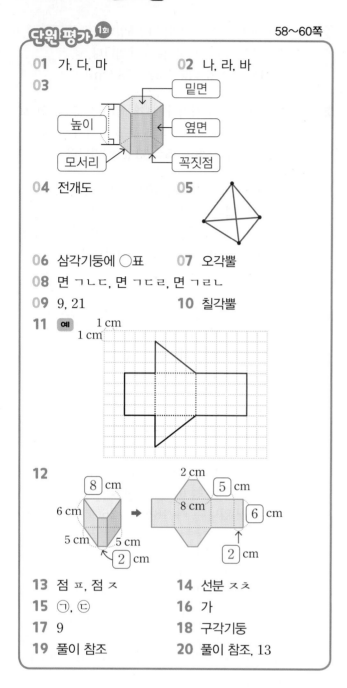

01 가, 다, 마　　**02** 나, 라, 바

03

04 전개도　　**05**

06 삼각기둥에 ◯표　　**07** 오각뿔

08 면 ㄱㄴㄷ, 면 ㄱㄷㄹ, 면 ㄱㄹㄴ

09 9, 21　　**10** 칠각뿔

11 예

12

13 점 ㅍ, 점 ㅈ　　**14** 선분 ㅈㅊ
15 ㉠, ㉢　　**16** 가
17 9　　**18** 구각기둥
19 풀이 참조　　**20** 풀이 참조, 13

01 두 면이 서로 합동이고 평행한 다각형인 입체도형을 찾으면 가, 다, 마입니다.

02 한 면이 다각형이고 다른 면은 모두 삼각형인 입체도형을 찾으면 나, 라, 바입니다.

05 면과 면이 만나는 선분을 찾아 파란색으로, 모서리와 모서리가 만나는 점을 찾아 빨간색으로 표시합니다.

06 밑면의 모양이 삼각형인 각기둥이므로 삼각기둥입니다.

07 밑면의 모양이 오각형인 각뿔의 이름은 오각뿔입니다.

08 각뿔에서 밑면과 만나는 면을 모두 찾습니다.

10 육각뿔의 꼭짓점은 7개, 오각기둥의 꼭짓점은 10개, 칠각뿔의 꼭짓점은 8개입니다.

12 전개도를 접었을 때 서로 맞닿는 선분은 길이가 같습니다.

13 전개도를 접었을 때 점 ㄱ과 만나는 점은 점 ㅍ, 점 ㅈ입니다.

14 전개도를 접었을 때 점 ㅌ과 점 ㅊ이 만나고 점 ㅍ과 점 ㅈ이 만나므로 선분 ㅍㅌ과 만나는 선분은 선분 ㅈㅊ입니다.

15 ㉡ 각뿔의 옆면은 삼각형입니다.

16 가는 접었을 때 겹쳐지는 면이 있으므로 사각기둥의 전개도가 될 수 없습니다.

17 옆면이 모두 삼각형이므로 각뿔이고 밑면의 모양이 팔각형이므로 팔각뿔입니다.
따라서 팔각뿔의 면은 8+1=9(개)입니다.

18 두 밑면은 서로 합동이고 평행한 다각형이며, 옆면은 모두 직사각형이므로 각기둥입니다.
각기둥의 한 밑면의 변의 수를 □라고 하면 모서리의 수는 □×3=27이므로 □=9입니다.
밑면의 모양이 구각형인 각기둥이므로 구각기둥입니다.

19 예 **❶** 각뿔은 밑면이 1개이고 옆면이 모두 삼각형입니다.
❷ 주어진 입체도형은 밑면이 2개이고 옆면이 모두 직사각형이므로 각뿔이 아닌 각기둥입니다.

채점 기준	배점
❶ 각뿔에 대해 설명한 경우	2점
❷ 각뿔이 아닌 이유를 쓴 경우	3점

20 예 **❶** 사각뿔의 꼭짓점은 4+1=5(개), 모서리는 4×2=8(개)입니다.
❷ 따라서 사각뿔의 꼭짓점의 수와 모서리의 수의 합은 5+8=13(개)입니다.
❸ 13

채점 기준	배점
❶ 사각뿔의 꼭짓점의 수와 모서리의 수를 각각 구한 경우	2점
❷ 사각뿔의 꼭짓점의 수와 모서리의 수의 합을 구한 경우	1점
❸ 답을 바르게 쓴 경우	2점

01 각기둥
02 (○) (   ) (○)
03

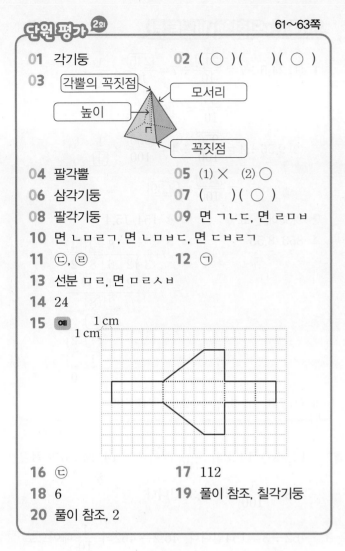

각뿔의 꼭짓점 / 모서리 / 높이 / 꼭짓점

04 팔각뿔
05 (1) × (2) ○
06 삼각기둥
07 (   ) (○)
08 팔각기둥
09 면 ㄱㄴㄷ, 면 ㄹㅁㅂ
10 면 ㄴㅁㄹㄱ, 면 ㄴㅁㅂㄷ, 면 ㄷㅂㄹㄱ
11 ㉢, ㉣
12 ㉠
13 선분 ㅁㄹ, 면 ㅁㄹㅅㅂ
14 24
15 예

1 cm / 1 cm

16 ㉢
17 112
18 6
19 풀이 참조, 칠각기둥
20 풀이 참조, 2

02 한 면이 다각형이고 다른 면은 모두 삼각형인 입체도형을 각뿔이라고 합니다.

04 밑면의 모양이 팔각형인 각뿔이므로 팔각뿔입니다.

05 (1) 꼭짓점은 6개입니다.

06 밑면의 모양이 삼각형이므로 삼각기둥이 됩니다.

07 왼쪽 그림은 옆면이 1개 부족합니다.

08 옆면의 모양이 직사각형인 입체도형은 각기둥입니다. 밑면의 모양이 팔각형인 각기둥이므로 팔각기둥입니다.

09 각기둥에서 서로 합동이고 평행한 두 면을 찾습니다.

10 각기둥에서 두 밑면과 만나는 면을 모두 찾습니다.

11

	㉠	㉡	㉢	㉣
육각기둥	18개	12개	6개	육각형
육각뿔	12개	7개	6개	육각형

12 ㉠ 사각기둥의 모서리는 12개입니다.
㉡ 팔각뿔의 꼭짓점은 9개입니다.
㉢ 삼각기둥의 면은 5개입니다.

13 전개도를 접었을 때, 선분 ㄷㄹ과 맞닿는 선분은 선분 ㅁㄹ이고 면 ㅌㅍㅊㅋ과 평행한 면은 면 ㅁㄹㅅㅂ입니다.

14 (선분 ㄷㄹ)=7 cm, (선분 ㄹㅅ)=5 cm,
(선분 ㅅㅇ)=7 cm, (선분 ㅇㅈ)=5 cm
➡ (선분 ㄷㅈ)=7+5+7+5=24 (cm)

16 ㉢ 오각기둥의 면은 5+2=7(개), 칠각뿔의 모서리는 7×2=14(개)입니다.

17 길이가 4 cm인 모서리가 16개, 길이가 6 cm인 모서리가 8개이므로 각기둥의 모든 모서리의 합은 4×16+6×8=64+48=112 (cm)입니다.

18 밑면의 모양이 육각형이므로 육각기둥입니다.
육각기둥의 모서리는 6×3=18(개),
꼭짓점은 6×2=12(개)입니다. ➡ 18-12=6(개)

19 예 ❶ 옆면이 7개이면 한 밑면의 변이 7개이므로 밑면은 칠각형입니다.
❷ 밑면의 모양이 칠각형인 각기둥의 이름은 칠각기둥입니다.
❸ 칠각기둥

채점 기준	배점
❶ 밑면이 어떤 다각형인지 구한 경우	2점
❷ 각기둥의 이름을 구한 경우	1점
❸ 답을 바르게 쓴 경우	2점

20 예 ❶ 각기둥의 높이는 7 cm, 각뿔의 높이는 9 cm입니다.
❷ 각기둥과 각뿔의 높이의 차는 9-7=2 (cm)입니다.
❸ 2

채점 기준	배점
❶ 각기둥과 각뿔의 높이를 각각 구한 경우	2점
❷ 각기둥과 각뿔의 높이의 차를 구한 경우	1점
❸ 답을 바르게 쓴 경우	2점

바른답·알찬풀이

3 단원 소수의 나눗셈

교과서+익힘책 개념탄탄

67쪽

1 2.3

2 (1) $66.9 \div 3 = \dfrac{\boxed{669}}{10} \div 3 = \dfrac{\boxed{669}}{10} \times \dfrac{1}{\boxed{3}}$

$= \dfrac{\boxed{223}}{10} = \boxed{22.3}$

(2) $6.69 \div 3 = \dfrac{\boxed{669}}{100} \div 3 = \dfrac{\boxed{669}}{100} \times \dfrac{1}{\boxed{3}}$

$= \dfrac{\boxed{223}}{100} = \boxed{2.23}$

3 31.1, 3.11 **4** 21.1, 2.11

5

$\dfrac{1}{100}$배 $\boxed{628} \div 2 = \boxed{314}$

$\boxed{6.28} \div 2 = \boxed{3.14}$ $\dfrac{1}{100}$배

6 (1) 1.11 (2) 43.2

교과서+익힘책 개념탄탄

69쪽

1 (1) $24.5 \div 7 = \dfrac{\boxed{245}}{10} \div 7 = \dfrac{\boxed{245}}{10} \times \dfrac{1}{\boxed{7}}$

$= \dfrac{\boxed{35}}{10} = \boxed{3.5}$

(2) $9.56 \div 4 = \dfrac{\boxed{956}}{100} \div 4 = \dfrac{\boxed{956}}{100} \times \dfrac{1}{\boxed{4}}$

$= \dfrac{\boxed{239}}{100} = \boxed{2.39}$

2 2.38에 ○표 **3** 154, 15.4

4 853, 8.53

5

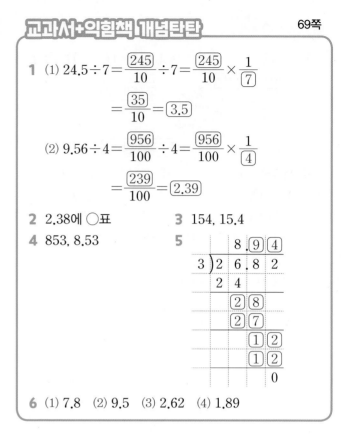

```
        8 . 9 4
    3 ) 2 6 . 8 2
        2 4
          2 8
          2 7
            1 2
            1 2
              0
```

6 (1) 7.8 (2) 9.5 (3) 2.62 (4) 1.89

---

3 나누는 수가 같을 때 나누어지는 수가 $\dfrac{1}{10}$배,

$\dfrac{1}{100}$배가 되면 몫도 $\dfrac{1}{10}$배, $\dfrac{1}{100}$배가 됩니다.

4 84.4는 844의 $\dfrac{1}{10}$배이므로 84.4÷4의 몫은 211의

$\dfrac{1}{10}$배인 21.1입니다.

8.44는 844의 $\dfrac{1}{100}$배이므로 8.44÷4의 몫은 211의

$\dfrac{1}{100}$배인 2.11입니다.

5 628÷2=314입니다. 6.28은 628의 $\dfrac{1}{100}$배이므로

6.28÷2의 몫은 314의 $\dfrac{1}{100}$배인 3.14입니다.

6 (1) 555÷5=111입니다. 5.55는 555의 $\dfrac{1}{100}$배이

므로 5.55÷5의 몫은 111의 $\dfrac{1}{100}$배인 1.11입

니다.

(2) 864÷2=432입니다. 86.4는 864의 $\dfrac{1}{10}$배이므

로 86.4÷2의 몫은 432의 $\dfrac{1}{10}$배인 43.2입니다.

---

2 14.28은 1428의 $\dfrac{1}{100}$배이므로 14.28÷6의 몫은

238의 $\dfrac{1}{100}$배인 2.38입니다.

3 462÷3=154입니다. 46.2는 462의 $\dfrac{1}{10}$배이므로

46.2÷3의 몫은 154의 $\dfrac{1}{10}$배인 15.4입니다.

4 4265÷5=853입니다. 42.65는 4265의 $\dfrac{1}{100}$배이

므로 42.65÷5의 몫은 853의 $\dfrac{1}{100}$배인 8.53입니다.

6 (1)
```
      7 . 8
  4 ) 3 1 . 2
      2 8
        3 2
        3 2
          0
```
(2)
```
      9 . 5
  5 ) 4 7 . 5
      4 5
        2 5
        2 5
          0
```
(3)
```
      2 . 6 2
  7 ) 1 8 . 3 4
      1 4
        4 3
        4 2
          1 4
          1 4
            0
```
(4)
```
      1 . 8 9
  3 ) 5 . 6 7
      3
        2 6
        2 4
          2 7
          2 7
            0
```

1 (1) $4.8 \div 6 = \dfrac{\boxed{48}}{10} \div 6 = \dfrac{\boxed{48}}{10} \times \dfrac{1}{6}$

$= \dfrac{\boxed{8}}{10} = \boxed{0.8}$

(2) $5.92 \div 8 = \dfrac{\boxed{592}}{100} \div 8 = \dfrac{\boxed{592}}{100} \times \dfrac{1}{8}$

$= \dfrac{\boxed{74}}{100} = \boxed{0.74}$

2 (1) 3, 0.3　(2) 38, 0.38

3 (1)
```
    0 . 4
7 ) 2 . 8
    2 8
    ──
      0
```
(2)
```
    0 . 8 3
4 ) 3 . 3 2
    3 2
    ──
      1 2
      1 2
      ──
        0
```

4 (1) 0.71　(2) 0.39　(3) 0.7　(4) 0.58

5 0.73

6 (○) (　　)

2 (1) $27 \div 9 = 3$입니다. 2.7은 27의 $\dfrac{1}{10}$배이므로

2.7÷9의 몫은 3의 $\dfrac{1}{10}$배인 0.3입니다.

(2) $114 \div 3 = 38$입니다. 1.14는 114의 $\dfrac{1}{100}$배이므로

1.14÷3의 몫은 38의 $\dfrac{1}{100}$배인 0.38입니다.

4 (1)
```
    0.7 1
8 ) 5.6 8
    5 6
    ───
      8
      8
      ──
      0
```
(2)
```
    0.3 9
6 ) 2.3 4
    1 8
    ───
      5 4
      5 4
      ───
        0
```
(3)
```
    0.7
9 ) 6.3
    6 3
    ──
      0
```
(4)
```
     0.5 8
14 ) 8.1 2
     7 0
     ───
      1 1 2
      1 1 2
      ─────
          0
```

5 4 > 2.92이므로 2.92 ÷ 4 = 0.73입니다.

6 5.36 ÷ 8 = 0.67, 8.16 ÷ 12 = 0.68이므로 몫이 0.67인 것은 5.36 ÷ 8입니다.

1

01 $\dfrac{1}{100}$

02 (1) $28.6 \div 2 = \dfrac{286}{10} \div 2 = \dfrac{\cancel{286}^{143}}{10} \times \dfrac{1}{\cancel{2}_{1}}$

$= \dfrac{143}{10} = 14.3$

(2) $13.14 \div 6 = \dfrac{1314}{100} \div 6 = \dfrac{\cancel{1314}^{219}}{100} \times \dfrac{1}{\cancel{6}_{1}}$

$= \dfrac{219}{100} = 2.19$

03 9.33　　04 2, 3, 1

2 1.19, 0.17

05 76, 0.76　　06 1.56, 0.39

07 >　　08 풀이 참조, ㉢

3 예
```
      9.2
7 ) 6.4 4
    6 3
    ──
    1 4
    1 4
    ──
      0
```
,
```
    0.9 2
7 ) 6.4 4
    6 3
    ──
    1 4
    1 4
    ──
      0
```

09 아현

10 예 $17.2 \div 4 = \dfrac{172}{100} \times \dfrac{1}{4} = \dfrac{43}{100} = 0.43$,

$17.2 \div 4 = \dfrac{172}{10} \div 4 = \dfrac{\cancel{172}^{43}}{10} \times \dfrac{1}{\cancel{4}_{1}}$

$= \dfrac{43}{10} = 4.3$

11 예
```
      1 9.4
8 ) 1 5.5 2
    8
    ──
    7 5
    7 2
    ───
      3 2
      3 2
      ───
        0
```
,
```
      1.9 4
8 ) 1 5.5 2
    8
    ──
    7 5
    7 2
    ───
      3 2
      3 2
      ───
        0
```

12 ㉡, 0.24

4 2.96 ÷ 8 = 0.37 / 0.37

13 24.6 ÷ 3 = 8.2 / 8.2

14 1.35　　　　15 7.49

16 풀이 참조, 0.77

1 $3.39 \div 3 = 1.13$, $10.8 \div 9 = 1.2$, $4.68 \div 4 = 1.17$

01 8.84는 884의 $\frac{1}{100}$배이므로 ㉮ $8.84 \div 4$의 몫은
㉯ $884 \div 4$의 몫의 $\frac{1}{100}$배입니다.

03 $55.98 > 49.92 > 47.34$이므로 가장 큰 수는 55.98
입니다. ➡ $55.98 \div 6 = 9.33$

04 $9.18 \div 6 = 1.53$, $5.12 \div 4 = 1.28$, $15.4 \div 7 = 2.2$
몫의 크기를 비교하면 $2.2 > 1.53 > 1.28$입니다.

2 $5.95 \div 5 = 1.19$, $1.19 \div 7 = 0.17$

05 $6.84 \div 9 = \frac{684}{100} \div 9 = \frac{\overset{76}{684}}{100} \times \frac{1}{\underset{1}{9}} = \frac{76}{100} = 0.76$

➡ ㉠ $= 76$, ㉡ $= 0.76$

06 $4.68 \div 3 = 1.56$, $1.56 \div 4 = 0.39$

07 $4.32 \div 6 = 0.72$, $3.96 \div 6 = 0.66$ ➡ $0.72 > 0.66$

08 예 ❶ ㉠ $7.14 \div 3 = 2.38$ ㉡ $5.36 \div 4 = 1.34$
㉢ $2.96 \div 8 = 0.37$
❷ 따라서 몫이 1보다 작은 것은 ㉢입니다.
❸ ㉢

채점 기준
❶ ㉠, ㉡, ㉢의 몫을 각각 구한 경우
❷ 몫이 1보다 작은 것을 찾은 경우
❸ 답을 바르게 쓴 경우

3 자연수의 나눗셈과 같이 계산하고 나누어지는 수의
소수점 위치에 맞추어 몫의 소수점을 찍은 뒤 소수점
앞에 숫자가 없으면 0을 씁니다.

09 24.8은 248의 $\frac{1}{10}$배이므로 $24.8 \div 2$의 몫은 124의
$\frac{1}{10}$배인 12.4입니다.

11 자연수의 나눗셈과 같이 계산하고 나누어지는 수의
소수점 위치에 맞추어 몫의 소수점을 찍습니다.

12 ㉡ $3.84 \div 16 = 0.24$

4 (1분 동안 간 거리) $=$ (8분 동안 간 거리) $\div 8$
$= 2.96 \div 8 = 0.37$ (km)

13 정삼각형은 세 변의 길이가 모두 같습니다.
➡ $24.6 \div 3 = 8.2$ (m)

14 (선우가 먹은 젤리의 양) $\div$ (현아가 먹은 젤리의 양)
$= 6.75 \div 5 = 1.35$(배)

15 (직사각형의 넓이) $=$ (가로) $\times$ (세로)
➡ (가로) $=$ (직사각형의 넓이) $\div$ (세로)
$= 37.45 \div 5 = 7.49$ (cm)

16 예 ❶ 어떤 수를 □라고 하면 □ $\times 4 = 3.08$입니다.
❷ □ $= 3.08 \div 4 = 0.77$이므로 어떤 수는 0.77입니다.
❸ 0.77

채점 기준
❶ 어떤 수를 □라 하고 식을 세운 경우
❷ 어떤 수를 구한 경우
❸ 답을 바르게 쓴 경우

교과서＋익힘책 개념탄탄
77쪽

1 (1) $3.7 \div 2 = \frac{\boxed{37}}{10} \div 2 = \frac{\boxed{37}}{10} \times \frac{1}{2}$

$= \frac{\boxed{37}}{20} = \frac{\boxed{185}}{100} = \boxed{1.85}$

(2) $30.6 \div 5 = \frac{\boxed{306}}{10} \div 5 = \frac{\boxed{306}}{10} \times \frac{1}{5}$

$= \frac{\boxed{306}}{50} = \frac{\boxed{612}}{100} = \boxed{6.12}$

2 56, 0.56 **3** $13\cdots3$, 135 / 1.35

4
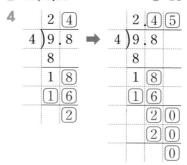

5 (1) 0.65 (2) 2.46 (3) 3.75 (4) 4.55
6 0.85

2 $280 \div 5 = 56$입니다. 2.8은 280의 $\frac{1}{100}$배이므로
$2.8 \div 5$의 몫은 56의 $\frac{1}{100}$배인 0.56입니다.

3 81÷6은 나누어떨어지지 않고 810÷6은 나누어떨어지므로 810÷6=135를 이용하여 8.1÷6의 몫을 구할 수 있습니다.

8.1은 810의 $\frac{1}{100}$ 배이므로 8.1÷6의 몫은 135의 $\frac{1}{100}$ 배인 1.35입니다.

5 (1)
```
   0.6 5
8)5.2
  4 8
    4 0
    4 0
      0
```
(2)
```
    2.4 6
5)1 2.3
  1 0
    2 3
    2 0
      3 0
      3 0
        0
```
(3)
```
   3.7 5
2)7.5
  6
  1 5
  1 4
    1 0
    1 0
      0
```
(4)
```
    4.5 5
6)2 7.3
  2 4
    3 3
    3 0
      3 0
      3 0
        0
```

6 3.4÷4=0.85

1 8.2는 820의 $\frac{1}{100}$ 배이므로 8.2÷4의 몫은 205의 $\frac{1}{100}$ 배인 2.05입니다.

2 나누는 수가 같을 때 나누어지는 수가 $\frac{1}{100}$ 배가 되면 몫도 $\frac{1}{100}$ 배가 됩니다.

4 (1)
```
   0.0 7
7)0.4 9
    4 9
      0
```
(2)
```
   7.0 5
6)4 2.3
  4 2
      3 0
      3 0
        0
```
(3)
```
   3.0 6
3)9.1 8
  9
    1 8
    1 8
      0
```
(4)
```
   5.0 5
4)2 0.2
  2 0
      2 0
      2 0
        0
```
5 0.3÷5=0.06

6 24.4>8이므로 24.4÷8=3.05입니다.

 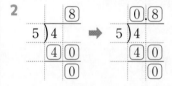
4 (1)
```
   2.5
2)5
  4
  1 0
  1 0
    0
```
(2)
```
     0.3 2
2 5)8
    7 5
      5 0
      5 0
        0
```

(3)
$$6)\overline{\begin{array}{r}6.5\\39\\\underline{36}\\30\\\underline{30}\\0\end{array}}$$

(4)
$$15)\overline{\begin{array}{r}5.6\\84\\\underline{75}\\90\\\underline{90}\\0\end{array}}$$

5 $36 \div 16 = 2.25$

6 $21 \div 6 = 3.5$, $30 \div 8 = 3.75$

유형별 실력쑥쑥

❶ ㉡

01 (1) $3.5 \div 2 = \frac{35}{10} \div 2 = \frac{35}{10} \times \frac{1}{2} = \frac{35}{20}$

$= \frac{175}{100} = 1.75$

(2) $26.8 \div 8 = \frac{268}{10} \div 8 = \frac{\overset{67}{268}}{10} \times \frac{1}{\underset{2}{8}} = \frac{67}{20}$

$= \frac{335}{100} = 3.35$

02 ( )(○)

03 예

$$8)\overline{\begin{array}{r}\boxed{9.5}\\7.6\\\underline{72}\\40\\\underline{40}\\0\end{array}}, \quad 8)\overline{\begin{array}{r}0.9\,5\\7.6\\\underline{72}\\40\\\underline{40}\\0\end{array}}$$

04 ㉡

❷ 5.75

05 0.8   **06** 기대작

07 (○)( )( )

08 풀이 참조, 5

❸ $7.35 \div 7 = 1.05 / 1.05$

09 $22.3 \div 5 = 4.46 / 4.46$

10 12.4   **11** 5.5

12 풀이 참조, 1.06

❹ 2.15

13 0.45   **14** 15.06

15 14.25   **16** 3.07

---

❶ ㉠ $8.28 \div 4 = 2.07$ ㉡ $6.6 \div 4 = 1.65$
㉢ $12.3 \div 6 = 2.05$
$1.65 < 2.05 < 2.07$이므로 몫이 가장 작은 것은 ㉡입니다.

02 $18.72 \div 9 = 2.08$, $11.3 \div 5 = 2.26$
➡ $2.08 < 2.26$이므로 $11.3 \div 5$의 계산 결과가 더 큽니다.

03 나누어지는 수의 소수점 위치에 맞추어 몫의 소수점을 찍은 뒤 소수점 앞에 0을 써야 합니다.

04 ㉠ $6.3 \div 6 = 1.05$ ㉡ $7.4 \div 4 = 1.85$
㉢ $9.18 \div 3 = 3.06$
몫의 소수 첫째 자리 숫자가 0이 아닌 것은 ㉡입니다.

❷ 가장 큰 수는 23, 가장 작은 수는 4입니다.
➡ $23 \div 4 = 5.75$

05 육각형 안에 있는 수는 12, 원 안에 있는 수는 15입니다. ➡ $12 \div 15 = 0.8$

06 $55 \div 20 = 2.75$, $20 \div 8 = 2.5$, $14 \div 5 = 2.8$
➡ $2.8 > 2.75 > 2.5$이므로 몫이 큰 것부터 차례로 글자를 쓰면 기대작입니다.

07 $91 \div 35 = 2.6$, $60 \div 25 = 2.4$, $36 \div 15 = 2.4$
몫이 다른 하나는 $91 \div 35$입니다.

08 예 ❶ $17 \div 4 = 4.25$입니다.
❷ $4.25 < \square$이므로 $\square$ 안에 들어갈 수 있는 자연수는 5, 6, 7, 8, 9입니다. 따라서 모두 5개입니다.
❸ 5

채점 기준
❶ $17 \div 4$의 몫을 구한 경우
❷ $\square$ 안에 들어갈 수 있는 자연수의 개수를 구한 경우
❸ 답을 바르게 쓴 경우

❸ (하루에 마신 우유의 양)
= (일주일 동안 마신 우유의 양) ÷ 7
= $7.35 \div 7 = 1.05$ (L)

09 (사용한 빨간색 페인트양) ÷ (사용한 노란색 페인트양)
= $22.3 \div 5 = 4.46$(배)

10 (연료 1 L로 갈 수 있는 거리)
= (전체 이동 거리) ÷ (연료의 양)
= $186 \div 15 = 12.4$ (km)

11 (한 명이 받을 수 있는 리본의 길이)
= (전체 리본의 길이) ÷ (사람 수)
= $66 ÷ 12 = 5.5$ (m)

12 예 ❶ 한 상자에 담긴 방울토마토의 양은
$21.2 ÷ 5 = 4.24$ (kg)입니다.
❷ 한 상자에 담긴 방울토마토를 4명이 똑같이 나
누어 먹으므로 한 명이 먹는 방울토마토의 양은
$4.24 ÷ 4 = 1.06$ (kg)입니다.
❸ 1.06

채점 기준
❶ 한 상자에 담긴 방울토마토의 양을 구한 경우
❷ 한 명이 먹는 방울토마토의 양을 구한 경우
❸ 답을 바르게 쓴 경우

4 만들 수 있는 가장 큰 소수 한 자리 수는 8.6입니다.
➡ $8.6 ÷ 4 = 2.15$

13 만들 수 있는 가장 작은 소수 한 자리 수는 3.6입니다.
➡ $3.6 ÷ 8 = 0.45$

14 만들 수 있는 가장 큰 소수 한 자리 수는 75.3입니다.
➡ $75.3 ÷ 5 = 15.06$

15 만들 수 있는 가장 작은 두 자리 수는 57입니다.
➡ $57 ÷ 4 = 14.25$

16 만들 수 있는 가장 큰 소수 두 자리 수는 9.21입니다.
➡ $9.21 ÷ 3 = 3.07$

응용+수학역량 UP UP 86~89쪽

1 (1) 6 (2) 1.5
1-1 2.05   **1-2** 0.26
2 (1) 0.9 (2) 0.75 (3) 포도주스, 0.15
2-1 나, 0.35   **2-2** 복숭아, 0.2
3 (1) 7 (2) 4.45
3-1 3.35   **3-2** 3.75
4 (1) 가장 작은 수에 ○표, 가장 큰 수에 ○표
(2) ④÷⑧ (3) 0.5
4-1 ②.③÷⑤, 0.46   **4-2** ⑧.⑥④÷③, 2.88

1 (1) (삼각뿔의 모서리의 수) = $3 × 2 = 6$(개)
(2) 삼각뿔의 모든 모서리는 길이가 같으므로
(한 모서리) = $9 ÷ 6 = 1.5$ (m)입니다.

1-1 (사각뿔의 모서리의 수) = $4 × 2 = 8$(개)
사각뿔의 모든 모서리는 길이가 같으므로
(한 모서리) = $16.4 ÷ 8 = 2.05$ (cm)입니다.

1-2 (오각기둥의 모서리의 수) = $5 × 3 = 15$(개)
오각기둥의 모든 모서리는 길이가 같으므로
(한 모서리) = $3.9 ÷ 15 = 0.26$ (m)입니다.

2 (1) (한 병에 담긴 포도주스의 양) = $4.5 ÷ 5 = 0.9$ (L)
(2) (한 병에 담긴 레몬주스의 양) = $6 ÷ 8 = 0.75$ (L)
(3) $0.9 > 0.75$이므로 한 병에 담긴 포도주스가 레몬
주스보다 $0.9 - 0.75 = 0.15$ (L) 더 많습니다.

2-1 (가 회사 노트북 한 대의 무게) = $6.4 ÷ 4 = 1.6$ (kg)
(나 회사 노트북 한 대의 무게) = $7.5 ÷ 6 = 1.25$ (kg)
$1.6 > 1.25$이므로 나 회사에서 만든 노트북 한 대가
$1.6 - 1.25 = 0.35$ (kg) 더 가볍습니다.

2-2 빈 바구니의 무게가 0.51 kg이므로 사과 3개의 무게는
$2.49 - 0.51 = 1.98$ (kg)입니다.
➡ (사과 한 개의 무게) = $1.98 ÷ 3 = 0.66$ (kg)
빈 바구니의 무게가 0.51 kg이므로 복숭아 5개의 무
게는 $4.81 - 0.51 = 4.3$ (kg)입니다.
➡ (복숭아 한 개의 무게) = $4.3 ÷ 5 = 0.86$ (kg)
$0.86 > 0.66$이므로 복숭아 한 개의 무게가 사과 한 개
의 무게보다 $0.86 - 0.66 = 0.2$ (kg) 더 무겁습니다.

3 (1) 나무 8그루를 심으려고 하므로 나무 사이의 간격
은 $8 - 1 = 7$(군데)입니다.
(2) (나무 사이의 거리) = $31.15 ÷ 7 = 4.45$ (m)

3-1 표지판 9개를 설치하려고 하므로 표지판 사이의 간
격은 $9 - 1 = 8$(군데)입니다.
➡ (표지판 사이의 거리) = $26.8 ÷ 8 = 3.35$ (km)

3-2 (화분 사이의 거리의 합)
= (산책로의 길이) - (화분 13개 너비의 합)
= $48.9 - 0.3 × 13$
= $48.9 - 3.9 = 45$ (m)
화분 사이의 간격은 $13 - 1 = 12$(군데)이므로 화분
사이의 거리는 $45 ÷ 12 = 3.75$ (m)입니다.

4 (1) 나누어지는 수가 작을수록, 나누는 수가 클수록 나눗셈의 몫이 작습니다.

(2) 몫을 가장 작게 하려면
(가장 작은 한 자리 수)÷(가장 큰 한 자리 수)로 만듭니다.

(3) $4÷8=0.5$

4-1 몫을 가장 작게 하려면
(가장 작은 소수 한 자리 수)÷(가장 큰 한 자리 수)로 만듭니다. ➡ $2.3÷5=0.46$

4-2 나누어지는 수가 클수록, 나누는 수가 작을수록 나눗셈의 몫이 큽니다.
몫을 가장 크게 하려면
(가장 큰 소수 두 자리 수)÷(가장 작은 한 자리 수)로 만듭니다. ➡ $8.64÷3=2.88$

단원 평가 1회 · 90~92쪽

01 $36.5÷5=\dfrac{\boxed{365}}{10}÷5=\dfrac{\boxed{365}}{10}×\dfrac{1}{\boxed{5}}$
$=\dfrac{\boxed{73}}{10}=\boxed{7.3}$

02 31.2, 3.12	**03** (○)( )
04 13.9	**05** 405 / 4.05에 색칠
06 4.23	**07** 0.94
08 2.04	**09** 5.8, 1.16
10 (○)( )	**11** 3.85
12 3, 2, 1	**13** ㉡, ㉢
14 1.52	**15** 1.62
16 15.5	**17** 7.05
18 펭귄, 0.19	**19** 풀이 참조, 9.05
20 풀이 참조, 21	

02 62.4는 624의 $\dfrac{1}{10}$배이므로 62.4÷2의 몫은 312의 $\dfrac{1}{10}$배인 31.2입니다.

6.24는 624의 $\dfrac{1}{100}$배이므로 6.24÷2의 몫은 312의 $\dfrac{1}{100}$배인 3.12입니다.

03 나누는 수가 같을 때 나누어지는 수가 $\dfrac{1}{100}$배가 되면 몫도 $\dfrac{1}{100}$배가 됩니다.

04
```
      1 3.9
6 ) 8 3.4
      6
      ‾‾‾
      2 3
      1 8
      ‾‾‾
        5 4
        5 4
        ‾‾‾
          0
```

05 $3240÷8=405$입니다. 32.4는 3240의 $\dfrac{1}{100}$배이므로 32.4÷8의 몫은 405의 $\dfrac{1}{100}$배인 4.05입니다.

06 $16.92÷4=4.23$

07 $8>7.52$이므로 $7.52÷8=0.94$입니다.

08 $14.28÷7=2.04 \,(m)$

09 $87÷15=5.8$, $5.8÷5=1.16$

10 $3.76÷8=0.47$, $3.24÷9=0.36$
➡ $0.47>0.36$이므로 3.76÷8의 계산 결과가 더 큽니다.

11 (나무 막대 1 m의 무게)$=23.1÷6=3.85 \,(kg)$

12 $8.6÷4=2.15$, $11.7÷5=2.34$, $9.72÷4=2.43$
➡ $2.43>2.34>2.15$

13 ㉠ $11÷5=2.2$ ㉡ $7÷4=1.75$
㉢ $21÷2=10.5$ ㉣ $20÷16=1.25$
몫이 소수 두 자리 수인 것은 ㉡, ㉣입니다.

14 만들 수 있는 가장 큰 소수 한 자리 수는 7.6입니다.
➡ $7.6÷5=1.52$

15 (멜론 7통의 무게)
$=$(멜론 7통을 담은 상자의 무게)$-$(빈 상자의 무게)
$=11.74-0.4=11.34 \,(kg)$
➡ (멜론 한 통의 무게)$=11.34÷7=1.62 \,(kg)$

16 (평균)$=$(자룟값의 합)÷(자료 수)입니다.
(평균)$=(15+17+14+16)÷4$
$=62÷4=15.5$(초)

17 (삼각뿔의 모서리의 수)$=3\times2=6$(개)
삼각뿔의 모든 모서리는 길이가 같으므로
(한 모서리)$=42.3\div6=7.05$ (cm)입니다.

18 (토끼 인형 한 개의 무게)$=6.75\div15=0.45$ (kg)
(펭귄 인형 한 개의 무게)$=7.68\div12=0.64$ (kg)
$0.64>0.45$이므로 펭귄 인형 한 개가
$0.64-0.45=0.19$ (kg) 더 무겁습니다.

19 예 ❶ 색칠된 부분의 넓이는 (정삼각형의 넓이)$\div4$
입니다.
❷ (색칠된 부분의 넓이)$=36.2\div4=9.05$ (cm^2)
❸ 9.05

채점 기준	배점
❶ 색칠된 부분의 넓이를 구하는 식을 세운 경우	1점
❷ 색칠된 부분의 넓이를 구한 경우	2점
❸ 답을 바르게 쓴 경우	2점

20 예 ❶ $65.4\div3=21.8$입니다.
❷ $21.8>\Box$이므로 $\Box$ 안에 들어갈 수 있는 자연수
는 21, 20, 19, ..., 1입니다.
따라서 가장 큰 수는 21입니다.
❸ 21

채점 기준	배점
❶ $65.4\div3$의 몫을 구한 경우	2점
❷ $\Box$ 안에 들어갈 수 있는 자연수 중에서 가장 큰 수를 구한 경우	1점
❸ 답을 바르게 쓴 경우	2점

단원 평가 2회

93~95쪽

01 222, 2.22 **02** $\dfrac{1}{10}$

03 $8.2\div5=\dfrac{82}{10}\div5=\dfrac{82}{10}\times\dfrac{1}{5}=\dfrac{82}{50}$
$=\dfrac{164}{100}=1.64$

04 ㉠ **05** 8.05

06 (위에서부터) 2.85, 1.14

07 2.05 **08** $<$

09 2.03 **10** 4.6

11 **12** 3.7

13 ㉡

14 예
$$9\overline{)\,4.05}^{\;\;4.5}$$
$$\underline{3\,6}$$
$$4\,5$$
$$\underline{4\,5}$$
$$0$$,
$$9\overline{)\,4.05}^{\;\;0.45}$$
$$\underline{3\,6}$$
$$4\,5$$
$$\underline{4\,5}$$
$$0$$

15 0.25 **16** 2.54

17 0.6, 0.7 **18** ③.⑥$\div$⑧$=$⓪.45

19 풀이 참조, 2.32 **20** 풀이 참조, 0.76

01 나누는 수가 같을 때 나누어지는 수가 $\dfrac{1}{100}$ 배가 되면 몫도 $\dfrac{1}{100}$ 배가 됩니다.

02 64.2는 642의 $\dfrac{1}{10}$ 배이므로 ㉮ $64.2\div2$의 몫은 ㉯ $642\div2$의 몫의 $\dfrac{1}{10}$ 배입니다.

04 ㉡ 15.84는 1584의 $\dfrac{1}{100}$ 배이므로 $15.84\div8$의 몫은 198의 $\dfrac{1}{100}$ 배인 1.98입니다.

05
$$6\overline{)\,48.3}^{\;\;8.05}$$
$$\underline{4\,8}$$
$$3\,0$$
$$\underline{3\,0}$$
$$0$$

06 $5.7\div2=2.85$, $5.7\div5=1.14$

07 $12.3>6$이므로 $12.3\div6=2.05$입니다.

08 $4.72\div8=0.59$, $6.39\div9=0.71$
➡ $0.59<0.71$

09 $1.5\div6=0.25$, $11.4\div5=2.28$
➡ $2.28-0.25=2.03$

10 가장 큰 수는 23, 가장 작은 수는 5입니다.
➡ $23\div5=4.6$

11 $18.24\div6=3.04$, $21.49\div7=3.07$,
$24.4\div8=3.05$

12 정사각형은 네 변의 길이가 모두 같습니다.
➡ $14.8 \div 4 = 3.7$ (cm)

13 ㉠ $5.4 \div 3 = 1.8$ ㉡ $6.44 \div 7 = 0.92$
㉢ $8.68 \div 4 = 2.17$ ㉣ $10.48 \div 8 = 1.31$
따라서 몫이 1보다 작은 나눗셈은 ㉡입니다.

14 나누어지는 수의 소수점 위치에 맞추어 몫의 소수점을 찍은 뒤 소수점 앞에 0을 써야 합니다.

15 한 시간은 60분이므로
(1분 동안 탄 길이)$= 15 \div 60 = 0.25$ (cm)입니다.

16 (가의 넓이)$= 5 \times 5 = 25$ (cm^2)
(나의 넓이)$= 10 \times 6.35 = 63.5$ (cm^2)
➡ (나의 넓이)$\div$(가의 넓이)$= 63.5 \div 25 = 2.54$(배)

17 $1 \div 2 = 0.5$, $3 \div 4 = 0.75$
0.5와 0.75 사이에 있는 소수 한 자리 수는 0.6, 0.7입니다.

18 몫을 가장 작게 하려면
(가장 작은 소수 한 자리 수)$\div$(가장 큰 한 자리 수)로 만듭니다.
➡ $3.6 \div 8 = 0.45$

19 예 ❶ 어떤 수를 □라고 하면 □$\times 7 = 81.2$이므로
□$= 81.2 \div 7 = 11.6$입니다.
❷ 어떤 수는 11.6이므로 어떤 수를 5로 나누면
$11.6 \div 5 = 2.32$입니다.
❸ 2.32

채점 기준	배점
❶ 어떤 수를 구한 경우	2점
❷ 어떤 수를 5로 나눈 몫을 구한 경우	1점
❸ 답을 바르게 쓴 경우	2점

20 예 ❶ 모종 사이의 간격은 $12 - 1 = 11$(군데)입니다.
❷ (모종 사이의 거리)$= 8.36 \div 11 = 0.76$ (m)
❸ 0.76

채점 기준	배점
❶ 모종 사이의 간격이 몇 군데인지 구한 경우	1점
❷ 모종 사이의 거리가 몇 m인지 구한 경우	2점
❸ 답을 바르게 쓴 경우	2점

4단원 비와 비율

교과서+익힘책 개념탄탄 99쪽

1 16, 24 **2** 8, 12, 변합니다에 ○표
3 2, 변하지 않습니다에 ○표
4 나눗셈에 ○표, 뺄셈에 ○표
5 (1) 12 (2) 4 **6** 4, 3

1 한 모둠에 지우개 2개와 풀 4개를 나누어 주었으므로 4모둠일 때는 풀 16개, 6모둠일 때는 풀 24개가 있습니다.

2 $4 - 2 = 2$, $8 - 4 = 4$, $16 - 8 = 8$, $24 - 12 = 12$, …
➡ 뺄셈으로 비교하면 차가 변하므로 지우개 수와 풀 수의 관계가 변합니다.

3 $4 \div 2 = 2$, $8 \div 4 = 2$, $16 \div 8 = 2$, $24 \div 12 = 2$, …
➡ 나눗셈으로 비교하면 지우개 수와 풀 수의 관계가 변하지 않습니다.

4 ㉠에서 $9 \div 3 = 3$이므로 나눗셈으로 비교했고,
㉡에서 $14 - 12 = 2$이므로 뺄셈으로 비교했습니다.

5 (1) $16 - 4 = 12$이므로 오이는 사과보다 12개 더 많습니다.
(2) $16 \div 4 = 4$이므로 오이 수는 사과 수의 4배입니다.

6 • $6 - 2 = 4$이므로 세로는 가로보다 4 cm 더 짧습니다.
• $2 \div 6 = \frac{1}{3}$이므로 세로는 가로의 $\frac{1}{3}$배입니다.

교과서+익힘책 개념탄탄 101쪽

1 비, 9 : 7, 9 대 7 **2**
3 ㉢
4 (1) 5 : ⑥ (2) ⑤ : ⑥ (3) ⑥ : ⑤
5 (1) 8, 1 (2) 5, 4 (3) 10, 3
6 ⑪ : ⑮

1 두 수를 나눗셈으로 비교하기 위해 기호 :을 사용하여 나타낸 것을 비라고 합니다.

2
- 3에 대한 8의 비 ➡ 8 : 3
- 8에 대한 3의 비 ➡ 3 : 8

3 ㉠, ㉡, ㉣ 2 : 9 ㉢ 9 : 2

4 (1) 모자 수와 가방 수의 비 ➡ 5 : 6
　　　 비교하는 양　 기준량
　(2) 모자 수의 가방 수에 대한 비 ➡ 5 : 6
　　　 비교하는 양　 기준량
　(3) 가방 수의 모자 수에 대한 비 ➡ 6 : 5
　　　 비교하는 양　 기준량

5 (1) 　1 : 　8
　　 비교하는 양　기준량
　(2) 　4와 　5의 비
　　 비교하는 양 기준량
　(3) 10에 대한 3의 비
　　 기준량　 비교하는 양

6 가로에 대한 세로의 비 ➡ (세로) : (가로)=11 : 15

유형별 실력쑥쑥 　　　　　102~103쪽

1 상민

01 뺄셈 1, 3, 3 　나눗셈 1, 4, 4

02 (위에서부터) 12 / 4, 6, 8 /
　예 접시는 물병보다 1개, 2개, 3개, 4개, ... 더 적습니다.

03 (위에서부터) 48 / 12, 18, 24 /
　예 백합 수는 장미 수의 $\frac{1}{2}$ 배입니다.

04 예 나무의 높이는 그림자 길이보다 120 cm 더 깁니다. / 예 나무의 높이는 그림자 길이의 3배입니다.

2 14, 15 / 5, 21 / 16, 9

05 ㉢

06

07 5, 3, 3 : 5

08 틀립니다에 ○표, 풀이 참조

---

1 미현: 10－5＝5이므로 사탕은 초콜릿보다 5개 더 많습니다.
　상민: 10÷5＝2이므로 사탕 수는 초콜릿 수의 2배입니다.

02 3－2＝1, 6－4＝2, 9－6＝3, 12－8＝4, ...

03 (백합 수)÷(장미 수)=6÷12=$\frac{1}{2}$

---

04 ・180－60＝120이므로 나무의 높이는 그림자 길이보다 120 cm 더 깁니다.
　・180÷60＝3이므로 나무의 높이는 그림자 길이의 3배입니다.

2 기호 :의 오른쪽에 있는 수가 기준량, 왼쪽에 있는 수가 비교하는 양입니다.
　・5와 21의 비 ➡ 5 : 21
　・9에 대한 16의 비 ➡ 16 : 9

05 ㉠ 18 : 13 　㉡ 18 : 13 　㉢ 13 : 18
　➡ ㉠과 ㉡은 기준량이 13이고, ㉢은 기준량이 18입니다.

06 3칸 중에서 1칸을 색칠했습니다.
　➡ 1 : 3

　 6칸 중에서 4칸을 색칠했습니다.
　➡ 4 : 6

　4칸 중에서 3칸을 색칠했습니다.
　➡ 3 : 4

07 (세로) : (가로)=3 : 5

08 ❶ 틀립니다에 ○표
　예 ❷ 8 : 7은 기준량 7에 대한 비교하는 양 8의 비를 나타내지만 7 : 8은 기준량 8에 대한 비교하는 양 7의 비를 나타냅니다.

채점 기준
❶ 알맞은 말에 ○표 한 경우
❷ 이유를 바르게 쓴 경우

교과서+익힘책 개념탄탄 　　　105쪽

1 비율

2 (1) 7, 10 (2) ⑦ : ⑩ (3) 10, 7 (4) $\frac{7}{10}$, 0.7

3 (위에서부터) 2, $\frac{1}{2}$(=0.5) / 13, $\frac{13}{20}$(=0.65) / 9, 50, $\frac{9}{50}$(=0.18)

4 (1) $\frac{3}{4}$, 0.75 (2) $\frac{11}{5}$, 2.2

5 $\frac{18}{25}$, 0.72

바른답·알찬풀이

1 기준량에 대한 비교하는 양의 크기를 비율이라고 합니다.

2 ⑷ 기준량은 10, 비교하는 양은 7이므로 비교하는 양은 기준량의 $\dfrac{7}{10}(=0.7)$배입니다.

3 기호 :의 오른쪽에 있는 수가 기준량, 왼쪽에 있는 수가 비교하는 양입니다.

· 1 : 2 ➡ 비율 $\dfrac{1}{2}=0.5$

· 13과 20의 비 ➡ 13 : 20 ➡ 비율 $\dfrac{13}{20}=0.65$

· 50에 대한 9의 비 ➡ 9 : 50 ➡ 비율 $\dfrac{9}{50}=0.18$

4 ⑴ 3 : 4 ➡ 비율 $\dfrac{3}{4}=0.75$

⑵ 11 : 5 ➡ 비율 $\dfrac{11}{5}=2.2$

5 노란색 털실 길이에 대한 보라색 털실 길이의 비
➡ (보라색 털실 길이) : (노란색 털실 길이)
$=18 : 25$
➡ 비율 $\dfrac{18}{25}=0.72$

교과서+익힘책 개념탄탄
107쪽

1 ⑴ 20, 7 ⑵ $\dfrac{\boxed{7}}{\boxed{20}}$, 0.35

2 ⑴ 2, 120 ⑵ 60

3 ⑴ 40000 ⑵ 40000, 1 ⑶ $\dfrac{1}{40000}$

4 ⑴ 6, 4800 ⑵ 800

1 ⑴ 전체 타수에 대한 안타 수의 비
➡ (안타 수) : (전체 타수)=7 : 20
➡ 기준량 20, 비교하는 양 7

⑵ 7 : 20 ➡ 비율 $\dfrac{7}{20}=0.35$

2 ⑴ 걸린 시간에 대한 간 거리의 비
➡ (간 거리) : (걸린 시간)=120 : 2
➡ 기준량 2, 비교하는 양 120

⑵ 120 : 2 ➡ 비율 $\dfrac{120}{2}=60$

---

3 ⑴ 1 m＝100 cm이므로
400 m＝40000 cm입니다.

⑵ 실제 거리에 대한 지도에서 거리의 비
➡ (지도에서 거리) : (실제 거리)=1 : 40000
➡ 기준량 40000, 비교하는 양 1

⑶ 1 : 40000 ➡ 비율 $\dfrac{1}{40000}$

4 ⑴ 진구가 사는 마을의 넓이에 대한 인구의 비
➡ (인구) : (넓이)=4800 : 6
➡ 기준량 6, 비교하는 양 4800

⑵ 4800 : 6 ➡ 비율 $\dfrac{4800}{6}=800$

교과서+익힘책 개념탄탄
109쪽

1 100, %

2 ⑴ 예 ⑵ $\dfrac{3}{20}(=0.15)$ ⑶ 15

3 ⑴ 17, 17 ⑵ $\dfrac{4}{5}=\dfrac{4\times\boxed{20}}{5\times\boxed{20}}=\dfrac{\boxed{80}}{100}=\boxed{80}$ %

4 ⑴ 90 ⑵ 35

5 (위에서부터) 79 / 0.44, 44

6 ⑴ 20 ⑵ 36

2 ⑴ 전체 20칸 중에서 3칸을 색칠합니다.

⑵ 전체 꽃밭 넓이에 대한 수선화를 심은 꽃밭 넓이의 비
➡ (수선화를 심은 꽃밭 넓이) : (전체 꽃밭 넓이)
$=3 : 20$
➡ 비율 $\dfrac{3}{20}=0.15$

⑶ $\dfrac{3}{20}=\dfrac{15}{100}=15$ %

3 기준량이 100인 비율로 나타내어 백분율을 구합니다.

4 ⑴ 전체 10칸 중에서 색칠한 부분이 9칸이므로
$\dfrac{9}{10}=\dfrac{90}{100}=90$ %입니다.

⑵ 전체 100칸 중에서 색칠한 부분이 35칸이므로
$\dfrac{35}{100}=35$ %입니다.

5
- $\dfrac{79}{100}$를 백분율로 나타내면

  $\dfrac{79}{100} \times 100 = 79$, 79 %입니다.

- $\dfrac{22}{50} = \dfrac{44}{100} = 0.44$

  $\dfrac{22}{50}$를 백분율로 나타내면

  $\dfrac{22}{50} \times 100 = 44$, 44 %입니다.

6 비율에 100을 곱한 다음 기호 %를 붙여 백분율로 나타냅니다.

  (1) $0.2 \times 100 = 20$, 20 %

  (2) $\dfrac{9}{25} \times 100 = 36$, 36 %

  다른 풀이 기준량이 100인 비율로 나타내어 백분율을 구합니다.

  (1) $0.2 = \dfrac{2}{10} = \dfrac{20}{100} = 20$ %

  (2) $\dfrac{9}{25} = \dfrac{36}{100} = 36$ %

1 (1) 150, 30   (2) 30, 20, 20

2 (1) 200   (2) 200, 10, 10

3 11, 44, 44   **4** 140, 28, 28

5 24, 30, 30

1 (1) 소금물양에 대한 소금양의 비

      <u>기준량</u>   <u>비교하는 양</u>

  ➡ 기준량 150, 비교하는 양 30

  (2) $\dfrac{(\text{소금양})}{(\text{소금물양})} \times 100 = \dfrac{30}{150} \times 100 = 20$, 20 %

2 (1) (할인 금액)＝(원래 가격)－(판매 금액)

             ＝2000－1800＝200(원)

  (2) $\dfrac{200}{2000} \times 100 = 10$이므로 할인율은 10 %입니다.

3 $\dfrac{(\text{성공한 공 수})}{(\text{던진 공 수})} \times 100 = \dfrac{11}{25} \times 100 = 44$, 44 %

4 $\dfrac{(\text{득표수})}{(\text{전체 투표 수})} \times 100 = \dfrac{140}{500} \times 100 = 28$, 28 %

5 $\dfrac{(\text{재사용 생수병 수})}{(\text{전체 생수병 수})} \times 100 = \dfrac{24}{80} \times 100 = 30$, 30 %

---

1 $\dfrac{69}{100}$, 0.69 / $\dfrac{13}{100}$, 0.13 / $\dfrac{7}{100}$, 0.07

01 (1) ㉡, ㉣   (2) ㉠, ㉢

02 0.32, 32

03 민정   **04** $\dfrac{4}{5}$, 0.8

2 1, 3, 2

05 (1) ＜   (2) ＞

06

07 (   )(   )(○)   **08** 풀이 참조, ㉡

3 70

09 $\dfrac{100}{17}$에 색칠   **10** $\dfrac{360000}{23}$

11 $\dfrac{60}{160}(=0.375)$, $\dfrac{45}{150}(=0.3)$

12 풀이 참조, 튼튼 우유

4 74

13 7   **14** 55, 48

15 45, 20, 35   **16** 10

1 두부과자의 양이 기준량이고 영양 성분의 양이 비교하는 양입니다.

- $\dfrac{(\text{탄수화물의 양})}{(\text{두부과자의 양})} = \dfrac{69}{100} = 0.69$

- $\dfrac{(\text{지방의 양})}{(\text{두부과자의 양})} = \dfrac{13}{100} = 0.13$

- $\dfrac{(\text{단백질의 양})}{(\text{두부과자의 양})} = \dfrac{7}{100} = 0.07$

01 (1) 6과 15의 비 ➡ 6 : 15 ➡ 비율 $\dfrac{6}{15} = 0.4$

  (2) 1의 4에 대한 비 ➡ 1 : 4 ➡ 비율 $\dfrac{1}{4} = 0.25$

02 $\dfrac{8}{25} = \dfrac{32}{100} = 0.32$

  백분율로 나타내면 $\dfrac{8}{25} \times 100 = 32$, 32 %입니다.

03 비율을 분수와 소수로 나타내면 $\dfrac{9}{20} = 0.45$이고, 백분율로 나타내면 $\dfrac{9}{20} \times 100 = 45$, 45 %입니다.

04 • 기준량: 바둑돌을 꺼낸 횟수(5회)
• 비교하는 양: 흰색 바둑돌을 꺼낸 횟수(4회)
➡ 바둑돌을 꺼낸 횟수에 대한 흰색 바둑돌을 꺼낸
횟수의 비율은 $\frac{4}{5}=0.8$입니다.

2 • 41과 50의 비 ➡ 41 : 50 ➡ **비율** $\frac{41}{50}=0.82$
• 백분율 48 %를 소수로 나타내면 0.48입니다.
• $\frac{7}{10}=0.7$
따라서 비율을 비교하면 0.82＞0.7＞0.48입니다.

05 (1) $\frac{11}{20}=\frac{55}{100}=0.55$ ➡ 0.55＜0.6
(2) $0.8×100=80$, 80 % ➡ 80 %＞53 %

06 • $\frac{19}{25}=\frac{76}{100}=0.76$ ➡ $0.76×100=76$, 76 %
• $\frac{3}{4}=\frac{75}{100}=0.75$ ➡ $0.75×100=75$, 75 %
• $\frac{2}{5}=\frac{4}{10}=0.4$ ➡ $0.4×100=40$, 40 %

07 • $\frac{9}{10}=0.9$
• 18과 20의 비 ➡ 18 : 20 ➡ **비율** $\frac{18}{20}=\frac{9}{10}=0.9$
• 백분율 95 %를 소수로 나타내면 0.95입니다.
따라서 비율이 다른 것은 95 %입니다.

08 **예** **①** ㉠ 16 : 40을 비율로 나타내면
$\frac{16}{40}=\frac{4}{10}=0.4$입니다.
㉡ 9 : 30을 비율로 나타내면 $\frac{9}{30}=\frac{3}{10}=0.3$입니다.
② 0.4＞0.3이므로 비율이 더 작은 것은 ㉡입니다.
③ ㉡

채점 기준
① ㉠과 ㉡의 비율을 각각 구한 경우
② 비율이 더 작은 것을 찾은 경우
③ 답을 바르게 쓴 경우

3 $\frac{(간\ 거리)}{(걸린\ 시간)}=\frac{210}{3}=70$

09 $\frac{(달린\ 거리)}{(걸린\ 시간)}=\frac{100}{17}$

10 $\frac{(인구)}{(넓이)}=\frac{360000}{23}$

11 전체 타수에 대한 안타 수의 비율은 $\frac{(안타\ 수)}{(전체\ 타수)}$ 입니다.
김설민: $\frac{60}{160}=0.375$, 이동유: $\frac{45}{150}=0.3$

12 **예** **①** 우유량에 대한 지방량의 비율이 신선 우유는
$\frac{20}{500}=0.04$, 튼튼 우유는 $\frac{6}{200}=0.03$입니다.
② 우유량에 대한 지방량의 비율이 0.04보다 작은
우유는 튼튼 우유입니다.
③ 튼튼 우유

채점 기준
① 우유량에 대한 지방량의 비율을 각각 구한 경우
② 비율이 0.04보다 작은 우유를 구한 경우
③ 답을 바르게 쓴 경우

4 $\frac{(결승점에\ 도착한\ 사람\ 수)}{(참가한\ 사람\ 수)}×100$
$=\frac{370}{500}×100=74$, 74 %

13 $\frac{(불량품\ 수)}{(전체\ 생산한\ 자전거\ 수)}×100$
$=\frac{21}{300}×100=7$, 7 %

14 • 1반: $\frac{(찬성하는\ 학생\ 수)}{(전체\ 학생\ 수)}×100$
$=\frac{11}{20}×100=55$, 55 %
• 2반: $\frac{(찬성하는\ 학생\ 수)}{(전체\ 학생\ 수)}×100$
$=\frac{12}{25}×100=48$, 48 %

15 • 사랑해: $\frac{90}{200}×100=45$, 45 %
• 잘했어: $\frac{40}{200}×100=20$, 20 %
• 최고야: $\frac{70}{200}×100=35$, 35 %

16 (이자)$=44000-40000=4000$(원)
1년 동안 예금한 돈에 대한 이자의 비율:
$\frac{(이자)}{(예금한\ 돈)}×100=\frac{4000}{40000}×100=10$, 10 %

1 (1) 비율   (2) $15 \times \dfrac{\boxed{2}}{\boxed{3}} = \boxed{10}$ / 10

1-1 8   **1-2** 120

2 (1) 4000   (2) 16000

2-1 22500   **2-2** 토끼 인형

3 (1) 36   (2) 432

3-1 180   **3-2** 368

4 (1) 0.07   (2) 0.05   (3) 진수

4-1 가 지역   **4-2** 하은

---

1 (남학생 수) = (여학생 수) $\times \dfrac{2}{3}$

$$= 15 \times \dfrac{2}{3} = 10(명)$$

1-1 (볼펜의 길이) = (색연필의 길이) $\times \dfrac{4}{5}$

$$= 10 \times \dfrac{4}{5} = 8 \, (cm)$$

1-2 1 : 8을 비율로 나타내면 $\dfrac{1}{8}$입니다.

(합격자 수) = (지원자 수) $\times \dfrac{1}{8}$

$$= 960 \times \dfrac{1}{8} = 120(명)$$

2 (1) 백분율 20 %를 소수로 나타내면 0.2입니다.
(할인 금액) = $20000 \times 0.2 = 4000$(원)
(2) (신발을 사는 데 낸 돈)
$$= 20000 - 4000 = 16000(원)$$

2-1 백분율 25 %를 소수로 나타내면 0.25입니다.
(할인 금액) = $30000 \times 0.25 = 7500$(원)
따라서 입장권을 할인받아
$30000 - 7500 = 22500$(원)에 살 수 있습니다.

2-2 백분율 20 %를 소수로 나타내면 0.2입니다.
(코끼리 인형의 할인 금액) = $26000 \times 0.2 = 5200$(원)
(코끼리 인형의 판매 금액) = $26000 - 5200$
$$= 20800(원)$$
백분율 40 %를 소수로 나타내면 0.4입니다.
(토끼 인형의 할인 금액) = $32000 \times 0.4 = 12800$(원)
(토끼 인형의 판매 금액) = $32000 - 12800$
$$= 19200(원)$$
20000원으로 살 수 있는 인형은 토끼 인형입니다.

3 (1) 직사각형의 가로를 $30 \times 0.2 = 6$ (cm)만큼 늘였으므로 새로 만든 직사각형의 가로는
$30 + 6 = 36$ (cm)입니다.
(2) (새로 만든 직사각형의 넓이)
$$= 36 \times 12 = 432 \, (cm^2)$$

3-1 평행사변형의 밑변을 $20 \times 0.1 = 2$ (cm)만큼 줄였으므로 새로 만든 평행사변형의 밑변은 $20 - 2 = 18$ (cm)입니다.
➡ (새로 만든 평행사변형의 넓이)
$$= 18 \times 10 = 180 \, (cm^2)$$

3-2 직사각형의 가로를 늘인 길이는 $20 \times 0.15 = 3$ (cm), 세로를 줄인 길이는 $20 \times 0.2 = 4$ (cm)입니다.
(새로 만든 직사각형의 가로) = $20 + 3 = 23$ (cm)
(새로 만든 직사각형의 세로) = $20 - 4 = 16$ (cm)
➡ (새로 만든 직사각형의 넓이)
$$= 23 \times 16 = 368 \, (cm^2)$$

4 (1) (흰색 물감양에 대한 검은색 물감양의 비율)
$$= \dfrac{35}{500} = \dfrac{7}{100} = 0.07$$
(2) (흰색 물감양에 대한 검은색 물감양의 비율)
$$= \dfrac{12}{240} = \dfrac{1}{20} = 0.05$$
(3) 흰색 물감양에 대한 검은색 물감양의 비율이 클수록 회색 물감이 더 어둡습니다.
따라서 $0.07 > 0.05$이므로 진수가 만든 회색 물감이 더 어둡습니다.

4-1 넓이에 대한 인구의 비율을 구하면
가 지역은 $\dfrac{9200}{4} = 2300$,

나 지역은 $\dfrac{14700}{7} = 2100$입니다.

따라서 $2300 > 2100$이므로 넓이에 대한 인구의 비율이 더 큰 곳은 가 지역입니다.

4-2 (소율이가 만든 설탕물양) = $240 + 10 = 250$ (g)
(소율이가 만든 설탕물에서 설탕물양에 대한 설탕량의 비율) = $\dfrac{10}{250} = \dfrac{1}{25} = 0.04$
(하은이가 만든 설탕물양) = $380 + 20 = 400$ (g)
(하은이가 만든 설탕물에서 설탕물양에 대한 설탕량의 비율) = $\dfrac{20}{400} = \dfrac{1}{20} = 0.05$
따라서 $0.04 < 0.05$이므로 하은이가 만든 설탕물이 더 답니다.

01 9, 12		**02** 6, 8	
03 3		**04** 호영	
05 4, 9		**06** 6 : 11	
07 ⓛ			

08 3, 20, $\dfrac{3}{20}$($=$0.15) / 27, 50, $\dfrac{27}{50}$($=$0.54)

09 ㉠		**10** 86, 86	
11 5 : 8		**12** 70	

13 $\dfrac{17}{28}$ **14** 75

15 $\dfrac{60}{50}$($=$1.2), $\dfrac{48}{40}$($=$1.2), 같습니다에 ○표

16 52	**17** 달빛 마을
18 20	**19** 풀이 참조

20 풀이 참조, 12000

01 한 상자에 사과 1개와 배 3개가 있으므로 3상자일 때는 배 9개, 4상자일 때는 배 12개가 있습니다.

02 3$-$1$=$2, 6$-$2$=$4, 9$-$3$=$6, 12$-$4$=$8, …

03 3$÷$1$=$3, 6$÷$2$=$3, 9$÷$3$=$3, 12$÷$4$=$3, …

04 호영: 뺄셈으로 비교한 경우에는 차가 2개, 4개, 6개, 8개, …로 변합니다.

05 기호 :의 오른쪽에 있는 수가 기준량, 왼쪽에 있는 수가 비교하는 양입니다.

06 밀가루양과 물의 양의 비
➡ (밀가루양) : (물의 양)$=$6 : 11

07 ㉠ 16 : 11   ㉡ 11 : 16   ㉢ 16 : 11
➡ 비가 다른 것은 ㉡입니다.

08 3 : 20 ➡ 비율 $\dfrac{3}{20}$$=$0.15

50에 대한 27의 비 ➡ 비율 $\dfrac{27}{50}$$=$0.54

09 ㉠ 비교하는 양 19, 기준량 20
㉡ 비교하는 양 8, 기준량 3

10 기준량이 100인 비율로 나타내어 백분율을 구합니다.

11 전체 8칸 중에서 색칠한 부분이 5칸이므로 전체에 대한 색칠한 부분의 비는 5 : 8입니다.

12 전체 10칸 중에서 색칠한 부분이 7칸이므로 전체에 대한 색칠한 부분의 비는 7 : 10입니다.

7 : 10 ➡ 비율 $\dfrac{7}{10}$ ➡ 백분율 $\dfrac{7}{10}$$=$$\dfrac{70}{100}$$=$70 %

13 높이와 밑변의 비 ➡ 17 : 28 ➡ 비율 $\dfrac{17}{28}$

14 $\dfrac{225}{300}$$×100=$75, 75 %

15 높이에 대한 그림자 길이의 비율을 각각 구하면
가 화분은 $\dfrac{60}{50}$$=$1.2, 나 화분은 $\dfrac{48}{40}$$=$1.2입니다.
같은 시각에 잰 두 화분의 높이에 대한 그림자 길이의 비율은 1.2로 같습니다.

16 (지호네 반 전체 학생 수)$=$12$+$13$=$25(명)
➡ $\dfrac{13}{25}$$×100=$52, 52 %

17 넓이에 대한 인구의 비율을 구하면
달빛 마을은 $\dfrac{5600}{2}$$=$2800,

해님 마을은 $\dfrac{8100}{3}$$=$2700입니다.

따라서 2800$>$2700이므로 넓이에 대한 인구의 비율이 더 큰 곳은 달빛 마을입니다.

18 (비교하는 양)$=$(기준량)$×$(비율)이므로
(세로)$=$(가로)$×$$\dfrac{4}{5}$$=25×$$\dfrac{4}{5}$$=$20 (cm)입니다.

19 ❶ 1000 : 300으로 나타낼 수 없습니다.
[예] ❷ 용돈에 대한 저금한 돈의 비에서 용돈이 기준량, 저금한 돈이 비교하는 양이므로 300 : 1000으로 나타내야 합니다.

채점 기준	배점
❶ 비를 1000 : 300으로 나타낼 수 없다고 쓴 경우	2점
❷ 이유를 바르게 쓴 경우	3점

20 [예] ❶ 백분율 20 %를 소수로 나타내면 0.2입니다.
(할인 금액)$=$15000$×$0.2$=$3000(원)
❷ 세탁 세제를 할인받아
15000$-$3000$=$12000(원)에 살 수 있습니다.
❸ 12000

채점 기준	배점
❶ 할인 금액을 구한 경우	2점
❷ 세탁 세제를 얼마에 살 수 있는지 구한 경우	1점
❸ 답을 바르게 쓴 경우	2점

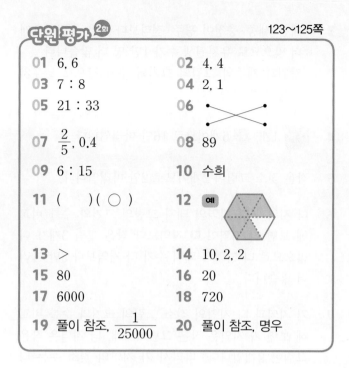

01	6, 6	02	4, 4
03	7 : 8	04	2, 1
05	21 : 33	06	✕
07	$\frac{2}{5}$, 0.4	08	89
09	6 : 15	10	수희
11	( )(○)	12	예
13	>	14	10, 2, 2
15	80	16	20
17	6000	18	720
19	풀이 참조, $\frac{1}{25000}$	20	풀이 참조, 명우

04 1의 2에 대한 비 ➡ $\underset{\text{비교하는 양}}{1}$: $\underset{\text{기준량}}{2}$

05 21의 33에 대한 비 ➡ 21 : 33

06 16 : 25 ➡ [비율] $\frac{16}{25} = \frac{64}{100} = 0.64$

50에 대한 19의 비 ➡ 19 : 50 ➡ [비율] $\frac{19}{50}$

07 $\frac{\text{(비교하는 양)}}{\text{(기준량)}} = \frac{2}{5} = 0.4$

08 $0.89 \times 100 = 89$, 89 %

09 (집~경찰서) : (집~지하철역) = 6 : 15

10 9 : 5는 기준량 5에 대한 비교하는 양 9의 비를 나타내지만 5 : 9는 기준량 9에 대한 비교하는 양 5의 비를 나타내므로 9 : 5는 5 : 9와 다릅니다.

11 $\frac{1}{2} \times 100 = 50$, 50 % ➡ 50 % < 60 %

12 (색칠한 부분) : (전체) = 5 : 6이므로 전체 6칸 중에서 5칸을 색칠합니다.

13 • 2 : 5 ➡ [비율] $\frac{2}{5} = 0.4$

• 10에 대한 3의 비 ➡ 3 : 10 ➡ [비율] $\frac{3}{10} = 0.3$

따라서 비율을 비교하면 0.4 > 0.3입니다.

14 $\frac{\text{(불량품 수)}}{\text{(전체 선풍기 수)}} \times 100 = \frac{10}{500} \times 100 = 2$, 2 %

15 $\frac{\text{(간 거리)}}{\text{(걸린 시간)}} = \frac{400}{5} = 80$

16 (만든 소금물양) = 200 + 50 = 250 (g)

$\frac{\text{(소금양)}}{\text{(소금물양)}} \times 100 = \frac{50}{250} \times 100 = 20$, 20 %

17 백분율 12 %를 소수로 나타내면 0.12입니다.

(이자) = $50000 \times 0.12 = 6000$(원)

18 평행사변형의 높이를 늘인 길이는

$30 \times 0.2 = 6$ (cm)입니다.

(새로 만든 평행사변형의 높이) = 30 + 6 = 36 (cm)

➡ (새로 만든 평행사변형의 넓이)

  = $20 \times 36 = 720$ (cm^2)

19 예 ❶ 1 m = 100 cm이므로 250 m = 25000 cm입니다.

❷ 실제 거리에 대한 지도에서 거리의 비율은 $\frac{1}{25000}$입니다.

❸ $\frac{1}{25000}$

채점 기준	배점
❶ 250 m는 몇 cm인지 구한 경우	1점
❷ 실제 거리에 대한 지도에서 거리의 비율을 구한 경우	2점
❸ 답을 바르게 쓴 경우	2점

20 예 ❶ 성공률을 각각 구합니다.

명우의 성공률은 $\frac{21}{25} \times 100 = 84$, 84 %이고

윤아의 성공률은 $\frac{16}{20} \times 100 = 80$, 80 %입니다.

❷ 84 % > 80 %이므로 성공률이 더 큰 친구는 명우입니다.

❸ 명우

채점 기준	배점
❶ 명우와 윤아의 성공률을 각각 구한 경우	2점
❷ 성공률이 더 큰 친구를 구한 경우	1점
❸ 답을 바르게 쓴 경우	2점

5단원 여러 가지 그래프

교과서+익힘책 개념탄탄 129쪽

1 1000, 100   **2** 2600
3 맛나 과수원   **4** 달콤 과수원
5 100, 10   **6** 1, 2, 230, 2, 3
7

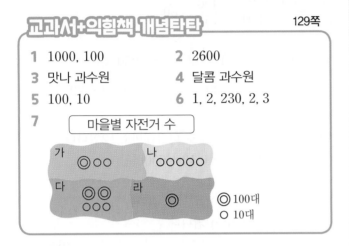

마을별 자전거 수

가 ◎ ○○   나 ◎ ○○○○○
다 ◎ ◎ ○○○   라 ◎

◎ 100대
○ 10대

1 🍎은 1000 kg, 🍎은 100 kg을 나타냅니다.

2 🍎 2개, 🍎 6개이므로 2600 kg입니다.

3 큰 그림의 수가 가장 많은 과수원은 맛나 과수원입니다.

4 큰 그림의 수가 가장 적은 과수원은 달콤 과수원입니다.

5 ◎은 100대, ○은 10대를 나타냅니다.

6 가 마을의 자전거 수: 120대 ➡ ◎ 1개, ○ 2개
다 마을의 자전거 수: 230대 ➡ ◎ 2개, ○ 3개

7 가 마을에는 ◎ 1개와 ○ 2개, 다 마을에는 ◎ 2개와 ○ 3개를 그리고 그래프에 알맞은 제목을 씁니다.

교과서+익힘책 개념탄탄 131쪽

1 10만, 1만   **2** 서울·인천·경기
3 1, 제주   **4** 16만
5 2만   **6** 3만
7 3

2 큰 그림의 수가 가장 많은 권역은 서울·인천·경기입니다.

3 • 대전·세종·충청이 광주·전라보다 작은 그림이 1개 더 많으므로 유치원생 수가 1만 명 더 많습니다.
• 강원과 제주의 그림의 크기와 수가 같으므로 유치원생 수가 같습니다.

4 🐷 1개, 🐷 6개이므로 16만 마리입니다.

5 작은 젖소 그림이 2개이므로 2만 마리입니다.

6 나 지역과 다 지역의 돼지 그림의 크기와 수를 비교해 보면 나 지역이 다 지역보다 작은 그림 3개가 더 많으므로 나 지역의 돼지 수가 다 지역보다 3만 마리 더 많습니다.

7 가 지역과 나 지역의 젖소 그림의 크기와 수를 비교해 보면 가 지역은 작은 그림이 6개, 나 지역은 작은 그림이 2개입니다. 따라서 가 지역의 젖소 수는 나 지역의 6÷2=3(배)입니다.

유형별 실력쑥쑥 132~135쪽

1 510000, 190000 /

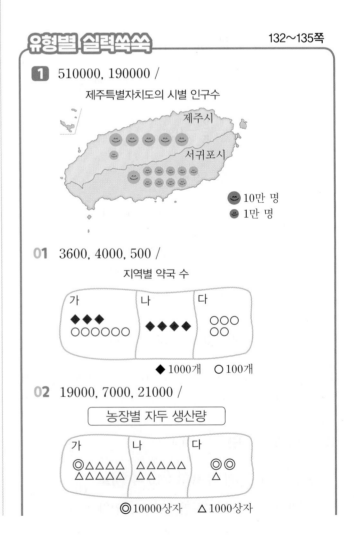

제주특별자치도의 시별 인구수

제주시
서귀포시

😀 10만 명
😊 1만 명

01 3600, 4000, 500 /

지역별 약국 수

가 ◆◆◆ ○○○○○   나 ◆◆◆◆   다 ○○○ ○○

◆ 1000개   ○ 100개

02 19000, 7000, 21000 /

농장별 자두 생산량

가 ◎ △△△△△ △△△△△   나 △△△△△ △△   다 ◎◎ △

◎ 10000상자   △ 1000상자

2 740, 610 /

서고별 책 수

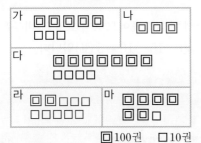

□100권　□10권

03 360, 500 /

양봉장별 꿀 채취량

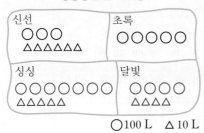

○100 L　△10 L

04 예 그림그래프

05 12, 21 /

지역별 자동차 수

🚐10만 대　🚙1만 대

06 풀이 참조, 10만

3 86, 31

07 3　　　　　　**08** 풀이 참조

4 21, 15, 나, 다

09 라, 나　　　　**10** 90억

11 진구

---

1 • 제주시 인구수를 어림하면 507269 → 510000이
므로 😊 5개, 😊 1개를 그립니다.
• 서귀포시 인구수를 어림하면 191429 → 190000
이므로 😊 1개, 😊 9개를 그립니다.

01 • 가 지역: 3564 → 3600 ➡ ◆ 3개, ○ 6개
• 나 지역: 4013 → 4000 ➡ ◆ 4개
• 다 지역: 520 → 500 ➡ ○ 5개

02 • 가 농장: 18510 → 19000 ➡ ◎ 1개, △ 9개
• 나 농장: 7300 → 7000 ➡ △ 7개
• 다 농장: 20630 → 21000 ➡ ◎ 2개, △ 1개

2 • 그림그래프를 보고 표를 완성합니다.
다: □ 7개, □ 4개 ➡ 740권
마: □ 6개, □ 1개 ➡ 610권
• 표를 보고 그림그래프를 완성합니다.
나: 300권 ➡ □ 3개
라: 280권 ➡ □ 2개, □ 8개

03 • 그림그래프를 보고 표를 완성합니다.
신선 양봉장: ○ 3개, △ 6개 ➡ 360 L
초록 양봉장: ○ 5개 ➡ 500 L
• 표를 보고 그림그래프를 완성합니다.
싱싱 양봉장: 750 L ➡ ○ 7개, △ 5개
달빛 양봉장: 440 L ➡ ○ 4개, △ 4개

04 그림그래프로 나타내면 그림의 크기와 수로 많고 적
음을 한눈에 알 수 있습니다.

05 • 그림그래프를 보고 표를 완성합니다.
가 지역: 🚐1개, 🚙2개 ➡ 12만 대
나 지역: 🚐2개, 🚙1개 ➡ 21만 대
• 표를 보고 그림그래프를 완성합니다.
다 지역: 22만 대 ➡ 🚐2개, 🚙2개

06 예 ❶ 자동차 수가 가장 많은 지역은 다 지역이고,
가장 적은 지역은 가 지역입니다.
❷ 두 지역의 그림의 크기와 수를 비교해 보면 다 지
역이 큰 그림 1개가 더 많으므로 자동차 수가 10만
대 더 많습니다.
❸ 10만

채점 기준
❶ 자동차 수가 가장 많은 지역과 가장 적은 지역을 찾은 경우
❷ 두 지역의 자동차 수의 차를 구한 경우
❸ 답을 바르게 쓴 경우

3 • 큰 그림의 수가 가장 많은 권역은 서울·인천·경기
이고 우유 생산량은 86만 t입니다.
• 제주는 작은 그림이 1개, 광주·전라는 큰 그림이
3개이므로 두 권역의 우유 생산량의 합은 31만 t입
니다.

07 대전·세종·충청: 1200개, 강원: 400개
➡ 1200은 400의 3배입니다.

08 예 • 서울·인천·경기의 유치원 수가 가장 많습니다.
　　• 부산·대구·울산·경상의 유치원 수가 광주·전라보
　　다 1000개 더 많습니다.

채점 기준
그림그래프를 보고 알 수 있는 내용을 쓴 경우

4 가 출판사가 출간한 신간 수는 ▓ 2개, ▪ 1개 ➡ 21종
이고, 수입 금액은 ▲ 1개, ▴ 5개 ➡ 15억 원입니다.
▓ 모양의 큰 그림이 가장 많은 나 출판사가 출간한
신간 수가 가장 많고, ▲ 모양의 큰 그림이 가장 많은
다 출판사가 수입 금액이 가장 많습니다.

09 장난감 생산량이 가장 많은 회사는 ◆ 모양의 큰 그림
이 가장 많은 라 회사이고, 수입 금액이 가장 많은 회
사는 ★ 모양의 큰 그림이 가장 많은 나 회사입니다.

10 나 회사: 410억 원, 다 회사: 320억 원
　➡ $410-320=90$(억 원)

11 장난감 생산량이 가장 적은 회사는 가 회사이지만 수
입 금액이 가장 적은 회사는 라 회사입니다. 따라서
잘못 말한 친구는 진구입니다.

교과서+익힘책 개념탄탄　　　137쪽

1　띠그래프　　　　2　25
3　운동 선수　　　4　연예인
5　원그래프　　　　6　진경숙
7　이세윤　　　　　8　5

1 전체에 대한 각 부분의 비율을 띠 모양에 나타낸 그
래프를 띠그래프라고 합니다.

2 장래 희망이 의사인 학생은 전체 학생의 25 %입니다.

3 운동 선수의 비율이 35 %로 가장 크므로 가장 많은
학생들의 장래 희망은 운동 선수입니다.

4 비율이 30 %인 장래 희망은 연예인입니다.

5 전체에 대한 각 부분의 비율을 원 모양에 나타낸 그
래프를 원그래프라고 합니다.

6 진경숙의 비율이 10 %로 가장 작습니다.

7 이세윤의 비율이 40 %로 가장 크므로 당선된 학생은
이세윤입니다.

8 백분율의 합계는 100 %이므로 무효표의 비율은
$100-40-30-15-10=5$ (%)입니다.

교과서+익힘책 개념탄탄　　　139쪽

1　24, 24 / 20, 20 / 16, 16
2　24, 20, 16, 100
3

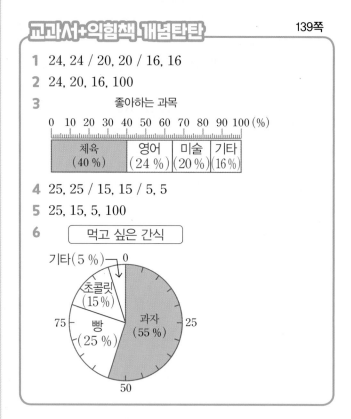

4　25, 25 / 15, 15 / 5, 5
5　25, 15, 5, 100
6

1 $\dfrac{(각\ 과목을\ 좋아하는\ 학생\ 수)}{(전체\ 학생\ 수)}$ 를 기준량이 100인 비
율로 나타내어 백분율을 구합니다.
비율 $\dfrac{\blacktriangle}{100}$ 는 ▲ %로 나타낼 수 있습니다.

2 백분율의 합계는 $40+24+20+16=100$ (%)입니다.

3 각 항목의 백분율만큼 칸을 나누고, 항목의 내용과
백분율을 씁니다.

4 $\dfrac{(각\ 간식을\ 먹고\ 싶은\ 학생\ 수)}{(전체\ 학생\ 수)} \times 100$을 계산한 다음
기호 %를 붙여 백분율로 나타냅니다.

5 백분율의 합계는 $55+25+15+5=100$ (%)입니다.

6 각 항목의 백분율만큼 칸을 나누고, 항목의 내용과
백분율을 씁니다. 그래프에 알맞은 제목도 씁니다.

교과서+익힘책 개념탄탄

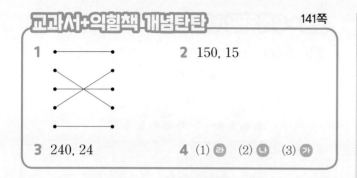

1 (선 연결)

2 150, 15

3 240, 24

4 (1) 라 (2) 나 (3) 가

2 가를 보면 3월에 보건실을 방문한 2학년 학생 수는 150명이고, 나를 보면 3월에 보건실을 방문한 전체 학생 수에 대한 2학년 학생 수의 백분율은 15 %입니다.

3 다 또는 라를 보면 5월에 보건실을 방문한 6학년 학생 수는 240명이고, 마를 보면 조사한 기간 동안 보건실을 방문한 6학년 학생 수에 대한 5월에 보건실을 방문한 6학년 학생 수의 백분율은 24 %입니다.

4 (1) 꺾은선그래프 라를 보면 월별로 보건실을 방문한 6학년 학생 수의 변화를 알 수 있습니다.
(2) 원그래프 나를 보면 3월에 보건실을 방문한 전체 학생 수에 대한 학년별 학생 수의 비율을 비교할 수 있습니다.
(3) 막대그래프 가를 보면 3월에 보건실을 방문한 학생 수를 학년별로 알 수 있습니다.

유형별 실력쑥쑥

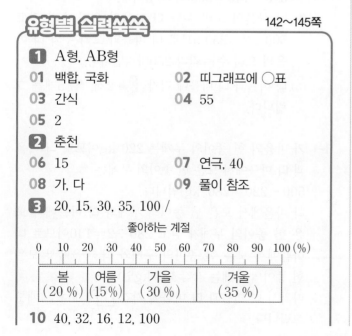

1 A형, AB형

01 백합, 국화 **02** 띠그래프에 ○표

03 간식 **04** 55

05 2

2 춘천

06 15 **07** 연극, 40

08 가, 다 **09** 풀이 참조

3 20, 15, 30, 35, 100 /

좋아하는 계절

0 10 20 30 40 50 60 70 80 90 100 (%)
봄 (20 %)	여름 (15 %)	가을 (30 %)	겨울 (35 %)

10 40, 32, 16, 12, 100

11

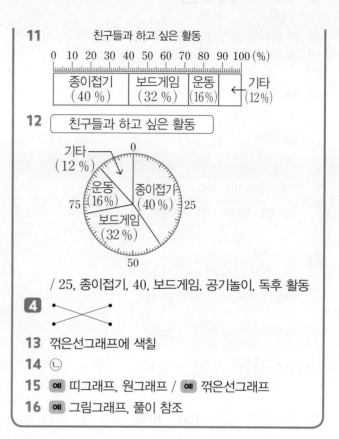

친구들과 하고 싶은 활동

0 10 20 30 40 50 60 70 80 90 100 (%)
종이접기 (40 %)	보드게임 (32 %)	운동 (16%)	← 기타 (12%)

12 친구들과 하고 싶은 활동

/ 25, 종이접기, 40, 보드게임, 공기놀이, 독후 활동

4 (선 연결)

13 꺾은선그래프에 색칠

14 ㉡

15 예 띠그래프, 원그래프 / 예 꺾은선그래프

16 예 그림그래프, 풀이 참조

1 비율이 가장 큰 혈액형과 비율이 가장 작은 혈액형을 차례로 찾아봅니다.
참고 띠그래프에서 차지하는 부분이 길수록 비율이 크고 차지하는 부분이 짧을수록 비율이 작습니다.

01 비율이 같은 꽃을 찾아보면 백합과 국화의 비율이 20 %로 같습니다.

03 비율이 20 %인 쓰임새는 간식입니다.

04 학용품: 40 %, 저축: 15 % ➡ 40+15=55 (%)

05 간식: 20 %, 장난감: 10 % ➡ 20÷10=2(배)

2 광주에 가고 싶은 학생의 비율은 15 %이고, 15 %의 2배는 30 %이므로 비율이 30 %인 도시를 찾아봅니다. ➡ 춘천

06 합창에 투표한 학생 수의 비율은 15 %입니다.

07 가장 많은 학생이 투표한 공연은 연극이고, 투표에 참여한 학생에 대한 연극에 투표한 학생의 비율은 40 %입니다.

08 가 회사의 시장 점유율이 30 %로 가장 크고, 시장 점유율이 20 %인 회사는 다 회사입니다.

09 예 ❶ 가 회사의 시장 점유율과 나 회사의 시장 점유율은 전체의 몇 %인가요?
❷ 55 %

채점 기준
❶ 질문을 만든 경우
❷ 만든 질문의 답을 구한 경우

3 봄: $\dfrac{80}{400}=\dfrac{20}{100}=20\,\%$

여름: $\dfrac{60}{400}=\dfrac{15}{100}=15\,\%$

가을: $\dfrac{120}{400}=\dfrac{30}{100}=30\,\%$

겨울: $\dfrac{140}{400}=\dfrac{35}{100}=35\,\%$

10 종이접기: $\dfrac{10}{25}\times100=40$ ➡ 40 %

보드게임: $\dfrac{8}{25}\times100=32$ ➡ 32 %

운동: $\dfrac{4}{25}\times100=16$ ➡ 16 %

기타에는 '공기놀이'와 '독후 활동'을 넣습니다.

기타: $\dfrac{3}{25}\times100=12$ ➡ 12 %

11 각 항목의 백분율만큼 칸을 나누고, 항목의 내용과 백분율을 씁니다.

12 각 항목의 백분율만큼 칸을 나누고, 항목의 내용과 백분율을 쓴 후, 알맞은 제목도 씁니다.
나타낸 원그래프를 보고 □ 안에 알맞게 써넣습니다.

13 꺾은선그래프는 변화를 나타내기 좋습니다.

14 전체에 대한 각 항목별 비율로 나타낸 자료는 원그래프나 띠그래프로 나타내기에 알맞습니다.

16 예 ❶ 그림그래프
❷ 그림그래프는 그림을 활용해 지역별 청소년 수를 한눈에 비교할 수 있습니다.

채점 기준
❶ 알맞은 그래프를 쓴 경우
❷ 이유를 쓴 경우

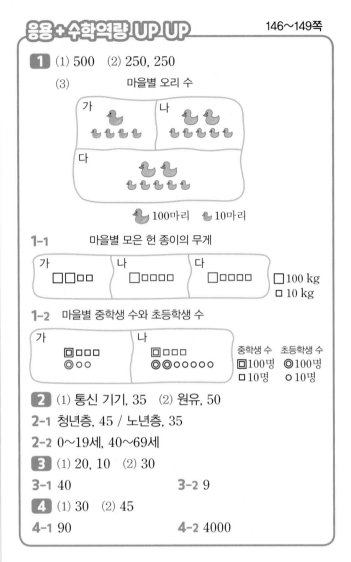

1 (1) 500 (2) 250, 250
(3) 마을별 오리 수

1-1 마을별 모은 헌 종이의 무게

1-2 마을별 중학생 수와 초등학생 수

2 (1) 통신 기기, 35 (2) 원유, 50
2-1 청년층, 45 / 노년층, 35
2-2 0~19세, 40~69세
3 (1) 20, 10 (2) 30
3-1 40   **3-2** 9
4 (1) 30 (2) 45
4-1 90   **4-2** 4000

1 (1) 가 마을의 오리 수는 140마리이므로 나 마을의 오리 수와 다 마을의 오리 수는 모두
640－140＝500(마리)입니다.
(2) 나 마을의 오리 수와 다 마을의 오리 수가 같고 500÷2＝250이므로 나 마을의 오리 수와 다 마을의 오리 수는 각각 250마리입니다.
(3) 나 마을과 다 마을에 각각 🦆 2개, 🐥 5개를 그립니다.

1-1 가 마을의 헌 종이의 무게는 220 kg이므로 나 마을과 다 마을에서 모은 헌 종이의 무게는
500－220＝280 (kg)입니다.
나 마을에서 모은 헌 종이의 무게와 다 마을에서 모은 헌 종이의 무게가 같고 280÷2＝140이므로 나 마을에서 모은 헌 종이의 무게와 다 마을에서 모은 헌 종이의 무게는 각각 140 kg입니다.
따라서 나 마을과 다 마을에 각각 🔲 1개, ⬜ 4개를 그립니다.

1-2 가 마을과 나 마을의 중학생 수는 같으므로 나 마을의 중학생 수는 130명입니다. ➡ ▣ 1개, □ 3개
가 마을의 초등학생과 중학생이 모두 250명이고 가 마을의 중학생 수는 130명이므로 초등학생 수는 250−130＝120(명)입니다. ➡ ◎ 1개, ○ 2개

2 (1) 원그래프를 보면 수출 금액이 가장 많은 품목은 통신 기기이고, 비율은 35 %입니다.
(2) 띠그래프를 보면 수입 금액이 가장 많은 품목은 원유이고, 비율은 50 %입니다.

2-1 원그래프를 보면 전출이 가장 많은 세대는 청년층이고, 비율은 45 %입니다.
띠그래프를 보면 전입이 가장 많은 세대는 노년층이고, 비율은 35 %입니다.

2-2 0~19세가 30 %에서 21 %로 작아지고, 40~69세가 28 %에서 24 %로 작아졌습니다.

3 (1) 시청 시간이 3시간 이상 4시간 미만인 학생은 전체의 20 %이고, 4시간 이상인 학생은 전체의 10 %입니다.
(2) 20＋10＝30 (%)

3-1 전기 사용량이 50 KWh 이하인 가구는 전체의 5 %이고, 51 KWh 이상 80 KWh 이하인 가구는 전체의 15 %, 81 KWh 이상 100 KWh 이하인 가구는 전체의 20 %입니다.
따라서 전기 사용량이 100 KWh 이하인 가구는 전체의 5＋15＋20＝40 (%)입니다.

3-2 책을 12권 이상 읽은 학생은 전체의 5 %, 9권 이상 11권 이하 읽은 학생은 전체의 15 %이므로 책을 9권 이상 읽은 학생은 전체의 5＋15＝20 (%)입니다.
따라서 책을 9권 이상 읽은 학생이 독서왕 상을 받을 수 있습니다.

4 (1) 백분율의 합계는 100 %이므로 딸기 우유를 좋아하는 학생은 전체의 100−10−40−20＝30 (%)입니다.
(2) $150 \times \dfrac{30}{100} = 45$(명)

4-1 백분율의 합계는 100 %이므로 자전거로 등교하는 학생은 전체의 100−40−5−10＝45 (%)입니다.
➡ $200 \times \dfrac{45}{100} = 90$(명)

4-2 전체 토지의 넓이(100 %)는 밭의 넓이(20 %)의 5배입니다.
➡ 전체 토지의 넓이는 800×5＝4000 (km²)입니다.

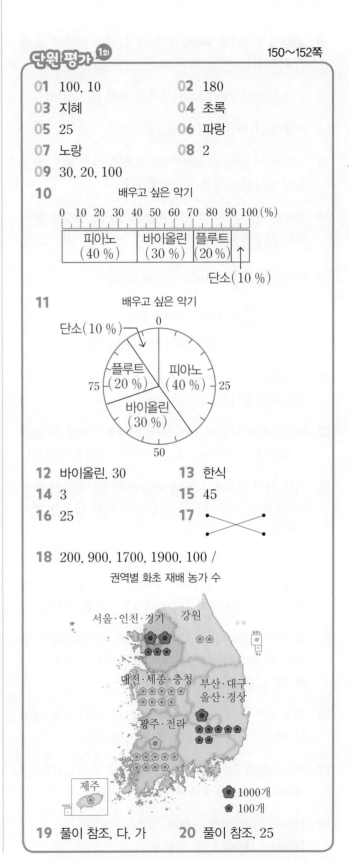

단원 평가 1회 150~152쪽

01 100, 10
02 180
03 지혜
04 초록
05 25
06 파랑
07 노랑
08 2
09 30, 20, 100

10
배우고 싶은 악기

| 피아노 (40 %) | 바이올린 (30 %) | 플루트 (20 %) | 단소(10 %) |

11 배우고 싶은 악기 (원그래프: 단소(10 %), 플루트(20 %), 피아노(40 %), 바이올린(30 %))

12 바이올린, 30
13 한식
14 3
15 45
16 25
17

18 200, 900, 1700, 1900, 100 /
권역별 화초 재배 농가 수
🌼 1000개
🌸 100개

19 풀이 참조, 다, 가
20 풀이 참조, 25

01 🚌은 100대, 🚐은 10대를 나타냅니다.

02 🚌 1개, 🚐 8개이므로 180대입니다.

03 큰 그림이 가장 많은 마을은 지혜 마을입니다.

04 🚐이 1개이고 🚐의 수가 가장 적은 마을은 초록 마을입니다.

05 초록을 좋아하는 학생은 전체 학생의 25 %입니다.

06 비율이 20 %인 색깔은 파랑입니다.

07 노랑의 비율이 30 %로 가장 크므로 가장 많은 학생들이 좋아하는 색깔은 노랑입니다.

08 파랑을 좋아하는 학생의 비율은 20 %, 빨강을 좋아하는 학생의 비율은 10 %입니다. ➡ 20÷10=2(배)

09 바이올린: $\frac{15}{50} \times 100 = 30$ ➡ 30 %

플루트: $\frac{10}{50} \times 100 = 20$ ➡ 20 %

백분율의 합계: 40+30+20+10=100 (%)

10 각 항목의 백분율만큼 칸을 나누고, 항목의 내용과 백분율을 씁니다.

12 바이올린의 비율이 30 %로 두 번째로 크므로 두 번째로 많은 학생들이 배우고 싶은 악기는 바이올린입니다.

13 지난 학기 급식을 나타낸 띠그래프에서 한식의 비율이 45 %로 가장 크므로 가장 많이 나온 급식은 한식입니다.

14 지난 학기 급식을 나타낸 띠그래프에서 한식의 비율이 45 %, 중식의 비율이 15 %이므로 한식이 나온 비율은 중식이 나온 비율의 45÷15=3(배)입니다.

15 학생들이 좋아하는 급식을 나타낸 원그래프에서 중식의 비율이 25 %, 분식의 비율이 20 %입니다.
➡ 25+20=45 (%)

16 가장 많은 학생들이 좋아하는 급식은 양식이고, 양식이 지난 학기에 나온 비율은 25 %입니다.

17 꺾은선그래프는 변화를 나타내기 좋고, 띠그래프는 비율을 나타내기 좋습니다.

18 160 → 200, 939 → 900, 1658 → 1700, 1892 → 1900, 124 → 100

19 예 ❶ ■ 모양의 큰 그림의 수를 비교해 보면 농장이 가장 많은 지역은 다 지역입니다.
❷ ▲ 모양의 큰 그림의 수를 비교해 보면 가축이 가장 많은 지역은 가 지역입니다.
❸ 다, 가

채점 기준	배점
❶ 농장이 가장 많은 지역을 구한 경우	2점
❷ 가축이 가장 많은 지역을 구한 경우	2점
❸ 답을 바르게 쓴 경우	1점

20 예 ❶ 5회 이상 7회 이하 이용한 주민은 전체 주민의 15 %, 8회 이상 이용한 주민은 전체 주민의 10 %입니다.
❷ 5회 이상 이용한 주민은 전체 주민의
15+10=25 (%)입니다.
❸ 25

채점 기준	배점
❶ 5회 이상 7회 이하 이용한 주민과 8회 이상 이용한 주민의 비율을 각각 구한 경우	2점
❷ 5회 이상 이용한 주민의 비율을 구한 경우	1점
❸ 답을 바르게 쓴 경우	2점

단원평가 2회　　　　　153~155쪽

01 10만, 1만　　　　**02** 강원
03 제주　　　　　　**04** 2
05 5　　　　　　　**06** 은행나무
07 소나무, 단풍나무　**08** 원그래프
09 40　　　　　　　**10** 자전거
11 50　　　　　　　**12** 200
13 예 꺾은선그래프　**14** 예 띠그래프, 원그래프
15 다, 가　　　　　**16** 230
17 55, 20, 15, 10, 100 /

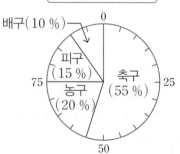

좋아하는 운동

18 농장별 닭 수

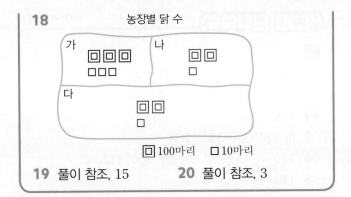

가 □□□ □□ 나 □□
□□□ □

다 □□
□

□100마리 □10마리

19 풀이 참조, 15 **20** 풀이 참조, 3

01 ●은 10만 t, ●은 1만 t을 나타냅니다.

02 ●이 1개이고 ●의 수가 가장 많은 권역은 강원입니다.

03 ●이 없고 ●의 수가 가장 적은 권역은 제주입니다.

04 ● 1개는 ● 10개와 같으므로 광주·전라의 감자 생산량은 서울·인천·경기의 $10 \div 5 = 2$(배)입니다.

05 원그래프를 보면 벚나무의 비율은 전체의 5 %입니다.

06 은행나무의 비율이 40 %로 가장 크므로 은행나무가 가장 많습니다.

07 소나무와 단풍나무의 비율이 20 %로 같습니다.

09 휴대 전화를 받고 싶은 학생은 전체 학생의 40 %입니다.

10 자전거의 비율이 10 %로 가장 작으므로 자전거를 받고 싶은 학생들이 가장 적습니다.

11 게임기를 받고 싶은 학생의 비율이 30 %, 책을 받고 싶은 학생의 비율이 20 %이므로 $30 + 20 = 50$ (%)입니다.

12 조사한 전체 학생 수(100 %)는 자전거를 받고 싶은 학생 수(10 %)의 10배입니다. 따라서 조사한 전체 학생 수는 $20 \times 10 = 200$(명)입니다.

13 꺾은선그래프는 연도별 청소년 수의 변화를 나타내기 좋습니다.

14 띠그래프와 원그래프는 취미별 학생 수의 비율을 나타내기 좋습니다.

15 도서 수가 가장 많은 도서관은 □이 가장 많은 다 도서관이고, 하루 이용자 수가 가장 많은 도서관은 ◎이 가장 많은 가 도서관입니다.

16 도서 수가 12만 권인 도서관은 나 도서관이고, 나 도서관의 하루 이용자 수는 230명입니다.

17 • 백분율 구하기

축구: $\dfrac{220}{400} = \dfrac{55}{100} = 55 \%$

농구: $\dfrac{80}{400} = \dfrac{20}{100} = 20 \%$

피구: $\dfrac{60}{400} = \dfrac{15}{100} = 15 \%$

배구: $\dfrac{40}{400} = \dfrac{10}{100} = 10 \%$

백분율의 합계: $55 + 20 + 15 + 10 = 100$ (%)

• 원그래프로 나타내기

각 항목의 백분율만큼 칸을 나누고, 항목의 내용과 백분율을 씁니다. 그래프에 알맞은 제목도 씁니다.

18 가 농장의 닭 수는 330마리이므로 나 농장과 다 농장의 닭 수는 모두 $750 - 330 = 420$(마리)입니다.
$420 \div 2 = 210$이므로 나 농장과 다 농장의 닭 수는 각각 210마리입니다.
➡ 나 농장과 다 농장에 각각 □ 2개, □ 1개를 그립니다.

19 예 ❶ 백분율의 합계는 100 %입니다.
❷ 햄스터를 기르는 학생은 전체 학생의
$100 - 35 - 30 - 10 - 10 = 15$ (%)입니다.
❸ 15

채점 기준	배점
❶ 백분율의 합계를 알고 있는 경우	1점
❷ 햄스터를 기르는 학생의 비율을 구한 경우	2점
❸ 답을 바르게 쓴 경우	2점

20 예 ❶ 고양이를 기르는 학생은 전체 학생의 30 %, 새를 기르는 학생은 전체 학생의 10 %입니다.
❷ 고양이를 기르는 학생은 새를 기르는 학생의
$30 \div 10 = 3$(배)입니다.
❸ 3

채점 기준	배점
❶ 고양이를 기르는 학생과 새를 기르는 학생의 비율을 각각 구한 경우	2점
❷ 고양이를 기르는 학생은 새를 기르는 학생의 몇 배인지 구한 경우	1점
❸ 답을 바르게 쓴 경우	2점

6 단원 직육면체의 겉넓이와 부피

교과서+익힘책 개념탄탄
159쪽

1 (1) (위에서부터) 20, 35, 20, 35, 28 (2) 166
2 (1) ㅁㅂㅅㅇ, ㄹㄷㅅㅇ, ㄱㅁㅇㄹ
  (2) ($\boxed{40}$+$\boxed{24}$+$\boxed{15}$)×2=$\boxed{158}$
3 (1) 18 (2) 36 (3) 72
4 9, 54
5 (1) 108 (2) 216

---

1 (1) 면 ㄱㄴㅂㅁ: $4 \times 5 = 20 \, (\text{cm}^2)$
  면 ㄴㅂㅅㄷ: $7 \times 5 = 35 \, (\text{cm}^2)$
  면 ㄷㅅㅇㄹ: $4 \times 5 = 20 \, (\text{cm}^2)$
  면 ㄱㅁㅇㄹ: $7 \times 5 = 35 \, (\text{cm}^2)$
  면 ㅁㅂㅅㅇ: $7 \times 4 = 28 \, (\text{cm}^2)$
  (2) (직육면체의 겉넓이)
    $= 28 + 20 + 35 + 20 + 35 + 28 = 166 \, (\text{cm}^2)$

2 (2) 합동이 아닌 세 면의 넓이의 합을 구한 뒤 2배
  합니다.
  (직육면체의 겉넓이)$=(5 \times 8 + 8 \times 3 + 5 \times 3) \times 2$
    $=(40+24+15) \times 2$
    $=79 \times 2 = 158 \, (\text{cm}^2)$

3 (1) 가로가 6 cm, 세로가 3 cm인 직사각형이므로
  넓이는 $6 \times 3 = 18 \, (\text{cm}^2)$입니다.
  (2) 옆면을 모두 합한 도형은 가로가
  $3+6+3+6=18 \, (\text{cm})$, 세로가 2 cm인 직사각
  형이므로 넓이는 $18 \times 2 = 36 \, (\text{cm}^2)$입니다.
  (3) 두 밑면의 넓이와 옆면을 모두 합한 도형의 넓이
  를 더합니다.
  (직육면체의 겉넓이)$=18 \times 2 + 36 = 72 \, (\text{cm}^2)$

4 정육면체의 한 면은 정사각형이므로
  (한 면의 넓이)$=3 \times 3 = 9 \, (\text{cm}^2)$입니다.
  정육면체는 여섯 면이 모두 합동이므로
  (정육면체의 겉넓이)$=9 \times 6 = 54 \, (\text{cm}^2)$입니다.

5 (1) $(4 \times 3 + 3 \times 6 + 4 \times 6) \times 2$
    $=(12+18+24) \times 2$
    $=54 \times 2 = 108 \, (\text{cm}^2)$
  (2) $(6 \times 6) \times 6 = 36 \times 6 = 216 \, (\text{m}^2)$

유형별 실력쑥쑥
160~161쪽

1 <
01 484   02 302
03 현서, 32   04 446
2 306
05 $(8 \times 8) \times 6 = 384$ / 384
06 726   07 풀이 참조, 4
08 144

---

1 $(8 \times 3 + 3 \times 7 + 8 \times 7) \times 2 = 101 \times 2 = 202 \, (\text{cm}^2)$
  $(5 \times 5 + 5 \times 10 + 5 \times 10) \times 2 = 125 \times 2$
    $= 250 \, (\text{cm}^2)$
  ➡ $202 \, \text{cm}^2 < 250 \, \text{cm}^2$

01 (상자의 겉넓이)
  $=(10 \times 9 + 9 \times 8 + 10 \times 8) \times 2$
  $=242 \times 2 = 484 \, (\text{cm}^2)$

02 (직육면체의 겉넓이)
  $=(5 \times 11) \times 2 + (11+5+11+5) \times 6$
  $=55 \times 2 + 32 \times 6 = 110 + 192 = 302 \, (\text{m}^2)$

03 (수민이가 만든 상자의 겉넓이)
  $=(2 \times 11 + 11 \times 6 + 2 \times 6) \times 2$
  $=100 \times 2 = 200 \, (\text{cm}^2)$
  (현서가 만든 상자의 겉넓이)
  $=(7 \times 8 + 8 \times 4 + 7 \times 4) \times 2$
  $=116 \times 2 = 232 \, (\text{cm}^2)$
  따라서 현서가 만든 상자의 겉넓이가
  $232 - 200 = 32 \, (\text{cm}^2)$ 더 넓습니다.

04 (빗금 친 면의 넓이)=(가로)×(세로)이므로
  (가로)=(빗금 친 면의 넓이)÷(세로)입니다.
  (가로)$=63 \div 7 = 9 \, (\text{cm})$
  (직육면체의 겉넓이)
  $=(9 \times 7 + 7 \times 10 + 9 \times 10) \times 2$
  $=223 \times 2 = 446 \, (\text{cm}^2)$

2 (가의 겉넓이)$=(7 \times 7) \times 6 = 294 \, (\text{cm}^2)$
  (나의 겉넓이)$=(10 \times 10) \times 6 = 600 \, (\text{cm}^2)$
  ➡ $600 - 294 = 306 \, (\text{cm}^2)$

05 (주사위의 겉넓이)$=(8 \times 8) \times 6 = 384 \, (\text{cm}^2)$

06 (정육면체의 겉넓이)$=(11 \times 11) \times 6 = 726 \, (\text{cm}^2)$

07 예 ❶ (처음 정육면체의 겉넓이)
$= (2 \times 2) \times 6 = 24 \ (\text{cm}^2)$
모든 모서리를 2배로 늘이면 한 모서리가 4 cm이므로
(늘인 정육면체의 겉넓이)$= (4 \times 4) \times 6 = 96 \ (\text{cm}^2)$
입니다.
❷ 따라서 정육면체의 모든 모서리를 2배로 늘이면
겉넓이는 $96 \div 24 = 4$(배)가 됩니다.
❸ 4

채점 기준
❶ 처음 정육면체와 늘인 정육면체의 겉넓이를 각각 구한 경우
❷ 겉넓이는 몇 배가 되는지 구한 경우
❸ 답을 바르게 쓴 경우

08 정육면체는 여섯 면의 넓이가 모두 같으므로 한 면의
넓이는 (겉넓이)÷6입니다. 따라서 빗금 친 면의 넓
이는 $864 \div 6 = 144 \ (\text{m}^2)$입니다.

163쪽

교과서+익힘책 개념탄탄

1 서랍장	**2** (○)(　　)
3 종수, 민기	**4** 가
5 나, 2	**6** 다, 가, 나

1 부피는 입체도형이 공간에서 차지하는 크기입니다.
부피가 더 큰 것은 서랍장입니다.

2 한 밑면의 넓이가 같으므로 높이가 더 긴 왼쪽 직육
면체의 부피가 더 큽니다.

3 쌓기나무의 개수가 가장 적은 종수의 도시락이 부피
가 가장 작고, 쌓기나무의 개수가 가장 많은 민기의
도시락이 부피가 가장 큽니다.

4 벽돌을 가에는 8개, 나에는 12개 쌓았으므로 가의 부
피가 더 작습니다.

5 가는 쌓기나무 10개, 나는 쌓기나무 12개이므로 직
육면체 나의 부피가 쌓기나무 2개만큼 더 큽니다.

6 세 직육면체의 밑면의 넓이가 모두 같으므로 높이가
짧을수록 부피가 작습니다. 높이가 짧은 것부터 차례
로 기호를 쓰면 다, 가, 나이므로 부피가 작은 직육면
체부터 차례로 기호를 쓰면 다, 가, 나입니다.

165쪽

교과서+익힘책 개념탄탄

1 1 cm³, 1 세제곱센티미터	
2 6, 2, ⑥ × ② = ⑫, 12	
3 (위에서부터) 12, 24 / 12, 24	
4 30	
5	**6** 나

2 1 cm³인 쌓기나무가 12개이므로 직육면체의 부피는
12 cm³입니다.

3 • 쌓기나무가 한 층에 12개씩 1층이므로 12개입니다.
➡ 12 cm³
• 쌓기나무가 한 층에 6개씩 4층이므로
$6 \times 4 = 24$(개)입니다. ➡ 24 cm³

4 쌓기나무가 한 층에 15개씩 2층이므로 $15 \times 2 = 30$(개)
입니다. 따라서 직육면체의 부피는 30 cm³입니다.

5 부피가 1 cm³인 쌓기나무의 개수가 ■개이면 부피는
■ cm³입니다.

6 가는 쌓기나무가 한 층에 12개씩 3층이므로
$12 \times 3 = 36$(개)입니다. ➡ 36 cm³
나는 쌓기나무가 한 층에 10개씩 4층이므로
$10 \times 4 = 40$(개)입니다. ➡ 40 cm³
따라서 직육면체 나의 부피가 더 큽니다.

167쪽

교과서+익힘책 개념탄탄

1 (위에서부터) 2, 2 / 3, 3 / 3, 3	
/ ② × ③ × ③ = ⑱	
2 높이, ⑧ × ⑥ × ⑤ = ⑵⑷⓪	
3 ④ × ④ × ④ = ⑥⑷	**4** 140
5 343	**6** 168

2 (직육면체의 부피)=(가로)×(세로)×(높이)

4 (직육면체의 부피)$= 4 \times 5 \times 7 = 140 \ (\text{cm}^3)$

5 (정육면체의 부피)$= 7 \times 7 \times 7 = 343 \ (\text{cm}^3)$

6 (직육면체의 부피)=(한 밑면의 넓이)×(높이)
$= 28 \times 6 = 168 \ (\text{cm}^3)$

1 $1 m^3$, 1 세제곱미터

2 1000000   **3** (1) 7, 3, 2   (2) 42

4 60   **5** 512

6 (1) 4000000   (2) 15000000   (3) 5   (4) 7.7

2 1 m＝100 cm이므로 쌓기나무를 가로에 100개, 세로에 100개씩 높이 100층으로 쌓아야 합니다.
따라서 필요한 쌓기나무는
$100 \times 100 \times 100 = 1000000$(개)입니다.

3 (1) 1 m＝100 cm임을 이용합니다.
가로: 700 cm＝7 m, 세로: 300 cm＝3 m,
높이: 200 cm＝2 m
(2) (직육면체의 부피)＝$7 \times 3 \times 2 = 42$ (m^3)

4 (직육면체의 부피)＝$2 \times 5 \times 6 = 60$ (m^3)

5 (정육면체의 부피)＝$8 \times 8 \times 8 = 512$ (m^3)

6 $1 m^3 = 1000000 cm^3$입니다.

1 나, 가, 다

01 서준, 하영

02 예 나는 다보다 쌓기나무 2개만큼 부피가 더 작습니다.

03 ㉡   **04** 가, 64

2 ㉡, ㉠, ㉢

05 (1) ＞   (2) ＜

06 예진, 예 $20 m^3$는 $20000000 cm^3$와 같아요.

07
•
•———————•
•

08 (1) cm^3 (2) m^3 (3) cm^3 (4) m^3

3 1260000, 1.26

09 729000, 0.729   **10** 63

11 ㉢, ㉠, ㉡   **12** 풀이 참조, 나

4 $12 \times 12 \times 5 = 720$ / 720

13 $9 \times 9 \times 9 = 729$ / 729

14 5   **15** 1000

16 7

---

1 가: $3 \times 3 \times 3 = 27$(개)
나: $4 \times 3 \times 2 = 24$(개)
다: $3 \times 2 \times 5 = 30$(개)
부피가 작은 것부터 차례로 기호를 쓰면 나, 가, 다입니다.

01 만든 직육면체의 쌓기나무 개수를 세어 보면 서준이는 12개, 민준이는 15개, 하영이는 12개이므로 부피가 같은 직육면체를 만든 두 친구는 서준이와 하영입니다.

02 가는 쌓기나무 9개, 나는 쌓기나무 8개, 다는 쌓기나무 10개로 만든 직육면체입니다.
쌓기나무의 개수를 세어 부피를 비교하는 문장을 바르게 쓴 경우 정답으로 인정합니다.
예 다는 가보다 쌓기나무 1개만큼 부피가 더 큽니다.

03 ㉠ $3 \times 5 \times 6 = 90$(개)   ㉡ $20 \times 4 = 80$(개)
부피가 더 작은 것은 ㉡입니다.

04 가: $4 \times 4 \times 4 = 64$(개) ➡ $64 cm^3$
나: $6 \times 3 \times 3 = 54$(개) ➡ $54 cm^3$
다: $3 \times 5 \times 4 = 60$(개) ➡ $60 cm^3$
부피가 가장 큰 것은 가이고, 부피는 $64 cm^3$입니다.

2 ㉡ $11000000 cm^3 = 11 m^3$
$11 > 2 > 1.9$이므로 부피가 큰 것부터 차례로 기호를 쓰면 ㉡, ㉠, ㉢입니다.

05 (1) $7.2 m^3 = 7200000 cm^3$
➡ $7200000 cm^3 > 720000 cm^3$
(2) $9000000 cm^3 = 9 m^3$
➡ $9 m^3 < 60 m^3$

06 ❶ 예진
예 ❷ $20 m^3$는 $20000000 cm^3$와 같아요.

채점 기준
❶ 잘못 말한 친구의 이름을 쓴 경우
❷ 바르게 고친 경우

참고 $2000000 cm^3$는 $2 m^3$와 같습니다.

07 옷장의 부피는 약 $1.2 m^3$로 어림할 수 있습니다.

08 주어진 부피에 알맞은 단위를 찾아봅니다.
과자 상자의 부피는 $400 cm^3$, 냉장고의 부피는 $2 m^3$,
주사위의 부피는 $8 cm^3$, 내 방의 부피는 $35 m^3$입니다.

3 2.8 m=280 cm, 0.3 m=30 cm

(직육면체의 부피)

=280×30×150=1260000 (cm³)

➡ 1260000 cm³=1.26 m³

다른풀이 150 cm=1.5 m

(직육면체의 부피)=2.8×0.3×1.5=1.26 (m³)

➡ 1.26 m³=1260000 cm³

09 (정육면체의 부피)=90×90×90=729000 (cm³)

➡ 729000 cm³=0.729 m³

10 (직육면체의 부피)=5×3×4.2=63 (m³)

11 ㉠ 6×10×7=420 (cm³)

㉡ 81×5=405 (cm³)

㉢ 8×8×8=512 (cm³)

512>420>405이므로 부피가 큰 것부터 차례로 기호를 쓰면 ㉢, ㉠, ㉡입니다.

12 **예** ❶ (직육면체 가의 부피)=4×2×5=40 (m³)

300 cm=3 m이므로

(정육면체 나의 부피)=3×3×3=27 (m³)입니다.

❷ 따라서 직육면체 나의 부피가 더 작습니다.

❸ 나

채점 기준
❶ 직육면체 가와 정육면체 나의 부피를 각각 구한 경우
❷ 어느 것의 부피가 더 작은지 구한 경우
❸ 답을 바르게 쓴 경우

4 (두부의 부피)=12×12×5=720 (cm³)

13 (식빵의 부피)=9×9×9=729 (cm³)

14 가로로 4개, 세로로 6개씩 쌓으므로 1층에 쌓이는 쌓기나무는 4×6=24(개)입니다.

한 층에 24개씩 쌓아서 120개가 되어야 하므로 120÷24=5(층)으로 쌓아야 합니다.

15 가장 큰 정육면체로 만들려면 모든 모서리를 직육면체의 가장 짧은 모서리인 10 cm가 되도록 잘라야 합니다. 따라서 만들 수 있는 가장 큰 정육면체의 부피는 10×10×10=1000 (cm³)입니다.

16 직육면체의 부피가 280 m³이므로 □×8×5=280, □×40=280, □=280÷40=7입니다.

174~177쪽

응용+수학역량 UP UP

1 (1) 512 (2) 128 (3) 4

1-1 4   **1-2** 10

2 (1) 672

(2) 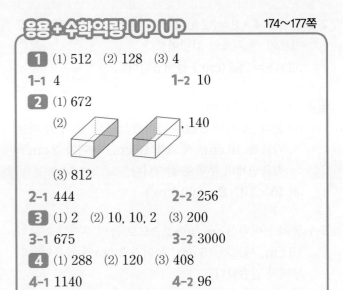 , 140

(3) 812

2-1 444   **2-2** 256

3 (1) 2 (2) 10, 10, 2 (3) 200

3-1 675   **3-2** 3000

4 (1) 288 (2) 120 (3) 408

4-1 1140   **4-2** 96

1 (1) (정육면체 가의 부피)=8×8×8=512 (cm³)

(2) (직육면체 나의 한 밑면의 넓이)

=16×8=128 (cm²)

(3) 직육면체 나의 부피가 512 cm³이므로

128×□=512, □=512÷128=4입니다.

1-1 (정육면체 나의 부피)=6×6×6=216 (cm³)

직육면체 가의 부피도 216 cm³이므로

6×□×9=216, 54×□=216,

□=216÷54=4입니다.

1-2 (직육면체 가의 겉넓이)

=(10×6+6×15+10×15)×2

=300×2=600 (cm²)

정육면체의 나의 겉넓이도 600 cm²이므로

(□×□)×6=600, □×□=100, □=10입니다.

2 (1) (14×14+14×5+14×5)×2

=336×2=672 (cm²)

(2) 자른 면의 넓이가 14×5=70 (cm²)이므로 자른 두 면의 넓이의 합은 70×2=140 (cm²)입니다.

(3) 자르기 전 떡의 겉넓이에 자른 두 면의 넓이의 합을 더합니다. ➡ 672+140=812 (cm²)

2-1 자르기 전 나무토막의 겉넓이는

(15×6+6×4+15×4)×2=174×2=348 (cm²)입니다.

자른 면의 넓이가 6×4=24 (cm²)이고, 자른 면이 4개 생기므로 자르기 전 나무토막의 겉넓이에서 24×4=96 (cm²) 늘어납니다.

따라서 자른 나무토막 3조각의 겉넓이는 348+96=444 (cm²)입니다.

2-2 넓이가 $4 \times 8 = 32 \, (cm^2)$인 자른 면이 8개 생기므로 자르기 전 치즈의 겉넓이보다
$32 \times 8 = 256 \, (cm^2)$ 늘어납니다.

3 (1) $7 - 5 = 2 \, (cm)$
　(2) 물의 높이가 $2 \, cm$ 높아졌으므로 돌의 부피는 가로가 $10 \, cm$, 세로가 $10 \, cm$, 높이가 $2 \, cm$인 직육면체의 부피와 같습니다.
　(3) $10 \times 10 \times 2 = 200 \, (cm^3)$

3-1 물의 높이가 $3 \, cm$ 높아졌으므로 돌의 부피는 가로가 $15 \, cm$, 세로가 $15 \, cm$, 높이가 $3 \, cm$인 직육면체의 부피와 같습니다.
　(돌의 부피) $= 15 \times 15 \times 3 = 675 \, (cm^3)$

3-2 물의 높이는 $45 - 30 = 15 \, (cm)$ 낮아졌으므로 돌의 부피는 가로가 $20 \, cm$, 세로가 $10 \, cm$, 높이가 $15 \, cm$인 직육면체의 부피와 같습니다.
　(돌의 부피) $= 20 \times 10 \times 15 = 3000 \, (cm^3)$

4 (1) ㉠ 부분은 가로가 $8 \, cm$, 세로가 $9 \, cm$, 높이가 $4 \, cm$인 직육면체입니다.
　➡ (㉠ 부분의 부피) $= 8 \times 9 \times 4 = 288 \, (cm^3)$
　(2) ㉡ 부분은 가로가 $8 - 3 = 5 \, (cm)$, 세로가 $15 - 9 = 6 \, (cm)$, 높이가 $4 \, cm$인 직육면체입니다.
　➡ (㉡ 부분의 부피) $= 5 \times 6 \times 4 = 120 \, (cm^3)$
　(3) (입체도형의 부피)
　　$=$ (㉠ 부분의 부피) $+$ (㉡ 부분의 부피)
　　$= 288 + 120 = 408 \, (cm^3)$

4-1

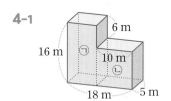

㉠ 부분은 가로가 $18 - 10 = 8 \, (m)$, 세로가 $5 \, m$, 높이가 $16 \, m$인 직육면체입니다.
➡ (㉠ 부분의 부피) $= 8 \times 5 \times 16 = 640 \, (m^3)$
㉡ 부분은 가로가 $10 \, m$, 세로가 $5 \, m$, 높이가 $16 - 6 = 10 \, (m)$인 직육면체입니다.
➡ (㉡ 부분의 부피) $= 10 \times 5 \times 10 = 500 \, (m^3)$
(입체도형의 부피)
$=$ (㉠ 부분의 부피) $+$ (㉡ 부분의 부피)
$= 640 + 500 = 1140 \, (m^3)$

4-2

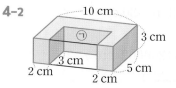

(큰 직육면체의 부피) $= 10 \times 5 \times 3 = 150 \, (cm^3)$
(㉠ 부분의 부피) $= (10 - 2 - 2) \times 3 \times 3$
　　　　　　　　　$= 6 \times 3 \times 3 = 54 \, (cm^3)$
(입체도형의 부피)
$=$ (큰 직육면체의 부피) $-$ (㉠ 부분의 부피)
$= 150 - 54 = 96 \, (cm^3)$

다른 풀이

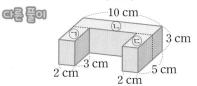

(㉠ 부분의 부피) $=$ (㉢ 부분의 부피) $= 2 \times 3 \times 3 = 18 \, (cm^3)$
(㉡ 부분의 부피) $= 10 \times (5 - 3) \times 3 = 10 \times 2 \times 3 = 60 \, (cm^3)$
(입체도형의 부피)
$=$ (㉠ 부분의 부피) $+$ (㉡ 부분의 부피) $+$ (㉢ 부분의 부피)
$= 18 + 60 + 18 = 96 \, (cm^3)$

단원 평가 1회　　　　　　　　　178~180쪽

01 36, 36, 16	**02** 176
03 여행 가방, 휴지 갑, 휴대 전화	
04 나, 다	**05** 24
06 가, 13	**07** 486
08 (1) 27000000　(2) 0.9	
09 300	**10** <
11 216	**12** 396
13 16.8	**14** 22
15 민호	**16** 12
17 495	**18** 648
19 풀이 참조, 294	**20** 풀이 참조, 8000

01 ㉠ $9 \times 4 = 36 \, (cm^2)$
　㉡ $9 \times 4 = 36 \, (cm^2)$
　㉢ $4 \times 4 = 16 \, (cm^2)$

02 (직육면체의 겉넓이) $= (36 + 36 + 16) \times 2$
　　　　　　　　　　　　$= 88 \times 2 = 176 \, (cm^2)$

03 부피를 비교하면 여행 가방이 가장 크고, 휴대 전화가 가장 작습니다.

04 쌓기나무의 개수를 세어 봅니다.

가: $4 \times 2 \times 2 = 16$(개)

나: $4 \times 1 \times 3 = 12$(개)

다: $2 \times 3 \times 2 = 12$(개)

➡ 부피가 같은 두 직육면체는 나와 다입니다.

05 부피가 $1\,cm^3$인 쌓기나무가 모두 $3 \times 4 \times 2 = 24$(개)이므로 직육면체의 부피는 $24\,cm^3$입니다.

06 가: $4 \times 5 \times 2 = 40$(개) ➡ $40\,cm^3$

나: $3 \times 3 \times 3 = 27$(개) ➡ $27\,cm^3$

직육면체 가의 부피가 $40 - 27 = 13\,(cm^3)$ 더 큽니다.

07 (정육면체의 겉넓이) $= (9 \times 9) \times 6$
$= 81 \times 6 = 486\,(cm^2)$

08 $1\,m^3 = 1000000\,cm^3$

09 (직육면체의 부피) $= 10 \times 6 \times 5 = 300\,(cm^3)$

10 $77000000\,cm^3 = 77\,m^3$

➡ $7\,m^3 < 77\,m^3$

11 (직육면체의 부피) $= 6 \times 4 \times 9 = 216\,(cm^3)$

12 (직육면체의 겉넓이)
$= (7 \times 6 + 6 \times 12 + 7 \times 12) \times 2$
$= 198 \times 2 = 396\,(cm^2)$

13 $3\,m\ 50\,cm = 3.5\,m$, $120\,cm = 1.2\,m$

(직육면체의 부피) $= 3.5 \times 4 \times 1.2 = 16.8\,(m^3)$

다른 풀이 $3\,m\ 50\,cm = 350\,cm$, $4\,m = 400\,cm$

(직육면체의 부피) $= 350 \times 400 \times 120$
$= 16800000\,(cm^3)$

➡ $16800000\,cm^3 = 16.8\,m^3$

14 (직육면체 가의 겉넓이)
$= (5 \times 2 + 2 \times 4 + 5 \times 4) \times 2$
$= 38 \times 2 = 76\,(cm^2)$

(정육면체 나의 겉넓이)
$= (3 \times 3) \times 6 = 9 \times 6 = 54\,(cm^2)$

➡ $76 - 54 = 22\,(cm^2)$

15 민호: $55 \times 10 = 550\,(cm^3)$

하연: $8 \times 8 \times 8 = 512\,(cm^3)$

부피가 더 큰 직육면체를 만든 친구는 민호입니다.

16 직육면체의 부피가 $480\,m^3$이므로 $5 \times \square \times 8 = 480$, $40 \times \square = 480$, $\square = 12$입니다.

17 (빗금 친 한 면의 넓이) $= 90 \div 2 = 45\,(cm^2)$

(직육면체의 부피) $=$ (한 밑면의 넓이) $\times$ (높이)
$= 45 \times 11 = 495\,(cm^3)$

18 (왕관의 부피) $= 18 \times 18 \times (12 - 10)$
$= 18 \times 18 \times 2 = 648\,(cm^3)$

19 예 ❶ 정육면체의 겉넓이는 (한 면의 넓이) $\times 6$으로 구합니다.

❷ 한 면의 넓이가 $49\,cm^2$이므로
(정육면체의 겉넓이) $= 49 \times 6 = 294\,(cm^2)$입니다.

❸ 294

채점 기준	배점
❶ 정육면체의 겉넓이 구하는 방법을 설명한 경우	1점
❷ 정육면체의 겉넓이를 구한 경우	2점
❸ 답을 바르게 쓴 경우	2점

20 예 ❶ 늘인 직육면체의 가로는 $10 \times 2 = 20\,(cm)$, 세로는 $5 \times 2 = 10\,(cm)$, 높이는 $20 \times 2 = 40\,(cm)$입니다.

❷ (늘인 직육면체의 부피)
$= 20 \times 10 \times 40 = 8000\,(cm^3)$

❸ 8000

채점 기준	배점
❶ 늘인 직육면체의 가로, 세로, 높이를 구한 경우	1점
❷ 늘인 직육면체의 부피를 구한 경우	2점
❸ 답을 바르게 쓴 경우	2점

단원 평가 2회 181~183쪽

01 (○)( )   **02** 가

03 5, 4, 148

04 $\boxed{4} \times \boxed{6} \times \boxed{5} = \boxed{120}$

05 아영   **06** 나, 가, 다

07 (1) 칠판지우개 (2) 수족관 (3) 냉장고

08 518   **09** 360

10 ㉡   **11** 310, 350

12 8000   **13** 136

14 1.55   **15** 726

16 810000, 0.81   **17** 864

18 928   **19** 풀이 참조, 27

20 풀이 참조, 150

바른답·알찬풀이

01 빗금 친 부분의 넓이가 같으므로 가로를 비교합니다. 가로가 더 긴 왼쪽 직육면체의 부피가 더 큽니다.

02 상자를 가에는 12개, 나에는 15개를 쌓았으므로 가의 부피가 더 작습니다.

03 세 쌍의 면이 합동인 성질을 이용하여 직육면체의 겉넓이를 구합니다.

04 (직육면체의 부피)=(가로)×(세로)×(높이)

05 정육면체의 겉넓이는 (한 면의 넓이)×6으로 구할 수 있습니다.

06 가: $2×3×5=30$(개) ➡ $30\ cm^3$
나: $4×3×3=36$(개) ➡ $36\ cm^3$
다: $4×3×2=24$(개) ➡ $24\ cm^3$
$36>30>24$이므로 부피가 큰 것부터 차례로 기호를 쓰면 나, 가, 다입니다.

07 부피가 $336\ cm^3$인 것은 칠판지우개, $70\ m^3$인 것은 수족관, $1.2\ m^3$인 것은 냉장고입니다.

08 (직육면체의 부피)$=74×7=518\ (cm^3)$

09 (직육면체의 부피)$=9×8×5=360\ (cm^3)$

10 ㉡ $3.5\ m^3=3500000\ cm^3$

11 (직육면체의 겉넓이)
$=(5×10)×2+(10+5+10+5)×7$
$=100+210=310\ (m^2)$
(직육면체의 부피)$=10×5×7=350\ (m^3)$

12 (스피커의 부피)$=20×20×20=8000\ (cm^3)$

13 (정육면체 가의 부피)$=10×10×10=1000\ (cm^3)$
(직육면체 나의 부피)$=16×6×9=864\ (cm^3)$
➡ $1000-864=136\ (cm^3)$

14 $550000\ cm^3=0.55\ m^3$
➡ $1+0.55=1.55\ (m^3)$

15 정육면체의 한 모서리는 $33÷3=11$ (cm)입니다.
(정육면체의 겉넓이)$=(11×11)×6=726\ (cm^2)$

16 $50\ cm=0.5\ m$
(직육면체의 부피)$=1.8×0.5×0.9=0.81\ (m^3)$
➡ $0.81\ m^3=810000\ cm^3$

17 자르기 전 두부의 겉넓이는
$(12×12+12×6+12×6)×2$
$=288×2=576\ (cm^2)$입니다.
자른 면의 넓이가 $12×6=72\ (cm^2)$이므로 자르기 전 두부의 겉넓이에서 $72×4=288\ (cm^2)$ 늘어납니다.
따라서 자른 두부 3조각의 겉넓이는
$576+288=864\ (cm^2)$입니다.

18

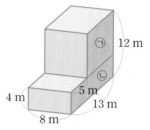

(㉠ 부분의 부피)$=8×(13-5)×(12-4)$
$\qquad\qquad\qquad=8×8×8=512\ (m^3)$
(㉡ 부분의 부피)$=8×13×4=416\ (m^3)$
(입체도형의 부피)
$=$(㉠ 부분의 부피)$+$(㉡ 부분의 부피)
$=512+416=928\ (m^3)$

19 예 ❶ 정육면체의 모든 모서리는 길이가 같고, 정육면체의 모서리는 12개이므로 한 모서리는
$36÷12=3$ (cm)입니다.
❷ (정육면체의 부피)$=3×3×3=27\ (cm^3)$
❸ 27

채점 기준	배점
❶ 정육면체의 한 모서리를 구한 경우	1점
❷ 정육면체의 부피를 구한 경우	2점
❸ 답을 바르게 쓴 경우	2점

20 예 ❶ 가장 큰 정육면체로 만들려면 모든 모서리를 직육면체의 가장 짧은 모서리인 5 cm가 되도록 잘라야 합니다.
❷ 따라서 만들 수 있는 가장 큰 정육면체의 겉넓이는 $(5×5)×6=150\ (cm^2)$입니다.
❸ 150

채점 기준	배점
❶ 만들 수 있는 가장 큰 정육면체의 한 모서리를 구한 경우	1점
❷ 만들 수 있는 가장 큰 정육면체의 겉넓이를 구한 경우	2점
❸ 답을 바르게 쓴 경우	2점

사자성어, 속담, 맞춤법(총3책)

퍼즐런

초등 필수 어휘를 퍼즐 학습으로 재미있게 배우자!

- 하루에 4개씩 25일 완성으로 집중력 UP!
- 다양한 게임 퍼즐과 쓰기 퍼즐로 기억력 UP!
- 생활 속 상황과 예문으로 문해력의 바탕 어휘력 UP!

초등학교

학년   반   이름

초등학교에서 탄탄하게 닦아 놓은
공부력이 중·고등 학습의 실력을 가릅니다.

하루한장 쏙셈

쏙셈 시작편
초등학교 입학 전 연산 시작하기
[2책] 수 세기, 셈하기

쏙셈
교과서에 따른 수·연산·도형·측정까지 계산력 향상하기
[12책] 1~6학년 학기별

쏙셈+플러스
문장제 문제부터 창의·사고력 문제까지 수학 역량 키우기
[12책] 1~6학년 학기별

쏙셈 분수·소수
3~6학년 분수·소수의 개념과 연산 원리를 집중 훈련하기
[분수 2책, 소수 2책] 3~6학년 학년군별

하루한장 한국사

큰별★쌤 최태성의 한국사
최태성 선생님의 재미있는 강의와 시각 자료로
역사의 흐름과 사건을 이해하기
[3책] 3~6학년 시대별

하루한장 한자

그림 연상 한자로 교과서 어휘를 익히고 급수 시험까지 대비하기
[4책] 1~2학년 학기별

하루한장 급수 한자

하루한장 한자 학습법으로 한자 급수 시험 완벽하게 대비하기
[3책] 8급, 7급, 6급

하루한장 ENGLISH BITE

ENGLISH BITE 알파벳 쓰기
알파벳을 보고 듣고 따라쓰며 읽기·쓰기 한 번에 끝내기
[1책]

ENGLISH BITE 파닉스
자음과 모음 결합 과정의 발음 규칙 학습으로
영어 단어 읽기 완성
[2책] 자음과 모음, 이중자음과 이중모음

ENGLISH BITE 사이트 워드
192개 사이트 워드 학습으로 리딩 자신감 키우기
[2책] 단계별

ENGLISH BITE 영문법
문법 개념 확인 영상과 함께 영문법 기초 실력 다지기
[Starter 2책 , Basic 2책] 3~6학년 단계별

ENGLISH BITE 영단어
초등 영어 교육과정의 학년별 필수 영단어를
다양한 활동으로 익히기
[4책] 3~6학년 단계별

초등 교과서 발행사 미래엔의
교재로 초등 시기에 길러야 하는
공부력을 강화해 주세요.

초등 독해서 최고의 스테디셀러

교과 학습의 기본인 문해력을 탄탄하게 키우는

문해력 향상 프로젝트

• 1~6학년 단계별 각 6책

사회편 미리보기

과학편 미리보기

이럴 때 !

기본 독해 후에 좀더 **난이도 높은**
독해 교재를 찾고 있다면!

비문학 지문으로 문해력을
업그레이드해야 한다면!

단기간에 **관심 분야**의
독해에 집중하고 싶다면!

이런 아이 !

사회·과학 탐구 분야에
호기심과 관심이 많은 아이

사회·과학의 낯선 용어를
어려워하는 아이

교과서 속 사회·과학 이야기를
알고 싶은 아이